高炉炼铁理论与操作

宋建成　编著

北　京
冶　金　工　业　出　版　社
2009

内容简介

本书结合高炉炼铁生产实际，由浅入深地阐明了高炉内铁矿石还原过程、炉渣形成与作用、炉缸还原与氧化的控制、炉料下降与煤气上升过程的燃烧和热量传递等主要反应的理论；并且运用理论与生产实例相结合，全面介绍了冶炼过程工艺计算与能量利用、高炉日常操作原则、常见的典型事故及其处理实例以及对强化冶炼与降焦行之有效的一些技术措施，如精料、高风温、富氧喷煤、冶炼低硅生铁、含钛物料护炉与高炉长寿、无钟炉顶布料与中心加焦、数学模型与智能控制等内容。

本书可作为高等院校钢铁冶金专业的教学参考书，也可供炼铁技术人员参考。

图书在版编目（CIP）数据

高炉炼铁理论与操作/宋建成编著．—北京：冶金工业出版社，2005.1（2009.4 重印）

ISBN 978-7-5024-3581-3

Ⅰ.高…　Ⅱ.宋…　Ⅲ.①高炉炼铁—理论　②高炉炼铁—炉前操作（冶金炉）　Ⅳ.TF53

中国版本图书馆 CIP 数据核字(2004)第 058977 号

出 版 人　曹胜利

地　　址　北京北河沿大街嵩祝院北巷 39 号，邮编 100009

电　　话　(010)64027926　电子信箱　postmaster@ cnmip. com. cn

责任编辑　赵培德　美术编辑　王耀忠

责任校对　王永欣　李文彦　责任印制　李玉山

ISBN 978-7-5024-3581-3

北京百善印刷厂印刷；冶金工业出版社发行；各地新华书店经销

2005 年 1 月第 1 版，2009 年 4 月第 3 次印刷

850mm×1168mm　1/32；11 印张；293 千字；338 页；6001-9000 册

35.00 元

冶金工业出版社发行部　电话：(010)64044283　传真：(010)64027893

冶金书店　地址：北京东四西大街 46 号(100711)　电话：(010)65289081

（本书如有印装质量问题，本社发行部负责退换）

前言

本书是在北京钢铁学院（现北京科技大学）自行编印的讲义《高炉炼铁学》与原《高炉冶炼工艺操作》两本书的基础上改编而成的。《高炉炼铁学》讲义是20世纪70年代末笔者在杨永宜教授指导下，根据北京钢铁学院钢铁冶金专业的教学计划与教学大纲，为冶金系本科生编写的讲稿，后经修改并与秦民生、王筱留、齐宝铭、贾荫隆等人的讲稿合并，由笔者主编后先后以《钢铁冶金学》上册，《高炉炼铁学》等书名由北京钢铁学院印刷作为本科生教材与研究生教学参考书使用。其后十余年间先后印刷4次共计17000多册。特别是在1988年第3次印刷前，各章节曾分别请北京科技大学周取定教授、董一诚教授、孔令坛教授、张谦象教授、杨天钧教授，东北大学杜鹤桂教授、王文忠教授，华东冶金学院糜克勤教授，原冶金工业部李马可与徐矩良教授级高工等著名专家教授审定；包头钢铁学院吴志华教授、鞍山钢铁学院郧士英与和丁欣教授等对该书提出过一些很好的建议。之后，全国50多家炼铁厂和职工大学也用该书作为技术参考资料、培训教材，在使用过程中众多的热心读者曾提出过很多宝贵意见。

原《高炉冶炼工艺操作》是笔者专为钢铁冶金专业本科生编写的生产实习教材。其特点是结合我国大中型高炉的生产实际，比较全面地论述了高炉工艺操作制度及高炉强化后的新技术与新特点。同时该教材还作为炼铁技术研讨班教材，10年间先后有上千人使用。

为满足广大炼铁工作者与教学的需要，考虑到炼铁技术的进步与发展，笔者在上述两书的基础上，又重新进行改编。在改编过程中，吸收了众多教授专家意见。在编写本书时，作者根据自己40多年教学科研和参加生产实践的体会与经验，对本书一些章节进行了重点修改与补充。冶金工业出版社杨传福总编与赵培德编辑对全书稿进行了全面的、十分认真与细致的修改，中国金属学会外联部副主任宋青高级工程师提供了大量的技术资料，修改过程还得到了梁德兰与杜春荣老师的协助。

值本书正式出版之际，作者谨向二十多年来所有为本书做过工作，提过意见和建议的同志，致以诚挚的谢意！

书中如有不妥之处，欢迎广大读者批评指正。

北京科技大学　宋建成
2004年6月

目 录

1 铁矿石还原反应

从铁矿石中将铁还原出来是高炉冶炼最基本的任务。高炉中除铁以外，还有少量的硅、锰、磷等的还原反应，并溶入生铁中，当使用特种矿石时，还有微量的钒、钛、镍、铌和铬等氧化物的还原。

炉料自炉顶进入高炉开始，直到降至高炉下部的炉缸，在全部过程中都进行着还原反应，整个高炉内只有风口前燃烧带为氧化燃烧区域，这也是区别于炼钢过程的特点，所以还原反应是高炉炼铁过程中最重要的化学反应。

1.1 高炉解剖研究

1.1.1 高炉解剖研究的意义与状况

1.1.1.1 高炉解剖研究的意义

高炉冶炼过程是在高温条件下进行的复杂的物理化学反应，并充满了动量、热量与质量传输过程等复杂现象，而这些复杂现象又直接关系到高炉内的还原反应。为了确定能够正确处理这些现象的操作技术，就必须正确掌握炉内情况的变化。但要准确地、及时地判断炉内发生的情况是困难的，因为高炉是一个密闭的、连续的逆流反应器，对反应过程的变化要进行直接的观察与测试都难以进行，人们主要依靠间接的仪表反应与实践的经验来进行操作。为了搞清楚高炉内的变化规律，以往的冶金工作者采取了很多办法，例如各个部位的测温、取样以及模拟实验等一系列的手段，取得了很多成果，从而丰富了人们对高炉内部状况的了解。但是仍不能十分确切地描述炉内变化状况，而最直接和最有效的办法就是对高炉进行解剖研究。

1.1.1.2 国内外高炉解剖研究的状况

高炉解剖是将正在进行冶炼中的高炉，突然停止鼓风，并且急速降温以保持炉内原状，然后将高炉剖开，进行全过程的观察、录像、分析化验等各个项目的研究考察，人们将此项工作称作高炉解体研究。

早在 1930 年前后，在斯德哥尔摩就开始了解剖高炉的工作，为了研究生产高炉的内部状况，日本进行了大量的高炉解体研究，并取得了新的研究成果，为研究高炉冶炼过程提供了新的依据。日本于 1968 年首先解剖了一座 646m³ 高炉，1970 年又解剖了一座 1407m³ 高炉。据统计，从那时开始，日本已经在生产高炉进行解剖研究达 12 次以上。前苏联也解剖了 2 次。我国也于 1979 年 10 月对首钢 018 实验高炉进行了解剖研究。关于从高炉解剖调查过程中获得的新知识，本书将在以后各有关章节中分别介绍，本节着重介绍高炉中的分层情况及各层的化学反应与热工特点，特别是软熔带的形成与其对高炉冶炼过程的影响。

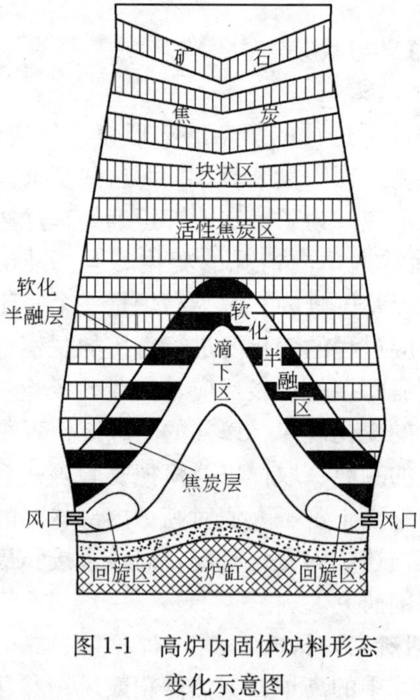

图 1-1　高炉内固体炉料形态变化示意图

高炉内解剖后得到的分层情况示意于图 1-1，它表示出固体炉料形态的变化。

煤气上升过程中，其成分、温度和压力都有很大改变。成分中首先是由于直接还原使 CO 提高，而后由于间接还原使 CO 降低，CO_2 开始出现并逐渐增多。煤气温度则由于与炉料的热交换及热损失而逐步降低，压力也由于阻力损失而减少，其变化过程如图 1-2。图中各标号的意义如下：Ⅰ—上部热交换区，Ⅱ—空区，Ⅲ—下

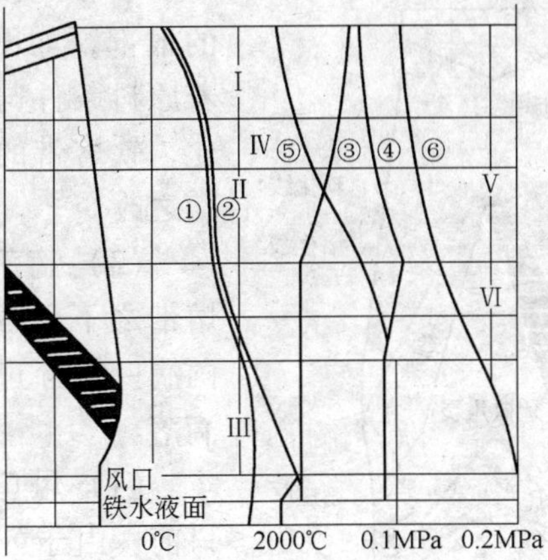

图 1-2　高炉内煤气压力的温度与成分变化示意图

部热交换区，Ⅳ—化学稳定区，Ⅴ—间接还原区，Ⅵ—直接还原区；①，②—分别表示固体液体温度和气体温度（℃），③—CO_2 浓度（%），④—CO 浓度（%），⑤—还原度（%），⑥—压力（MPa）。

1.1.1.3　炉料下降过程的层状分布现象

解剖调查初步肯定了高炉的冶炼过程可分为五个主要区域，在炉料与煤气流逆向运动过程中，热交换、还原、熔化与成渣等反应依次在五个区域中进行，这五个区域一般称为五带或五层，现分述如下：

（1）块料带。炉内料柱的上部，矿石与焦炭始终保持着明显的固态的层次缓缓下降，但层状逐渐趋于水平，而且厚度也逐渐变薄。

（2）软熔带。它由许多固态焦炭层和粘结在一起的半熔融的矿石层组成，焦炭矿石相间，层次分明，由于矿石呈软熔状，透气性极差，煤气主要从焦炭层通过，像窗口一样，因此称为“焦窗”。软熔带的上沿是软化线，下沿是熔化线，它和矿石的软熔温度区间相一致，其最高部分称为软熔带顶部，其最低部分与炉墙相连接，称为软熔带的根部，如图 1-3 所示。随着原料条件与操作条件的变化，软熔带的形状与位置也随之改变。

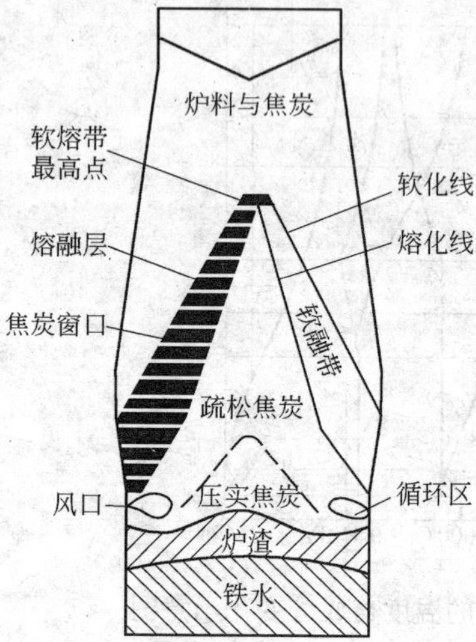

图 1-3　软熔带示意图

（3）滴落带。它位于软熔带之下，熔化后的渣铁像雨滴一样穿过固态焦炭层而滴落。

（4）风口带。焦炭在风口前，由于鼓风动能的作用在剧烈地回旋运动中燃烧，形成一个半空状态的焦炭回旋区。这个小区域是高炉中唯一存在的氧化性区域。

（5）渣铁带。它在炉缸下部，主要是液态渣铁以及浸入其中的焦炭，铁滴穿过渣层以及渣铁界面时最终完成必要的渣铁反应，得到合格的生铁。

1.1.2　软熔带的形状及其影响因素

高炉解剖研究肯定了软熔带的存在，这是一项很重要的研究成果，寻求最佳软熔带的形状与位置，对于改善高炉操作以及获得先进的经济技术指标，具有非常大的实际意义。

1.1.2.1　软熔带的形状

根据其形状特点软熔带一般可分为三种：

（1）倒 V 形。它的形状像倒写的英文字母 V，如图 1-1 和图 1-3 中所示的软熔带形状。它的特点是由于中心温度高边缘温度低，煤气利用较好，而且对高炉冶炼过程的一系列反应有着很好的影响。缺点是容易导致炉墙结厚。

（2）V 形。它的形状像英文字母 V，其特点刚好与倒 V 形相反，是边缘温度高而中心温度低，煤气利用不好，而且还不利于炉缸的一系列反应，高炉操作中应该尽量避免它的出现。

（3）W 形。它的特点与效果处于倒 V 形与 V 形之间。

1.1.2.2　影响软熔带形状的因素

根据高炉解剖研究以及矿石的软熔特性，软熔带形状与炉内等温线相适应，而等温线又是和煤气中 CO_2 分布曲线相对应的，在高炉操作中炉顶煤气的 CO_2 曲线主要由装料制度来调节，其次是送风制度的影响。因此软熔带的形状也主要受两方面的影响，即装料制度与送风制度的影响，前者是属于上部调节，而后者是属于下部调节。例如以正装比例为主的高炉，一般都是接近倒 V 形的软熔带，以倒装为主或全倒装的高炉，基本上属于 V 形软熔带，正倒装都有一定比例的高炉，一般接近 W 形的软熔带。

1.1.2.3　软熔带对高炉冶炼过程的影响

软熔带在高炉中下部起着煤气再分布的作用，它的形状与位置对高炉冶炼过程产生明显的影响，如影响矿石预还原、生铁 Si 含量、煤气利用、炉缸温度与活跃程度以及对炉衬的维护等等。

目前倒 V 形软熔带被公认为是最佳软熔带，各种软熔带对高炉冶炼过程的影响列于表 1-1。

表 1-1　软熔带形状对冶炼过程的影响

影响内容	形　状		
	倒 V 形	V 形	W 形
铁矿石预还原	有利	不利	中等
生铁脱硫	有利	不利	中等
生铁 Si 含量	有利	不利	中等
煤气利用	好	不好	中等
炉缸中心活跃	活跃	不活跃	中等
炉墙维护	有利	不利	中等

1.2 炉料的蒸发、分解与气化反应

1.2.1 水分的蒸发

炉料进入高炉后最先发生的反应是物理吸附水的蒸发，因为焦炭及有些矿石含有较高的吸附水，它们在高于100℃的温度后就迅速被干燥，蒸发吸附水消耗的热量不大，而且是高炉上部已不能再利用的余热，因而对高炉冶炼过程不产生影响，它仅仅是降低了炉顶温度，有时这反而是有利的。但吸附水含量的波动会影响配料称量的准确，对焦炭尤其重要。

焦炭中的残余挥发分在400℃以上析出，能使煤气中氢（H_2）含量稍有增加。

某些天然矿石含有结晶水，这些水分有的要在400℃以上才能析出，水分析出过晚或者进入高温区后，在800℃左右将发生下列反应：

$$H_2O + C = H_2 + CO \tag{1-1}$$

反应大量耗热并且消耗焦炭，使炉温降低而且增加焦比，它虽然产生了还原气体，但因部位较高，利用不充分，因而不能补偿其有害效果。

1.2.2 碳酸盐分解

当高炉使用石灰石熔剂或炉料含有碳酸盐时，碳酸盐在炉内分解条件如下式：

$$\Delta G = -RT\ln p_{CO_2} + RT\ln p'_{CO_2} < 0$$

如果 $\Delta G < 0$，则需 $p_{CO_2} < p'_{CO_2}$，即碳酸盐分解的条件是其分解压 p_{CO_2} 要大于高炉中 CO_2 的分压，随着炉料的不断下降，其温度升高，故 p_{CO_2} 增加，但高炉内愈往下其 CO_2 分压则不断降低。碳酸盐可以在不同的部位开始分解反应。由图 1-4 可以看出，$FeCO_3$，$MnCO_3$ 及 $MgCO_3$ 分解容易，均可在高炉较高部位分解，它仅仅消耗高炉上部的多余热量。但 $CaCO_3$ 分解较难，大约在700℃才开始分解，而它的分解速度在一般情况下受生成的 CO_2 通过反应层向外扩散的控制，所以其分解反应速度受粒度影响较大，如果石灰石粒度大时，它完全可能有一部分 $CaCO_3$ 进入900℃以

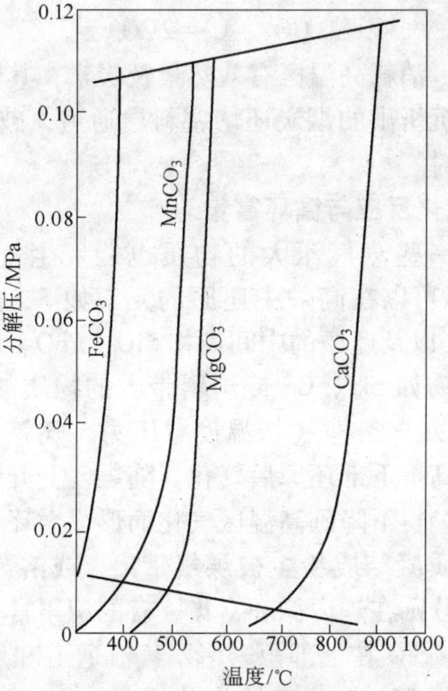

图 1-4　碳酸盐分解压与温度的关系

上的高温区分解，此时分解出来的 CO_2 将与 C 发生溶解（溶损）反应：

$$CO_2 + C = 2CO - 165528kJ \tag{1-2}$$

其结果不仅消耗了碳元素，而且要大量吸收高温区中十分宝贵的热量，对高炉能量利用不利。因此要尽量避免此种情况的发生。一般是把需要的 CaO 尽量加入烧结矿或球团矿的原料中，使石灰石在炉外由 $CaCO_3$ 焙烧成 CaO，其次，当必须加入石灰石时，应当尽量减小其粒度，中小型高炉也有加石灰（CaO）的。

高炉中也可能产生某种程度的 CO 分解反应

$$2CO \longrightarrow CO_2 + C \tag{1-3}$$

此反应虽然是放热反应，但由于它发生在 500 ~ 600℃ 的高炉上部地区，放出的热量不能有效利用，而析出的烟炭（C）又有很大的活性，当它随炉料下降到高温区时，能促进 CO_2 的分解反

应的发展，如

$$CO_2 + C = 2CO \tag{1-4}$$

反应大量吸热，消耗高温区有效热量及炭素，其效果为增加直接还原。此外它沉析出的烟炭还堵塞料层通道，破坏原料的强度，而且也破坏炉衬。

1.2.3 气化反应与循环富集

高炉中有一些蒸气压大的物质也能发生气化（升华或蒸发），其中包括可以在高炉中还原的元素如 S、P、As、K、Na、Zn、Pb、Mn 等以及还原的中间产物 SiO、PbO、K_2O、Na_2O，也有一些合成产物如 SiS、CS 或炉料带入的物质如 CaF_2。由于高炉上下部的热力学条件（如温度、压力、气氛）有很大差异，而这些物质在高炉下部还原后气化，随煤气上升到高炉上部又凝结，然后再随炉料下降到高温区气化而形成循环。它们之中只有一部分气化物质凝结成粉尘被煤气带出，或溶入渣铁被带到炉外，而剩余部分则在炉内循环富集，有的积累常常妨碍高炉正常冶炼，如 ZnO、SiO 在上部积累堵塞气流通道和形成炉瘤等，Pb 的积累则破坏炉底，渗入砖缝将砖浮起。K、Na 的循环富集则更加严重地破坏炉况顺行，使高炉严重结瘤，图 1-5 是包钢试验

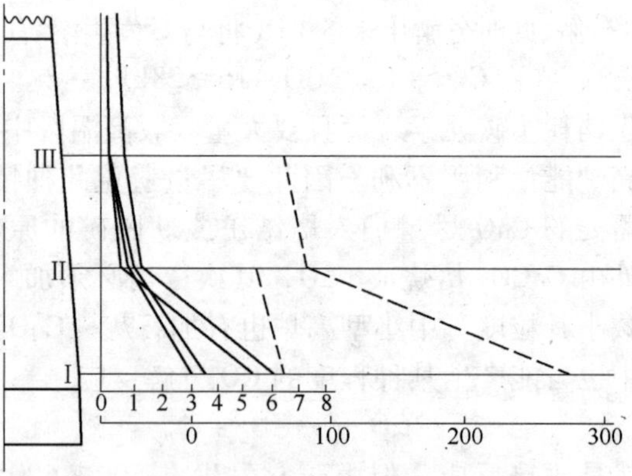

图 1-5　包钢试验高炉中垂直方向上，煤气与炉料中碱金属含量变化情况

高炉中碱金属（K、Na）变化情况，炉料的碱负荷为每吨铁带入10.1kg，矿石与焦炭等炉料在下降过程中碱金属含量不断增加，与此相反，而上升煤气中碱金属含量不断降低，一高一低，一得一失，煤气与炉料中碱金属的传输形成鲜明对照。

图1-6是首钢试验高炉解剖后得到的K、Na分布曲线。

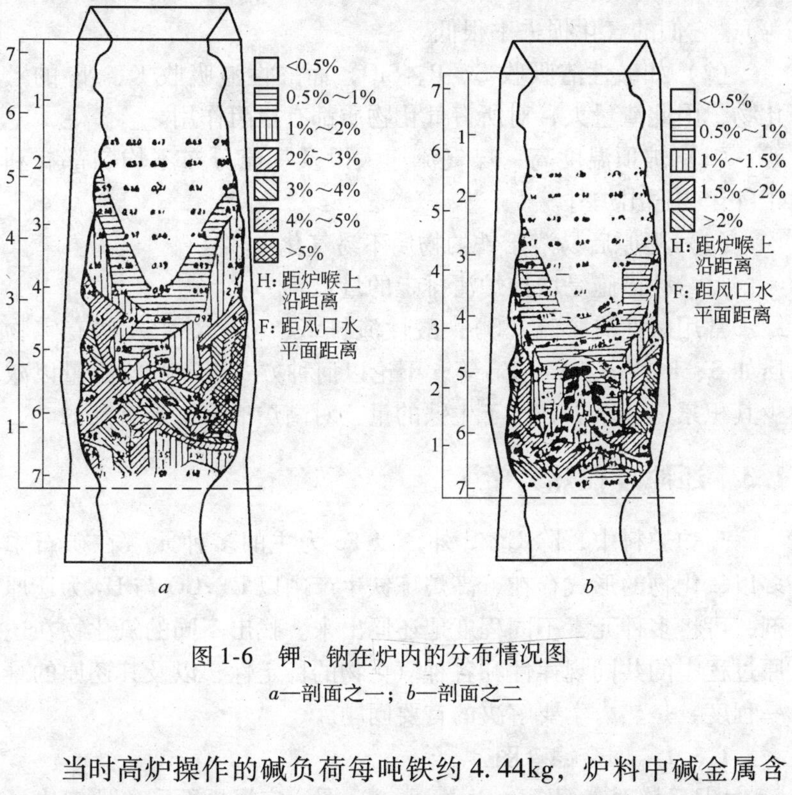

图1-6　钾、钠在炉内的分布情况图

a—剖面之一；*b*—剖面之二

当时高炉操作的碱负荷每吨铁约4.44kg，炉料中碱金属含量最高达5%，从图上可以看出，炉料中碱金属的等浓度线与炉内等温度线的形状、分布相似，矿石与焦炭不断从煤气中吸收碱金属，在软熔带部位达到最高，然后又逐渐减小，转折温度约1400℃左右，其变化规律与包钢试验高炉相似。又由于停炉前，试验高炉边缘气流比较发展，所以在同一高度水平，边缘高于中心。

为了减少易气化物质在炉内的循环富集量，可以从两个方面采取措施：

一种措施是提高随煤气逸出炉外的比例，它主要取决于：

（1）气化部位愈低，则上升过程中被吸收的几率愈大，蒸气压小的物质或难还原的物质（前者是Pb、Mn，后者是K、Na等），它们的气化损失率很低。

（2）如碱性渣吸收S、P、SiO，而酸性渣吸收K、Na的氧化物，因此渣量大，对所有气化物质都有拦阻作用。

（3）炉顶温度高，煤气流速大以及气流分布不均匀都有利于气化物逸出炉外。

（4）还原后易溶于铁的物质不易气化。

另一种措施是增加炉渣排走的量：

常用碱性渣脱硫（S），酸性渣排K、Na，对于一些有害物质如S、K、Na、As、Zn等，不论以何种方式提高其排出量以减少其积累，并减少其熔于生铁的量，对高炉冶炼都是有利的。

1.3 还原过程热力学

高炉炉料中，除C、S外，以Fe为主的多种元素在矿石中多以氧化物的形式存在，高炉炼铁生产中以C、CO与H_2为还原剂，可将多种元素不同程度地还原出来。找出不同的氧化物在还原过程中的共同规律性和各种氧化物的稳定性，以及其还原的难易程度，是热力学要解决的首要问题。

1.3.1 理查德森图

图1-7是理查德森（Richardson）图，它概括而形象地解决了以上众多的问题，不仅可以作为高炉冶炼及其他多种提炼冶金的理论基础，而且也是炼钢过程选择氧化的理论根据。

对于氧化物，其生成反应可用以下通式表示：

$$M + O_2 = MO_2$$

$$K = \frac{1}{p_{O_2}^*}$$

$$\Delta G^{\ominus} = -RT\ln K = -RT\ln\frac{1}{p_{O_2}^*} = RT\ln p_{O_2}^*$$

式中，上标“ * ”表示平衡态；$p_{O_2}^*$称为氧化物的分解压力。在平衡状态下，测定气相中的p_{O_2}，就可以求出$\Delta G^{\ominus}$。把不同温度下各种氧化物的$\Delta G^{\ominus}$画成图，即成为图1-7。图上纵坐标为金属元素与1mol氧化合时标准自由能的变化，横坐标为温度，每一

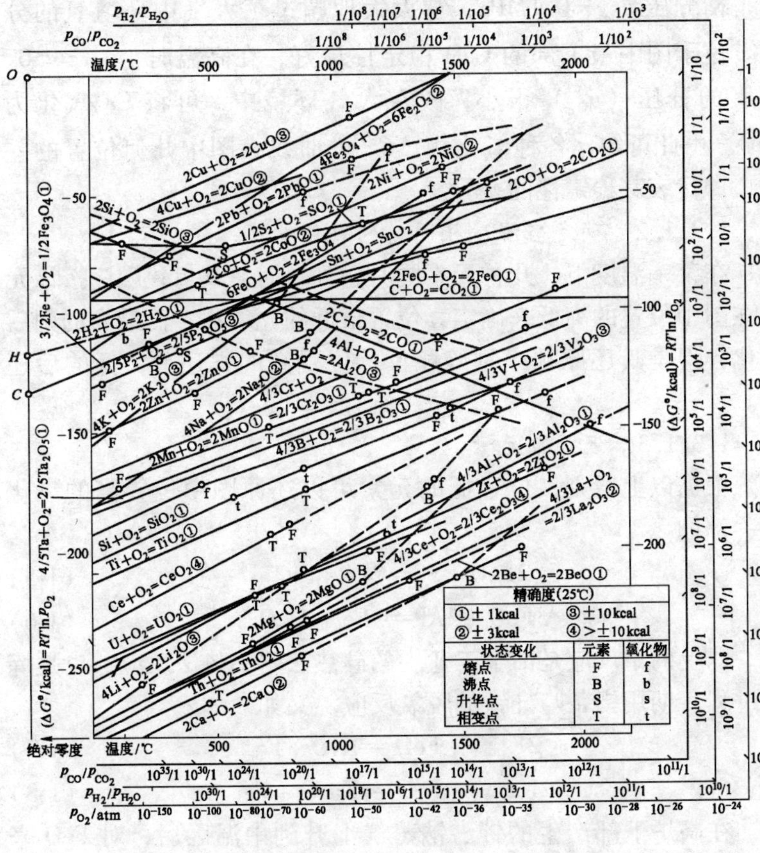

图1-7　氧化物标准生成自由能随温度的变化图

条线代表一种氧化物 $\Delta G^{\ominus}$-T 的关系，又由于 $\Delta G^{\ominus}=\Delta H^{\ominus}-T\Delta S^{\ominus}$，可知线段的斜率为 $\Delta S^{\ominus}$。0K 时在纵坐标上的截距为 $\Delta H^{\ominus}$，图 1-7 的外层有三种副坐标，分别表示气相的氧化性。

用图 1-7 主要可以解决以下问题。

1.3.1.1 各种氧化物的稳定性

绝大多数氧化物的 $\Delta G^{\ominus}$ 值均随温度升高而增加，直线向上斜，其负值减小，这说明氧化物的稳定性下降，故位于图中上部的氧化物稳定性最差，如 Fe_2O_3，CuO 在 1500℃时 $\Delta G^{\ominus}=0$，氧的平衡分压 $p_{O_2}=0.1$MPa，它大大地超过了大气中环境氧的分压。位于图中最下部的 CaO 稳定性最好，在高温时，$\Delta G^{\ominus}\ll 0$，即氧的分压（p_{O_2}）很小，故在大气环境中，可将 Ca 氧化为 CaO。由此可知，各种氧化物 $\Delta G^{\ominus}$-T 曲线在图中几何位置的差异，即代表其稳定性的差异。

1.3.1.2 确定当温度相同时的氧化顺序

在某一温度下，几种元素同时碰到氧时，其氧化顺序按该元素在图中位置的高低来确定，位置最低的先氧化，而最高的则后氧化，但是其还原顺序刚好相反，位置高的先还原，低的后还原。

1.3.1.3 还原剂元素

根据以上原则，位置低的元素可以还原图中位置高的氧化物，例如

$$2FeO+Si = 2Fe+SiO_2 \tag{1-5}$$

$$3FeO+2Al = 3Fe+Al_2O_3 \tag{1-6}$$

以上两个反应是冶金工业中的硅热法与铝热法反应，也是炼钢过程后期用铝条与硅铁的脱氧反应。又如

$$2K_{(气)}+FeO = K_2O+Fe \tag{1-7}$$

$$2Na_{(气)}+FeO = Ka_2O+Fe \tag{1-8}$$

在高炉下部产生的钾、钠蒸气上升到中温区后，对 FeO 来说，这是一种很强的还原剂。

1.3.1.4 碳氧化物的特殊性

以一种金属去还原另一种金属氧化物，在很多场合下是不经济的。在高炉中应用的还原剂是廉价的而且是易得到的 C、CO（H_2 很少），特别是 C →CO，它与一般氧化物相反，惟独它是随着温度的升高，CO 的稳定性愈好。由于这一特点，所以碳（C）成为冶金工业中一种既经济又丰富的还原剂。$C + O_2 \rightarrow CO$ 的直线，在很长的一段区间内，它都可以与其他元素（或氧化物）的直线相交，作为该元素氧化物的还原剂，对于高炉炼铁过程最有意义的是：C →CO 及 $C \rightarrow CO_2$ 的标准生成自由焓与其他金属化物生成自由能的差别。在理论上，从热力学角度看，碳（C）几乎可以作为全部氧化物的还原剂，不过在温度太低时反应时间过长，而温度太高时，设备与是否经济也都成为问题。

因此，用 C 和 CO 作还原剂时都有一定的温度范围，在高炉条件下大约是在 600～1700℃的温度范围研究问题的。当然随着生产与科学技术的发展，温度上限可以提高，过去认为在高炉条件下不可能还原的元素，有的现在可以逐步做到了。例如冶炼高硅铁、冶炼 Al-Si 合金、稀土合金等。

在 600～1700℃的温度范围内，$C + O_2 \rightarrow CO$ 可以把 $\Delta G^{\ominus}$-T 图分为三个区域，即该直线以上区域，与该直线相交区域以及该直线之下的区域。

（1）在 $C + O_2 \rightarrow CO$ 直线以上区域：$\Delta G^{\ominus}_{(\text{氧化物})} \gg \Delta G^{\ominus}_{(CO)}$ 的部分，像 Cu、Pb、Fe 等元素的氧化物可以全部被还原成金属，而形成铁水或进入铁水。在炼钢过程中，钢水中存在这些元素时，又很难被氧化。例如元素 Cu 就是如此，炼铁过程中基本上不能去铜（Cu），炼钢过程去 Cu 也极其困难，因此在钢铁冶金过程中对 Cu 有严格的要求，而且必须在原料处理过程中设法去除。

（2）与 $C + O_2 \rightarrow CO$ 直线逐渐接近与相交部分：即 $\Delta G^{\ominus}_{(\text{氧化物})}$ 约等于或逐步大于 $\Delta G^{\ominus}_{(CO)}$，例如：Cr、Mn、Si、Ti 等

元素氧化物，它们只能部分地被还原进入铁水，而大部分不被还原仍留在炉渣中。

（3）在 $C+O_2 \rightarrow CO$ 直线以下的区域：由于 $\Delta G^{\ominus}_{(CO)} > \Delta G^{\ominus}_{(氧化物)}$，例如 Al_2O_3、MgO、CaO 等氧化物，在高炉温度范围内不能被还原，因而全部进入炉渣。

由于有的氧化物全被还原，有的只部分地被还原，有的不能被还原，所以高炉内有易还原、难还原与不还原的氧化物。

1.3.1.5 确定金属氧化物的分解压及用 CO、H_2 还原氧化物时的平衡气相成分

对于任何一个金属氧化物都存在以下反应

$$2Me + O_2 = 2MeO$$

则

$$\Delta G^{\ominus}_{(2MeO)} = RT\ln p_{O_2}$$

以上公式中 p_{O_2} 即该氧化物的分解压。如果将 $\Delta G^{\ominus} = RT\ln p_{O_2}$ 看作函数，在一定温度下它的物理意义是：当 p_{O_2} 从 1 变到分解压数值时，自由焓的变化。这个函数的自变数是温度，因变数是 $\Delta G^{\ominus}$，在 $\Delta G^{\ominus}$-T 图上是通过 O 点（$T=0K$，$\Delta G^{\ominus}=0$）的直线。可见通过 O 点的直线，各自对应一定的 p_{O_2} 值，即分解压值。由此，当温度纵坐标与某氧化物的 $\Delta G^{\ominus}$-T 曲线相交于某点，连接此交点与 O 点（见图 1-8），O 点与交点直线所对应的氧分压，即此氧化物在此温度下的分解压。

对于下列二反应

$$2CO + O_2 = 2CO_2 \qquad (1\text{-}9)$$

$$2H_2 + O_2 = 2H_2O \qquad (1\text{-}10)$$

当 $p_{O_2}=1$ 时，可分别得出下列二式

$$\Delta G_1 = \Delta G_1^{\ominus} + RT\ln(p^2_{CO_2}/p^2_{CO})$$
$$= -558.516 + 167.890T + RT\ln(p^2_{CO_2}/p^2_{CO})\ (kJ)$$

$$\Delta G_2 = \Delta G_2^{\ominus} + RT\ln(p^2_{H_2O}/p^2_{H_2})$$
$$= -449.482 + 114.297T + RT\ln(p^2_{H_2O}/p^2_{H_2})\ (kJ)$$

根据以上二式，可以分别在 $\Delta G^{\ominus}$-T 图上（图 1-8）画出通过 C 点（T = 0K，ΔG = －558kJ），H 点（T = 0K，ΔG = －449kJ）的系列直线（ΔG_1-T，ΔG_2-T），它们分别对应一定的 $p^2_{CO_2}/p^2_{CO}$ 或 $p^2_{H_2O}/p^2_{H_2}$ 值，也即 p_{CO}/p_{CO_2} 或 p_{H_2}/p_{H_2O} 值。

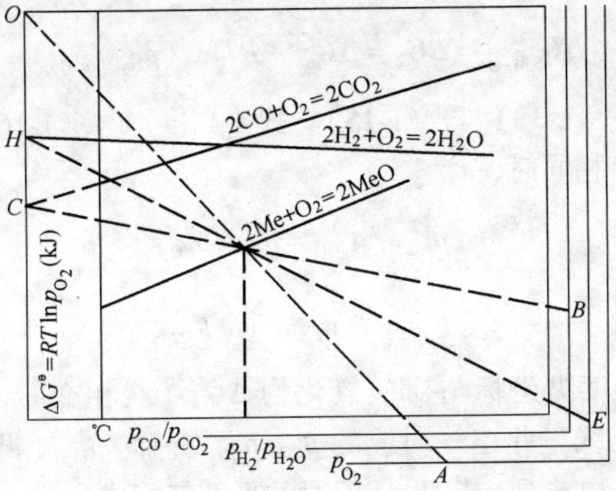

图 1-8　分解压、平衡气相成分的确定

对于某个具体的氧化物，例如 MeO，当它分别被 CO 或 H_2 还原时，可写出下列二反应式

$$2MeO + 2CO = 2Me + 2CO_2 \quad (1\text{-}11)$$

$$2MeO + 2H_2 = 2Me + 2H_2O \quad (1\text{-}12)$$

可分别得出下列二式

$$\Delta G_3 = \Delta G_1^{\ominus} - \Delta G_{2MeO}^{\ominus} - RT\ln\ (p'^2_{CO_2}/p'^2_{CO})$$

$$\Delta G_4 = \Delta G_2 - \Delta G_{2MeO}^{\ominus} + RT\ln\ (p'^2_{H_2O}/p'^2_{H_2})$$

当以上两个还原反应达到平衡时，以上二式分别变化为下列二式

$$\Delta G_1^{\ominus} - \Delta G_{2MeO}^{\ominus} + RT\ln\ (p'^2_{CO_2}/p'^2_{CO}) = 0 \quad (1\text{-}13)$$

$$\Delta G_2^{\ominus} - \Delta G_{2MeO}^{\ominus} + RT\ln\left(p'^2_{H_2O}/p'^2_{H_2}\right) = 0 \quad (1\text{-}14)$$

当 $\Delta G_{2MeO}^{\ominus}$-$T$ 直线分别与 ΔG_1-T，ΔG_2-T 直线交于 A、B 两点时，这时可以得出

$$\Delta G_{2MeO}^{\ominus} = \Delta G_1 = \Delta G_1^{\ominus} + RT\ln\left(p^2_{CO_2}/p^2_{CO}\right) \quad (1\text{-}15)$$

$$\Delta G_{2MeO}^{\ominus} = \Delta G_2 = \Delta G_2^{\ominus} + RT\ln\left(p^2_{H_2O}/p^2_{H_2}\right) \quad (1\text{-}16)$$

比较式（1-13）与（1-15）、式（1-14）与（1-16），当对应二式中的 T 相同时，

$$p'^2_{CO_2}/p'^2_{CO} = p^2_{CO_2}/p^2_{CO}$$

$$p'^2_{H_2O}/p'^2_{H_2} = p^2_{H_2O}/p^2_{H_2}$$

即当温度纵坐标与对应氧化物 $\Delta G^{\ominus}$-t 线相交时，交点与 C 点或 H 点连线，此连线对应的 p_{CO}/p_{CO_2} 或 p_{H_2}/p_{H_2O}，即是此温度下对应氧化物被 CO 或 H_2 还原时的平衡气相成分。

1.3.2 铁氧化物的还原热力学

在高炉冶炼过程中，我们非常关心氧化铁的还原状况。三种铁氧化物——Fe_2O_3、Fe_3O_4 和 FeO 在高炉条件下均可被煤气还原，高炉煤气中的还原成分主要是 CO，高炉煤气还原氧化铁的能力可用图 1-9 来分析，图中的 A 点表示高炉鼓风的氧势及温度，鼓风进入高炉风口区与焦炭中 C 进行燃烧反应：

$$2C + O_2 = 2CO$$

使煤气温度升高而氧势下降到 B 点，煤气在焦炭表面可立即把还原生成的 CO_2 分解成 CO，因而有最低的氧势（B-D 线），而矿石表面生成 CO_2 其氧势最高（C-D 线），而实际的煤气氧势在两者之间波动。随着煤气上升时温度不断下降，煤气氧势由于反应速度降低而使高低差距变小，但煤气氧势在整个高炉部位都低于氧化铁的氧势，表示高炉煤气在各个部位均有还原各种自由氧化铁的能力。

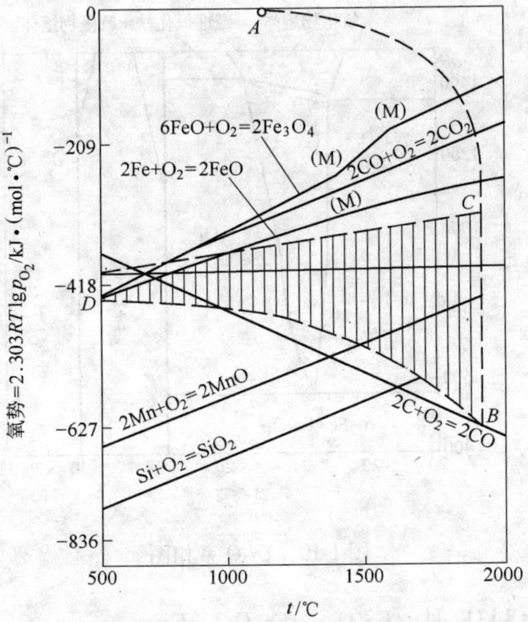

图 1-9　氧化铁还原图解

1.3.2.1　铁氧化物还原的顺序

铁与氧的化合物主要存在三种形态，如图 1-10 所示。赤铁矿 Fe_2O_3，氧铁原子比 $\frac{O}{Fe}=\frac{3}{2}=1.50$，理论氧含量为 30.6%。磁铁矿 Fe_3O_4，氧铁原子比 $\frac{O}{Fe}=\frac{4}{3}=1.33$，理论氧含量为 27.64%，浮士体 Fe_xO，氧铁原子比 $\frac{O}{Fe}=1.0$，理论氧含量为 22.28%，但它是一种缺位氧化铁，而 $x<1.0$。

从图 1-10 可以看出，温度高于 570℃ 时，才有 FeO 存在，实验与物理化学方面等的研究都证明氧化铁的还原是逐级进行的：

当 $T>843K$ 时　$Fe_2O_3 \rightarrow Fe_3O_4 \rightarrow Fe_xO \rightarrow Fe$

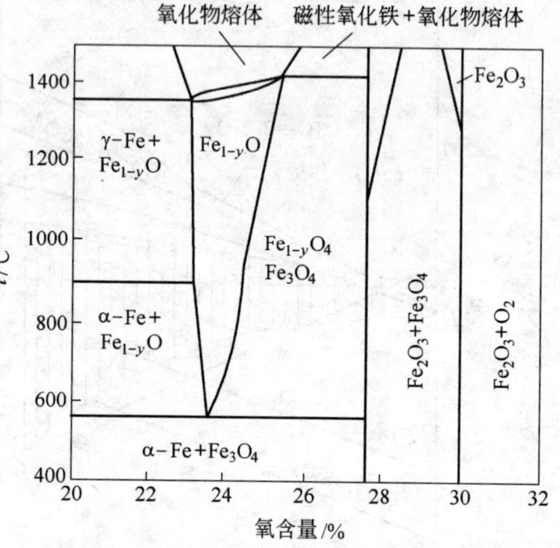

图 1-10 Fe-O 系相图

当 $T<843\text{K}$ 时 $Fe_2O_3 \rightarrow Fe_3O_4 \rightarrow Fe$

1.3.2.2 还原反应

在高炉中，还原剂主要是 C、CO 和 H_2。在块料带主要反应是固—固相反应和气—固相反应，在软熔带以下出现固—液相反应、气—液相反应与液—液相反应。

用 CO 作还原剂时的还原反应：

当 $T>843\text{K}$ 时

$$3Fe_2O_3 + CO = 2Fe_3O_4 + CO_2 + 37139\text{kJ} \tag{1-17}$$

$$\Delta G^{\ominus} = 33243.92 - 55.886T$$

$$Fe_3O_4 + CO = 3FeO + CO_2 - 20893\text{kJ} \tag{1-18}$$

$$\Delta G^{\ominus} = 31510.838 - 37.063T$$

$$FeO + CO = Fe + CO_2 + 13608\text{kJ} \tag{1-19}$$

$$\Delta G^{\ominus} = 18178.593 + 21.835T$$

当 $T < 843\text{K}$ 时

$$3Fe_2O_3 + CO = 2Fe_3O_4 + CO_2 + 37139\text{kJ}$$

$$\Delta G^{\ominus} = 33243.92 - 55.886T$$

$$Fe_3O_4 + 4CO = 3Fe + 4CO_2 + 17168\text{kJ} \qquad (1\text{-}20)$$

$$\Delta G^{\ominus} = 3256.439 + 4.214T$$

以上反应特点归纳如下：

（1）除 $Fe_2O_3 \rightarrow Fe_3O_4$ 之外，都是可逆反应，并在一定的温度下达到平衡。

（2）由于是可逆反应，还原剂不可能全部被利用，因此需要一定的浓度。

（3）Fe_2O_3 的分解压力较大，可以被 CO 全部还原成 Fe_3O_4，由于其反应很容易进行，对冶炼过程无影响，故一般不加以讨论。

1.3.2.3　反应的限度

从热力学可知，$\Delta G^{\ominus}$ 主要是解决反应的可能性问题，而平衡常数 K 主要是解决反应的限度问题。

对以上反应，平衡常数的计算方法如下：

由于 $$K_p = \frac{p_{CO_2}}{p_{CO}} = \frac{CO_2\%}{CO\%}$$

又因为 $$CO_2\% + CO\% = 100\%$$

故 $$CO_2\% = 100 - CO\%$$

所以 $$K_p = \frac{100 - CO\%}{CO\%} = \frac{100}{CO\%} - 1$$

则 $$CO\% = \frac{100}{1 + K_p}$$

因此，只要知道 K_p，就可以求出达到平衡时的 CO%。但 $K_p = f(t)$，将各种温度下的 K_p 代入上式中，就可以计算出各个反应在不同温度时的 CO%，并描述出 CO-t 曲线，如图 1-11 所示。图 1-11表示了四条平衡曲线与四个稳定区。

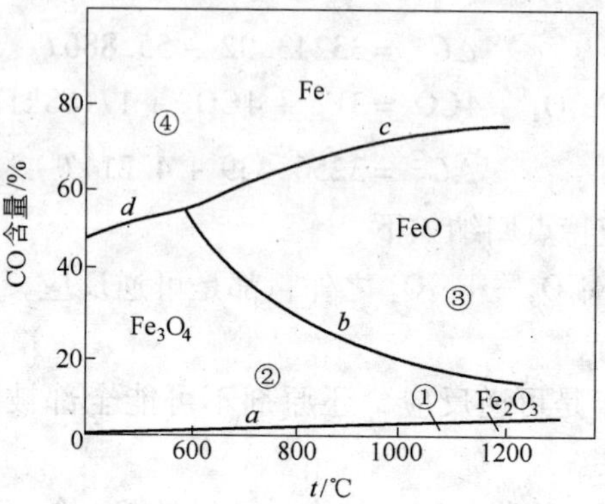

图 1-11　用 CO 还原氧化铁的平衡关系

曲线 a—$Fe_2O_3+CO=Fe_3O_4+CO_2$ 的平衡曲线；曲线 b —$Fe_3O_4+CO=FeO+CO_2$ 的平衡曲线；曲线 c—$FeO+CO=Fe+CO_2$ 的平衡曲线；曲线 d—$Fe_3O_4+CO=Fe+CO_2$ 的平衡曲线；

①区—Fe_2O_3 稳定区；②区—Fe_3O_4 稳定区；③区—FeO 稳定区；④区—Fe 的稳定区

从图 1-11 可以看出，曲线 a、c、d 向上斜，曲线 b 向下斜，前者为放热反应，后者为吸热反应。而其中 FeO 的还原具有特殊的意义，因为 $FeO+CO=Fe+CO_2$ 反应的平衡曲线位置最高，说明它平衡要求的 CO% 最多，所以 FeO 最难还原。例如 900℃ 时，用 CO = 60% 的煤气（$CO+CO_2=100\%$）不可能将 FeO 还原成 Fe，但完全可以将 Fe_3O_4 还原成 FeO。根据煤气在炉内分布特点可知，FeO 的还原主要产生在高炉的中下部，而 Fe_3O_4 还原成 FeO，以及 Fe_2O_3 还原成 Fe_3O_4 主要产生在高炉的上部。根据高炉内煤气与炉料运动的特点，高温的 CO 在风口前端上升过程中首先把 FeO 还原为 Fe，而剩余的 CO 也完全可以把 Fe_3O_4 还原成 FeO。因此高炉的化学能利用率很高。

1.3.2.4　还原剂的过剩系数（n）

为了使铁矿石能充分地进行还原，而且抑制逆反应，必须使用过量的 CO，过剩系数一般大于1，因此以上反应均应改为：

$$Fe_3O_4 + nCO = 3FeO + CO_2 + (n-1)CO \tag{1-21}$$

$$FeO + nCO = Fe + CO_2 + (n-1)CO \tag{1-22}$$

……

达到平衡时

$$K_p = \frac{\%CO_2}{\%CO} = \frac{1}{n-1}$$

因此 $n = \frac{1}{K_p} + 1$

又由于 $CO_2 + CO = 100\%$

故 $n = \frac{100\%}{\%CO_2}$

通过上式可以计算出以上反应在不同温度时的 CO 过剩系数 n，当 n 值越小时，则还原剂消耗量也越小，或者说焦炭消耗量最经济。在 685℃时 $FeO + nCO = Fe + CO_2 +$ （$n-1$） CO 反应式中，$CO_2 = 42.19\%$，故 $n = \frac{100}{42.19} = 2.37$。

1.3.2.5　用 H_2 作还原剂

用 H_2 作还原剂还原铁矿石时，同样可以作出 H_2-t 的平衡图。H_2 的来源主要是燃料带入以及风中水分分解后产生的。特别是在高炉喷吹重油等碳氢化合物后，煤气中含 H_2 量明显增加，因此 H_2 作还原剂的作用愈来愈大。铁氧化物用氢作还原剂时的还原顺序和用 CO 还原时一样。

当 $T > 843K$ 时

$$3Fe_2O_3 + H_2 = 2Fe_3O_4 + H_2O - 21814kJ \tag{1-23}$$

$$\Delta G^{\ominus} = 2972.77 - 83.74T$$

$$Fe_3O_4 + H_2 = 3FeO + H_2O - 63601kJ \tag{1-24}$$

$$\Delta G^{\ominus} = 68519.10 - 71.64T$$

$$FeO + H_2 = Fe + H_2O - 27718kJ \tag{1-25}$$

$$\Delta G^{\ominus} = 15841.619 - 8.964T$$

当 $T < 843K$ 时

$$3Fe_2O_3 + H_2 = 2Fe_3O_4 + H_2O - 21814\text{kJ}$$

$$\Delta G^{\ominus} = 2972.77 - 83.74T$$

$$Fe_3O_4 + 4H_2 = 3Fe + 4H_2O - 146754\text{kJ} \tag{1-26}$$

$$\Delta G^{\ominus} = 133475.698 - 119.245T$$

与用 CO 还原时一样，在某温度下达到平衡时，有一定的平衡气相成分，H_2-t 平衡图中也可以分为 4 条平衡线和 4 个稳定区。为了相互比较方便，将 CO-t 图及 H_2-t 图合并为图 1-12。从此图可以看出，二者的明显区别是，在 810℃ 以下 CO 作还原剂比 H_2 强，而在 810℃ 以上则刚好相反，即 H_2 比 CO 强。因此随着温度的升高，用 H_2 作还原剂的效果愈来愈好。

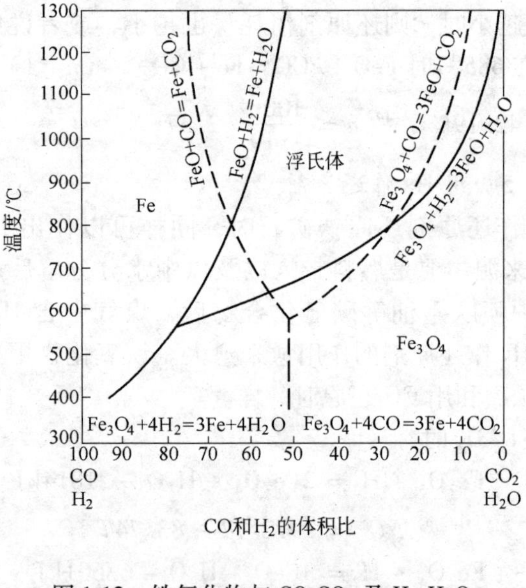

图 1-12　铁氧化物与 CO-CO_2 及 H_2-H_2O 在不同温度下成平衡的状态图

1.3.2.6　固体碳作还原剂的还原过程

由于铁氧化物的还原是逐级进行的，因而用碳作还原剂也不

例外，当温度大于570℃时，

$$3Fe_2O_3 + C = 2Fe_3O_4 + CO - 108988kJ \tag{1-27}$$

$$Fe_3O_4 + C = 3FeO + CO - 108988kJ \tag{1-28}$$

$$FeO + C = Fe + CO - 152199kJ \tag{1-29}$$

在低温时，由于固体碳与矿石都是固体，相互间的接触面太小，因此以上反应都是极其有限的。但是在900℃以上的高温区，由于$CO_2 + C = 2CO$反应的存在，所以用固体碳作还原剂时，在高温区的反应都是通过下列两个阶段进行的：

$$FeO + CO = Fe + CO_2 + 13608kJ$$

$$CO_2 + C = 2CO - 165805kJ$$

综合二式后即得

$$FeO + C = CO + Fe - 152197kJ \tag{1-30}$$

从以上反应可以看出，用固体碳作还原剂时，在高温状况下是通过转化为CO来进行的，而且只有CO才能同矿石保持充分的接触。因此在这种情况下，用固体碳作还原剂时要看$C + CO_2 = 2CO$的反应速度。在低温时，其反应速度很慢，因而用C作还原剂的反应几乎没有，但在900℃左右时，此反应进行速度很快，在1000℃以上时，只要有CO_2存在，就将立即与C作用成为CO，使CO_2不能存在。可见在高温时，是通过CO的作用还原出Fe来的，故反应的最终结果是消耗了固体碳。

由于高炉内煤气流速很大，只有在温度高于700～730℃的下部地区，反应式$CO_2 + C = 2CO$才有可能达到平衡。从理论上讲FeO可以被固体碳还原，但是在上述温度范围内，$CO_2 + C = 2CO$的反应很慢，实验指出，在650℃时大约要12h，800℃时大约需9h，而且还受动力学条件的影响，因此高炉内用固体碳开始还原铁氧化物的温度并不十分肯定。不过高炉内用固体碳作还原剂的反应还是存在的，它表现为液态炉渣中的FeO与焦炭中的C，或与铁水中碳之间的反应，例如

$$(FeO)_{液} + C_{焦} = Fe + CO \tag{1-31}$$

$$(FeO)_{液} + (Fe_3C)_{液} = 4Fe + CO \tag{1-32}$$

1.3.2.7 CO_2 的还原反应对氧化铁还原过程的影响

$$C + CO_2 = 2CO - 165528kJ$$

此反应是可逆反应，它向右进行时叫 CO_2 的还原反应，或叫碳素溶解反应，消耗大量固体碳与热量，当它向左进行时，叫做 CO 的分解反应，它放出大量的热并且产生炭黑（沉积碳）。铁氧化、铁还原与温度的关系平衡图和此反应的平衡温度图共同

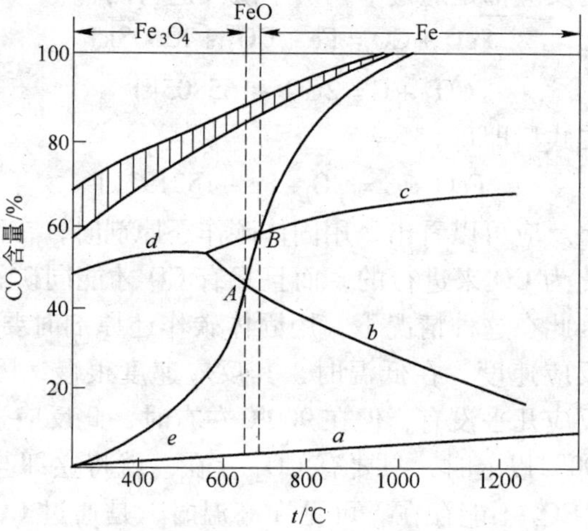

图 1-13　高炉内固相区氧化铁还原平衡成分图解

表示在图 1-13 中。从图上可以看出，曲线 e 与 b 相交于 A 点（t_A =647℃），此点表示 $Fe_3O_4 + CO = 3FeO + CO_2$ 以及与 $CO_2 + C = 2CO$ =反应都达到平衡时的气相成分，CO% =40%，CO_2% =60%，是 Fe_3O_4 开始还原成为 FeO 的温度。当温度低于 647℃时，Fe_3O_4 不能被还原成 FeO，例如当 600℃时，反应式 $Fe_3O_4 + CO = 3FeO + CO_2$ 的平衡气相成分为：CO = 44.8%，CO_2 = 55.2%，可是由于 $CO_2 + C = 2CO$ 反应的存在，气相成分将按此反应而建立平衡，而气相中 CO = 25%，CO_2 = 75%，在此情况下，气相中 CO 含量不能满足曲线 b 上平衡气相成分所需的 CO

含量，故反应式 $Fe_3O_4 + CO = 3FeO + CO_2$ 只能向左而不能向右进行，因而温度低于647℃时是 Fe_3O_4 的稳定区。

曲线 e 与 c 相交于 B 点，$t_B = 685$℃，此点表示 $FeO + CO = Fe + CO_2$ 与 $CO_2 + C = 2CO$ 的平衡气相成分相等，大约是58.0%的CO和42.0%的 CO_2，它是FeO开始还原为金属铁的温度，根据以上类似的理由，在647~685℃之间为FeO的稳定区，在此温度区域FeO不能被还原成金属铁，而当温度高于685℃时为金属铁稳定区，在此区金属铁不会被氧化成FeO或 Fe_3O_4。

综上所述，由于 $CO_2 + C = 2CO$ 反应的存在，低于647℃是 Fe_3O_4 的稳定区，高于685℃是Fe的稳定区，647~685℃之间是FeO的稳定区。从形式上看是根据温度划分的，而实际上仍是按煤气成分划分的。由于 $CO_2 + C = 2CO$ 反应在高炉条件下，对于低于800℃的区域不能控制气相成分，在800~1000℃区域内只能部分影响煤气成分，在高于1000℃的区域基本上完全能控制煤气成分。又由于喷吹燃料与焦比等因素的影响，铁氧化物还原的热力学条件虽然和高炉实际情况不尽相同，但是在计算理论耗炭量时仍是不可缺少的，而且还是理论分析的重要依据。

图1-13中的阴影部分，是高炉生产中 CO_2 的变化范围，对于生产指标先进的高炉，CO_2 含量一般在20%左右，折算后的成分接近阴影部分的下沿。一般高炉 CO_2 含量在15%左右，它相当于接近阴影部分的上沿。总之，实际煤气中的 CO_2 含量离平衡状态还很远，因此煤气的利用潜力是很大的。

1.4 铁的直接还原与间接还原

1.4.1 直接还原的定义

用CO作还原剂还原高炉中的FeO，气体产物为 CO_2，并且是放热的反应，称为间接还原。氧化铁从高级氧化物 Fe_2O_3 还原到FeO一般都是间接还原。FeO用C作还原剂，气体产物是CO，而且又是吸热的反应，称为直接还原。高炉中有部分的 H_2

参加间接还原，有部分的 H_2 代替碳的直接还原，故铁氧化物在整个还原过程中包括直接还原和间接还原。

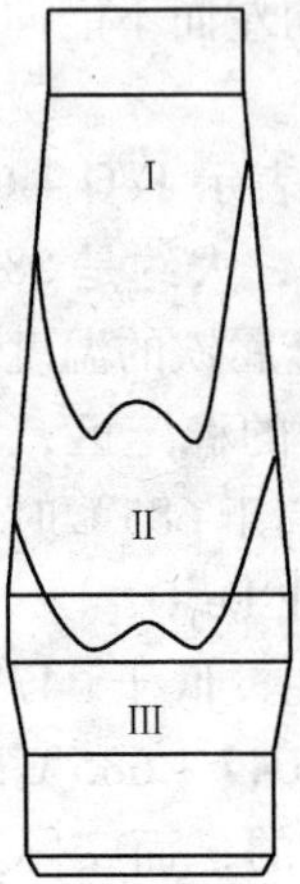

图 1-14 高炉内还原区域示意图

Ⅰ—间接还原区；
Ⅱ—混合还原区；
Ⅲ—直接还原区

高炉中的间接还原从炉料入炉后就开始了，随着炉内温度不断升高，其间接还原也愈加发展，在1000℃或更高的温度区域，$CO_2 + C = 2CO$ 的反应激烈进行。而直接还原反应是从碳的气化反应 $CO_2 + C = 2CO$（800℃左右）的进行逐渐开始的，到1000℃左右时激烈发展，最后到炉缸部位完成。根据铁氧化物还原温度的不同，高炉内大致可以分为三个区，如图 1-14 所示。低于 700 ~ 800℃ 的为间接还原区，800 ~ 1000℃的为混合还原区，它既有间接还原反应也存在直接还原反应，1000℃以上的为直接还原区。

1.4.2 还原度的表示方法与计算

高炉冶炼中，除铁的氧化物以外，还有其他元素如 Si、Mn、P 以及微量的 Nb、Cr、V、Ti 等元素的还原反应同样也产生 CO。此外碳酸盐分解出来的 CO_2，也有一部分（约为1/2）参与 $CO_2 + C = 2CO$ 的反应，还有炉料中带入的结晶水也有一部分进行 $H_2O + C = H_2 + CO$ 的反应，而所有这些反应本质上都同铁的直接还原类似，它们都发生在高温区并且吸收热量，使风口前燃烧的碳量减少，因而焦比升高。故直接还原又分为铁的直接还原度与高炉直接还原度，而后者表示高炉内各种直接还原综合发展的程度。

铁的直接还原度，一般用 r_d 表示。假定高级氧化铁还原成低级氧化铁全部是间接还原，而从 FeO 中用固体碳直接还原的铁量与铁氧化物中被还原出来的总铁量之比为铁的直接还原度，则

$$r_d = \frac{Fe_{直接}}{Fe_{生铁} - Fe_{Me}}（\%）$$

式中　　$Fe_{直接}$——从 FeO 中直接还原的铁量，kg/t；

$Fe_{生铁}$，Fe_{Me}——分别为生铁中的含 Fe 量与炉料中带入的金属铁量，kg/t。

铁的氧化物中被 CO 与 H_2 夺去的氧量与铁氧化物转入到煤气中的氧量之比，称为间接还原度，用 r_i 表示，而铁的直接还原度与间接还原度的关系为：$r_d = 1 - r_i$，或 $r_i = 1 - r_d$。

铁的直接还原度 r_d 在生产中应用比较广泛，从 FeO 中还原出来的 Fe，一部分用碳（C）直接还原，以 $Fe_{(c,d)}$ 表示，一部分用 CO 和 H_2 还原，分别以 $Fe_{(CO)}$、$Fe_{(H_2)}$ 表示。所以从 FeO 中还原出来的全部铁量 $Fe_{还} = Fe_{(c,d)} + Fe_{(CO)} + Fe_{(H_2)}$。

因此

$$r_d = 1 - r_{(CO)} - r_{(H_2)} = 1 - \frac{Fe_{(CO,H_2)}}{Fe_{还}} = \frac{Fe_{(r_d)}}{Fe_{还}}$$

计算 r_d 的公式较多，以下介绍常用的一种简单计算法。根据直接还原度的定义：

$$FeO + C = Fe + CO$$

$$r_d = \frac{56\left[C_{总} - (C_{风} + C_{Si,Mn,P} + C_{H_2O})\right]}{12}$$

用此公式计算时，必须准确地计算出 $C_{风}$，如果煤气成分不准确的话，可以改用下式计算：

$$r_d = 1 - r_i$$

$$= 1 - \frac{C_{汽化}\dfrac{CO_2 + \beta_{H_2}}{CO_2 + CO + CH_4} - \left(\dfrac{CO_{2(挥+熔)}}{44} + \dfrac{Fe_2O_3}{160} + \dfrac{MnO_2}{87}\right) \times 12}{\dfrac{12}{56}(Fe_{生铁} - Fe_{废铁})} \tag{1-33}$$

其中：

$$C_{汽化} = C_{料} + C_{喷} = C_{焦} + C_{熔} + C_{废} - C_{生铁} - C_{炉尘} + C_{喷}$$

式中，分子代表间接还原铁生成的 CO_2 的碳量，分母代表全部 FeO 还原所需碳量，所以他们之比与直接还原度的定义相符。

β——H_2 的利用系数（CO_2/CO），按经验数据一般取 0.8；

CO_2, CO, CH_4——高炉炉顶煤气中相应成分的含量；

$CO_{2(挥+熔)}$——熔剂与焦炭挥发物中的 CO_2 量；

Fe_2O_3——炉料带入的 Fe_2O_3 量（kg/t）；

MnO_2——炉料带入的 MnO_2 量（kg/t）。

而且上式可改写为

$$r_d = 1 - \Big[(C_{焦} + C_{油} + C_{煤} + C_{废} + C_{挥} + C_{熔} - C_{生铁} - C_{尘}) \frac{CO_2 + \beta_{H_2}}{CO_2 + CO + CH_4} - \frac{12}{44}(CO_{2(挥+熔)}) - \frac{12Fe_2O_3}{160} - \frac{12MnO_2}{87} \Big] \div \frac{12}{56}(Fe_{生铁} - Fe_{废铁})$$

直接还原度（r_d）用于配料计算、物料平衡及能量平衡计算、求理论焦比、设计高炉、分析生产等，特别是降低能耗的分析，所以非常重要。我国高炉的直接还原度大多数在 0.4 ~ 0.55 之间。

1.4.3 直接还原与间接还原

间接还原不消耗固体碳素，同时还放出少量的热，而直接还原不仅要消耗大量热，同时还要消耗固体碳素，相对地减少了风口前燃烧的炭量。以上比较说明间接还原比直接还原优越。但是在高炉冶炼过程中，应该发展间接还原还是发展直接还原，几十年来一直存在着不同意见。早在 19 世纪末，法国冶金学家格留涅尔发表了一篇论文，他认为加入到高炉中的焦炭，都应该到达风口前燃烧成 CO，然后再由 CO 还原铁的氧化物，也就是说高炉的理想行程应该是 100% 的间接还原。但是英国冶金学家克利门茨的看法刚好与此相反，他认为直接还原只要一个分子的 C（如 $FeO + C = Fe + CO$），而间接还原则要消耗过量的 CO（如 $FeO + nCO = Fe + (n-1)CO + CO_2$），此过量的 C 也是要消耗碳元素来提供的，所以他得出结论是，高炉中以100%的直接还原为最好。

但是前苏联学者巴甫洛夫认为上述两种观点都不对，因为格留涅尔只考虑到焦炭在高炉内热能的供应，而忽略了另一个因素，即化学能的供应，相反的克利门茨则只考虑到直接还原的化学能的供应，而他忽略了热能的消耗。所以他们的看法都比较片面，自然就得出了错误的结论。而巴甫洛夫经过计算证明高炉内最理想的行程，应该是既有直接还原又有间接还原，只有当他们达到一定比值时，才是最合适的高炉行程，这时高炉焦炭消耗量最低。举例计算如下。

（1）已知条件：

生铁成分（%）　Fe 94.6　Si 0.49　Mn 0.46　P 0.0038　S 0.03　C 4.35

每1t生铁加废铁量61kg，废铁中含Fe量比为80%

每1t生铁加灰石量43.5kg，其中含CO_2量比为43.1%

过剩系数n取2.37

（2）要求计算：

还原耗碳量和热量耗碳关系式。

（3）计算过程：

100%的直接还原耗碳量与100%的间接还原时的耗碳量比较列于表1-2。

表1-2　还原耗碳量的计算比较（kg/kg）

生铁成分一定，当100%的直接还原（$r_d=1$）时	生铁成分一定，当FeO 100%间接还原（$r_d=0$）时
1. $C_{Fer_d}=\frac{12}{56}\times(0.946-0.061\times0.8)\times r_d=0.1919r_d$	1. $C_{Fer_i}=n(1-r_d)\times\frac{12}{56}\times(0.946-0.061\times0.80)=0.455(1-r_d)$
2. $C_{生铁}=0.043$	2. $C_{生铁}=0.043$
3. $C_{CH_4}=0.006$	3. $C_{CH_4}=0.006$
4. $C_{熔}=0.0435\times0.431\times0.5\times\frac{12}{44}=0.0025$	4. $C_{熔}=0.0025$（同左）

续表 1-2

生铁成分一定，当100%的直接还原（$r_d=1$）时	生铁成分一定，当 FeO 100%间接还原（$r_d=0$）时
5. $C_{Si,Mn,P}=0.0049\times\frac{24}{28}+0.0046\times\frac{12}{55}+0.00038\times\frac{60}{62}=0.00556$	5. $C_{Si,Mn,P}=0.00556$（同左）
当$r_d=1$，$\Sigma C_{1-5}=0.24896$ $r_d=0$，$\Sigma C_{1-5}=0.0570$	当$r_d=1$，即 $r_i=0$，$\Sigma C_{1-5}=0.0570$ $r_d=0$，即 $r_i=1$，$\Sigma C_{1-5}=0.512$

将以上计算结果列于图 1-15，当只考虑间接还原耗碳时（$r_i=1$ 和 $r_i=0$）在图上作 *CD* 线，当只考虑直接还原耗碳时，即根据 $r_d=1$ 和 $r_d=0$ 时两点作 *AB* 线，*AB* 线与 *CD* 线相交于 *O* 点，*COB* 线是还原总耗碳量的变化线。从图上可以看出：

（1）当直接还原度为 r_{d_1} 时，直接还原耗碳为 C_R，间接还原耗碳为 C_{r_i}，由于 $C_R<C_{r_i}$，即直接还原耗碳产生的 CO 供间接还原不够，需另外补充 C_i 来产生 CO，以满足间接还原用，故还原

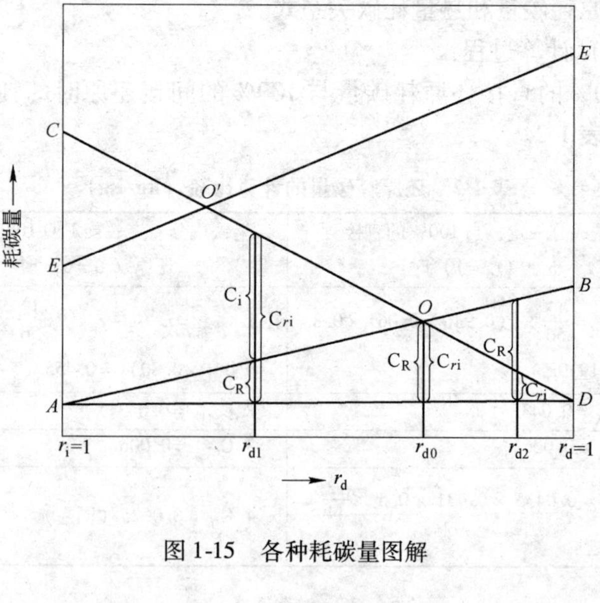

图 1-15　各种耗碳量图解

共需耗碳量为 C_{r_i}。

（2）当直接还原度为 r_{d_2} 时，$C_R > C_{r_i}$，即直接还原耗碳产生的 CO 供间接还原用有余，但还原总耗碳量仍为 C_R。

（3）当直接还原度为 r_{d_0} 时，$C_R = C_{r_i}$，即直接还原耗碳产生的 CO 刚好能满足间接还原所需。

根据图 1-15 可得如下结论：

（1）在 *COB* 线上的 *O* 点，直接还原度为 r_{d_0}，此点还原耗碳总量最少。

（2）随着直接还原度的变化，还原总耗碳量是按 *COB* 线而变化的。

（3）*AD* 线是表示生铁渗碳，形成甲烷耗碳，石灰石中 CO_2 耗碳，少量元素耗碳，当生铁成分和原料条件一定时，*AD* 是一常数，因此它是一条水平直线。当然也可以分成几条水平直线。

（4）还原耗碳最少时的还原度，既不在 100% 的直接还原时，也不在 100% 的间接还原时，而是二者兼有，并成一定的比例，即图中的 *O* 点。

除还原耗碳之外，高炉内消耗大量的热量，这些热量也是靠碳燃烧得来的，当然亦消耗大量碳元素，总的热量耗碳包括以下 8 个部分：

还原需要热量——q_1

脱硫需要的热——q_2

石灰石分解耗热——q_3

水分分解耗热——q_4

炉渣带走热量——q_5

铁水带走热量——q_6

煤气带走热量——q_7

冷却水及其他热耗——q_8

因此 $Q_{总} = q_1 + q_2 + q_3 + q_4 + q_5 + q_6 + q_7 + q_8 = Q_{支出}$

而 $q_1 = q_{Fe} + q_{Si} + q_{Mn} + q_P + \cdots$

其中 $q_{Fe} = ar_d \mathrm{Fe}_{还原}$

当炉况稳定时，a，$Fe_{还原}$，q_{Si}，q_{Mn}，q_{p}，…均为常数。

所以 $$q_1 = ar_d + b$$

而且生产稳定时 $q_2 \sim q_8$ 也为常数

即 $$Q_{总} = a \times r_d + b + q_{2\sim8} = a \times r_d + b + C$$
$$= A + Br_d$$

所消耗的热量是靠风口燃烧碳（C）来提供，当 $C \longrightarrow CO$ 时，放热9781kJ/kg，而每1kgC需风量为 $V_{风}$，如果风温为 $t_{风}$，风的热容为 $c_{风}$，则风口前每千克碳燃烧时带入的总热量 $Q_{收入} = 9781 + V_{风}\ c_{风}\ t_{风}$。由于 $Q_{支出}$ 已知，则满足耗热需要的耗碳量为：

$$C = \frac{A + Br_d}{2340 + V_{风}\ c_{风}\ t_{风}}$$

由于 $V_{风}$，$t_{风}$，$c_{风}$ 在一定的条件下均为常数，故 $C = A' + B' r_d = f(r_d)$，从关系式明显地看出，热量耗碳与直接还原度 r_d 成直线关系，A'是截距，B'是斜率。

当 $r_d = 0$，$C = A'$，令其为 E 点。

当 $r_d = 1$，$C = A' + B'$，令其为 F 点。

在图1-15上，以 AB 线为起点，然后叠加 EF 线，EF 代表热量耗碳量 Q，EF 线与 CD 线相交于 O'点。在 O'点右边，热量耗碳产生的CO多于间接还原的需要，实际不存在，而只有在 O' 点，热量耗碳产生的CO刚好能满足间接还原所需的CO，在这一点操作，耗碳最低，因此称为最低理论焦比。

以上一系列计算都证明巴甫洛夫的观点是正确的。在现代高炉冶炼条件下，理论最低焦比既不在100%直接还原时，也不在100%间接还原时，而是在一定比例情况下，正如图1-15上的 O' 点处。

当然，EF 线是随着生产水平的不断提高而逐渐降低的。

1.5 还原反应动力学

1.5.1 铁矿石还原机理

引入微观动力学主要是为了研究还原反应过程的机理。对于铁矿石还原反应机理，曾经提出过多种理论解释，它们主要有：

（1）氧化物解离说。20 世纪 30 年代苏联的巴依可夫（Байков）等人，提出过还原过程先由氧化物分解成金属与氧，再由氧与还原剂化合的二步理论，即

$$MO = M + O \quad （一步）$$

$$\frac{O + B = BO}{MO + B = M + BO} \quad （二步）$$

但是从热力学上看，氧化物自行解离是不可能的，因此这一解释不能成立。

（2）吸附自动催化理论。20 世纪 40 年代苏联的丘化洛夫（Чуфаров）等人提出了这种理论，他们认为只有吸附在矿石表面的还原气体分子才能发生还原作用，而且要在所形成的反应相界面晶格产生缺陷后才有可能持续反应。

$$MO_{固} + B_{气} = MO_{固} \cdot B_{(吸附)}$$

$$MO_{固} \cdot B_{吸附} = M_{固} \cdot BO_{吸附}$$

$$M_{固} \cdot BO_{吸附} = M_{固} + BO_{气}$$

（3）固相扩散论。Wanges 和 Edström 等人提出的，在氧化铁的还原过程中有 FeO、Fe 等原子或离子的固相扩散，并且有实验证明，固相扩散的速率极低，不可能在还原过程起重要作用，但是在 FeO-Fe 的还原阶段，在特别致密的金属铁层中，固相扩散有可能起一定的作用。

（4）未反应核模型。这是大家公认的，而且是得到实验证实的还原机理。由于氧化铁还原的特点是由高级到低级逐级还原，当一个矿球还原到一定程度后，外部形成多孔的产物层——Fe 的壳层，而内部却尚有一个未反应的核心。随着反应的进行，反应界面逐步向内推进，即未反应的核心逐渐缩小，整个断面比较明显地分成四层，即 Fe 层、FeO 层、Fe_3O_4 层与 Fe_2O_3 层，如图 1-16 所示。

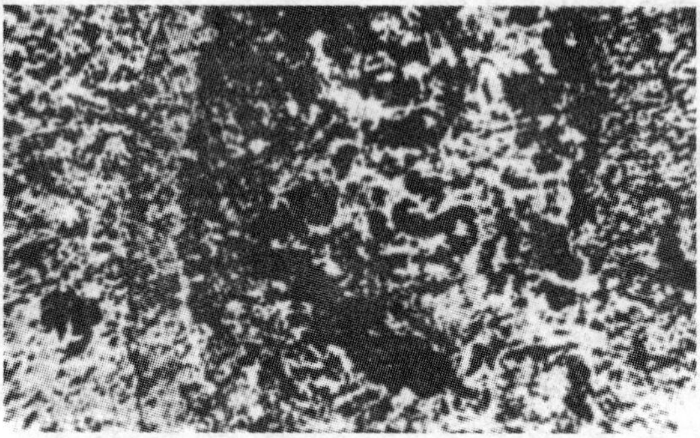

图 1-16　氧化铁还原过程分层示意图

未反应核有两种情况，一是忽略 Fe_3O_4、Fe_xO 等中间反应层，核心是 Fe_2O_3。计算时由 Fe_2O_3 直接一步还原为 Fe 的总失氧量为计算基础的还原度，这叫单界反应。二是考虑到各种中间产物层，失氧反应在 Fe_2O_3—Fe_3O_4—Fe_xO—Fe 等三个界面上发生，未反应核是一个多层结构，而实际的化学反应是在一定厚度的反应区进行的。

一般认为，气体还原铁矿石的机理也符合一般多相反应规律，还原过程按下列顺序进行（见图 1-17）：

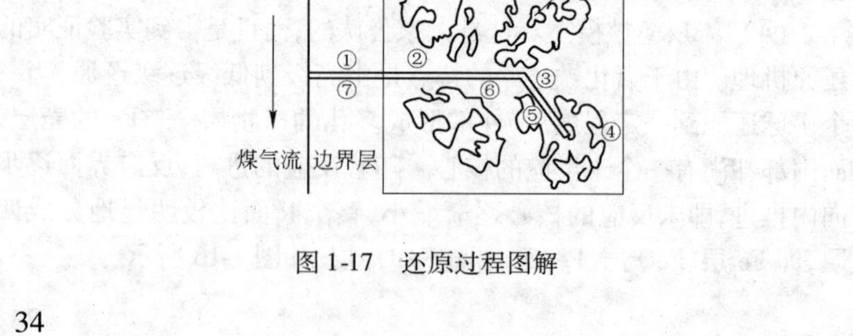

图 1-17　还原过程图解

但实际还原过程的每一个步骤都包括几个不同的机构，是十分复杂的。

未反应核模型如图 1-18 所示。图中 C 为还原剂（CO 或 H_2）在气相内部的浓度，C_0 为还原剂在矿球表面浓度，C_i 是未反应核与产物层界面处的浓度，C'、C'_0、C'_i 分别表示气体还原产物（CO_2 或 H_2O）在气相内部、球的表面及反应界面处的浓度，气体还原剂浓度从外向内逐渐减少，气体还原产物浓度从内向外逐渐减少。

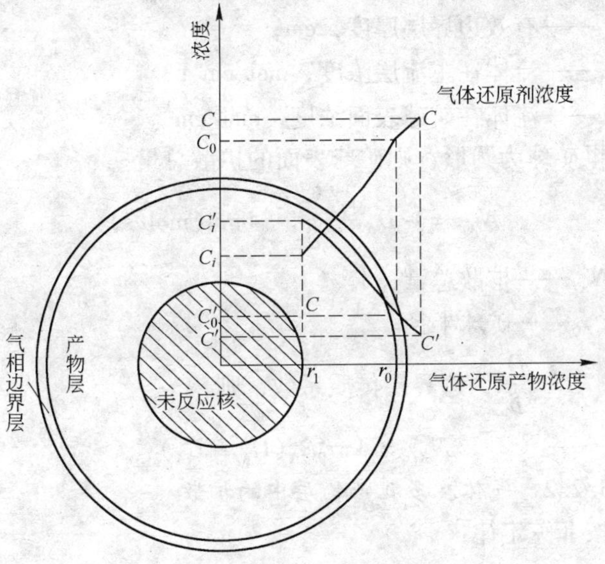

图 1-18　未反应核模型示意图

决定整个反应速率的步骤称为速度控制步骤，而其中最慢的一个环节，常是决定性的，在动力学上称为反应受某过程控制。如果把其规律性的步骤加以合并，如外扩散、内扩散、化学反应与吸附-脱附，最后可能出现以下三种情况：

（1）矿球外围气体边界层的扩散是限制性环节；

（2）矿球内多孔产物内的扩散是限制性环节；

（3）界面化学反应（包括吸附-脱附）是限制性环节。

1.5.2 还原速率数学模型

1.5.2.1 边界层中的扩散

气体流经固体表面时，有一个明显的浓度与速度梯度的薄层——边界层，并且认为其中只有分子扩散，根据菲克第一定律：

$$J = -D_A \frac{C_A^0 - C_A^s}{\delta_c} \tag{1-34}$$

式中 J——扩散通量，mol/（cm^2·s）；

D_A——扩散系数，cm^2/s；

δ_c——有效边界层厚度，cm；

C_A^0——流体在主流层浓度，mol/cm^3；

C_A^s——流体在矿球表面浓度，mol/cm^3。

如果矿球为圆形，则矿球表面的扩散总量

$$N_{A_1} = -D_A \frac{C_A^0 - C_A^s}{\delta_c} 4\pi r_0^2 (\text{mol/s})$$

式中 N_{A_1}——扩散总量；

r_0——矿球半径。

令 $\beta_A = \dfrac{D_A}{\delta_c}$为边界层传质系数，则

$$N_{A_1} = 4\pi r_0^2 \beta_A (C_A^0 - C_A^s)$$

1.5.2.2 气体在多孔产物层中的扩散

仍按菲克定律：

$$N_{A_2} = \frac{4\pi r_0 r_1}{r_0 - r_1} D_e (C_A^s - C'_A), \text{mol/s} \tag{1-35}$$

式中 N_{A_2}——扩散量；

D_e——气体在多孔层内有效扩散系数；

r_1——未反应核半径；

C'_A——还原气体在未反应核表面浓度。

1.5.2.3 界面反应

根据实验结果，界面上的还原反应过程可忽略反应的细节，按一级可逆反应处理，反应速度 R_1 可表示为：

$$R_1 = 4\pi r_1^2 k(C'_A - C'_P/K), \text{mol/s} \tag{1-36}$$

式中　k——化学反应速度常数；

C'_P——气体反应产物在未反应核表面的浓度；

K——反应平衡常数。

经过处理后

$$R_1 = 4\pi r_1^2 k(C'_A - C_A^*)\frac{1+K}{K} \tag{1-37}$$

式中　C_A^*——还原性气体在该特定条件下的平衡浓度。

1.5.2.4　在稳定态的条件下

$$N_{A_1} = N_{A_2} = R_1 = R$$

式中，R 为总反应速度，将上面三式进行整理，得：

$$C_A^0 - C_A^s = \frac{N_{A_1}}{4\pi r_0^2 \beta_A}$$

$$C_A^s - C'_A = \frac{N_{A_2}}{4\pi D_e \dfrac{r_0 r_1}{r_0 - r_1}}$$

$$C'_A - C_A^* = \frac{R_1}{4\pi r_1^2 \dfrac{k(1+K)}{K}}$$

将以上三式相加，设法消去 C_A^s，C'_A

$$C_A^0 - C_A^* = \frac{N_{A_1}}{4\pi r_0^2 \beta_A} + \frac{N_{A_2}}{4\pi D_e \dfrac{r_0 r_1}{r_0 - r_1}} + \frac{R_1}{4\pi r_1^2 \dfrac{k(1+K)}{K}}$$

上式通分，而且由于 $N_{A_1} = N_{A_2} = R_1 = R$，可以得出：

$$R = \frac{4\pi r_0^2 (C_A^0 - C_A^*)}{\dfrac{1}{\beta_A} + \dfrac{r_0}{D_e}\left(\dfrac{r_0 - r_1}{r_1}\right) + \dfrac{K}{k(1+K)}\left(\dfrac{r_0}{r_1}\right)^2} \tag{1-38}$$

为了分析其物理意义，上式可以改写为：

$$R = \frac{C_A^0 - C_A^*}{\frac{1}{4\pi r_0^2 \beta_A} + \frac{1}{4\pi D_e \frac{r_0 r_1}{r_0 - r_1}} + \frac{1}{4\pi r_1^2 k}\left(\frac{K}{1+K}\right)} \tag{1-39}$$

这是一个类似欧姆定律的公式，分子为还原反应的推动力，相当于电动势，分母为各个反应环节的阻力：

$\frac{1}{4\pi r_0^2 \beta_A}$为边界层中分子扩散的阻力；

$\frac{1}{4\pi D_e \frac{r_0 r_1}{r_0 - r_1}}$为还原产物层内扩散阻力；

$\frac{1}{4\pi r_1^2 k}\left(\frac{K}{1+K}\right)$代表界面化学反应的阻力。

但从动力学原理可知，这三项阻力往往不是同时处于一个数量级别的，在不同条件下只取阻力最大的一项而忽略其余，这样可使问题的处理大大简化。

但是公式中有一个数值很难监测，即 r_1，它是未反应核的半径，常用还原度 f 取代，设 ρ_0 为矿石中原含氧密度，根据定义

$$f = \frac{\frac{4}{3}\pi r_0^3 \rho_0 - \frac{4}{3}\pi r_1^3 \rho_0}{\frac{4}{3}\pi r_0^3 \rho_0} = 1 - \left(\frac{r_1}{r_0}\right)^3 \tag{1-40}$$

从物理意义讲，$\frac{df}{dt}$是单位时间内还原度的变化，是反应速率的含义，将上式微分

$$\frac{df}{dt} = -\left(\frac{1}{r_0}\right)^3 3r_1^2 \frac{dr_1}{dt} = -3\left(\frac{r_1}{r_0}\right)^2 \frac{1}{r_0}\frac{dr_1}{dt} \tag{1-41}$$

dt 时间内化学反应失氧量 $= R dt$

dt 时间内 r_1 变化的失氧量 $= -4\pi r_1^2 \rho_0 dr_1$

而 $$R dt = -4\pi r_1^2 \rho_0 dr_1$$

$$R=\frac{-4\pi r_1^2\mathrm{d}r_1\rho_0}{\mathrm{d}t}\qquad 则\qquad \frac{\mathrm{d}r_1}{\mathrm{d}t}=\frac{R}{-4\pi r_1^2\rho_0}$$

以$\frac{\mathrm{d}r_1}{\mathrm{d}t}$值代入式1-41，得

$$\frac{\mathrm{d}f}{\mathrm{d}t}=-3\left(\frac{r_1}{r_0}\right)^2\frac{1}{r_0}\frac{R}{-4\pi r_1^2\rho_0}=\frac{R}{\frac{4}{3}\pi r_0^3\rho_0}\tag{1-42}$$

并以式1-39中的R值代入式1-42得

$$\frac{\mathrm{d}f}{\mathrm{d}t}=\frac{3}{r_0\rho_0}\frac{C_A^0-C_A^*}{\frac{1}{B_A}+\frac{r_0(r_0-r_1)}{D_e r_1}+\frac{K}{k(1+K)}\frac{r_0^2}{r_1^2}}\tag{1-43}$$

式1-43是将总还原速度表达式改写为用容易测量的参数f表示的形式。

1.5.2.5 反应速度表达式在不同控制环节下的形式及判别标志

由于$f=1-\left(\frac{r_1}{r_0}\right)^3$，则$\frac{r_1^3}{r_0^3}=(1-f)$，即$\frac{r_0^3}{r_1^3}=\frac{1}{1-f}$

或 $$\left(\frac{r_0}{r_1}\right)^3=\frac{1}{1-f},\sqrt[3]{\left(\frac{r_0}{r_1}\right)^3}=\sqrt[3]{\frac{1}{1-f}}$$

或 $$\frac{r_0}{r_1}=\frac{1}{(1-f)^{\frac{1}{3}}}=(1-f)^{-\frac{1}{3}}$$

固 $$\left(\frac{r_0}{r_1}\right)^2=(1-f)^{-\frac{2}{3}}\tag{1-44}$$

又由于 $$\frac{r_0-r_1}{r_1}=\frac{r_0}{r_1}-1$$

用$\frac{r_0}{r_1}=(1-f)^{-\frac{1}{3}}$代入后得

$$\frac{r_0-r_1}{r_1}=\frac{r_0}{r_1}-1=\left[(1-f)^{-\frac{1}{3}}-1\right]\tag{1-45}$$

以式1-44与式1-45之值分别代入到式1-43中，则

$$\frac{\mathrm{d}f}{\mathrm{d}t}=\frac{3}{r_0\rho_0}\frac{C_A^0-C_A^*}{\frac{1}{B_A}+\frac{r_0}{D_e}[(1-f)^{\frac{1}{3}}-1]+\frac{K}{k(1+K)}(1-f^{-\frac{2}{3}})} \tag{1-46}$$

式1-46是以还原度表示的还原速度的表达式，当已知限制性环节时，此式可以简化。

（1）当处于单纯界面反应控制环节时，在球状矿粒刚刚开始还原时：

$$\frac{\mathrm{d}f}{\mathrm{d}t}=\frac{3}{r_0\rho_0}\frac{C_A^0-C_A^*}{\frac{K}{k(1+K)}(1-f^{-\frac{2}{3}})}$$

分离变量后

$$\int_0^t\frac{1}{r_0\rho_0}(C_A^0-C_A^*)\mathrm{d}t=\int_0^t\frac{K}{3k(1+K)}(1-f)^{-\frac{2}{3}}\mathrm{d}f$$

然后积分得

$$\frac{1}{r_0\rho_0}(C_A^0-C_A^*)t=\frac{K}{k(1+K)}[1-(1-f)^{\frac{1}{3}}] \tag{1-47}$$

式中，r_0，ρ_0，C_A^0，C_A^*，k，K 皆为常数，故 $1-(1-f)^{\frac{1}{3}}\propto t$，是时间 t 的线性函数。

而 $[1-(1-f)^{\frac{1}{3}}]=\frac{r_0-r_1}{r_0}$ 代表未反应核界面距球表面在径向上的相对位置，如图1-19所示。

（2）在单纯内扩散条件下，可以简化为

$$\frac{\mathrm{d}f}{\mathrm{d}t}=\frac{3}{r_0\rho_0}\frac{C_A^0-C_A^*}{\frac{r_0}{D_e}[(1-f)^{-\frac{1}{3}}-1]}$$

分离变量

$$\int_0^t\frac{3(C_A^0-C_A^*)}{r_0^2\rho_0}\mathrm{d}t=\int_0^t[(1-f)^{-\frac{1}{3}}-1]\mathrm{d}f$$

积分后得

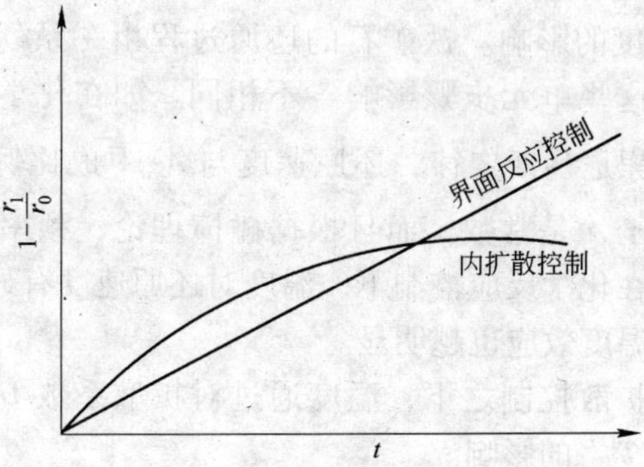

图 1-19　不同环节控制下，未反应核界面随时间推进的速度变化

$$\frac{6(C_A^0 - C_A^*)D_e}{r_0^2\rho_0} \times t = [1 - 3(1 - f)^{-\frac{2}{3}} + 2(1 - f)] \quad (1\text{-}48)$$

在一定温度下，C_A^0，C_A^*，r_0，ρ_0，D_e 均为常数，固 $[1-3(1-f)^{-\frac{2}{3}}+2(1-f)] \propto t$，即与时间 t 成线性关系，其特征为未反应核界面的推进速度反应开始时较快，后逐渐变慢，如图 1-19 所示。

（3）当两种阻力同处于一个数量级，那一个也不可忽略的状况，称为“复合控制”，经过与以上两种状况的类似处理可得到：

$$\frac{C_A^0 - C_A^*}{r_0\rho_0} \times t = \frac{r_0}{6D_e}[1 - 3(1 - f)^{\frac{2}{3}} + 2(1 - f)] + \frac{K}{k(1 + K)}[1 - (1 - f)^{\frac{1}{3}}] \quad (1\text{-}49)$$

表明在复合控制条件下，未反应核界面的推进速度与时间的关系处于界面化学反应控制与内扩散控制之间。

1.5.2.6　影响还原速率的因素

铁矿石还原过程中与还原温度、还原剂的压力及组成，同时还与铁矿石及产物的物理状态有显著关系。

（1）温度的影响。铁矿石的还原过程由一系列单元步骤组成，温度对这些单元步骤影响各不相同。如在化学动力学控制下，根据阿累尼乌斯定律，还原速度与$Ae^{-\frac{E}{RT}}$成比例增加，一般认为频率因子A是常数，而且根据碰撞理论，频率因子与$\sqrt{T}$成正比，因此在化学反应控制下，温度对还原速度有显著作用，而E值越大，温度效应也越明显。

如系纯扩散控制之下，温度通过对扩散系数D的作用，对还原速度起$T^{1.75}$的影响。

温度强烈影响矿石及其产物的物理状态，很多研究工作发现在650～750℃之间和920℃时，有还原速度迟滞现象，不同实验者有不同解释，例如有的认为由于烧结作用阻碍扩散，有的认为是由于致密的FeO所致，也有的认为金属铁附于表面而恶化了透气性等。

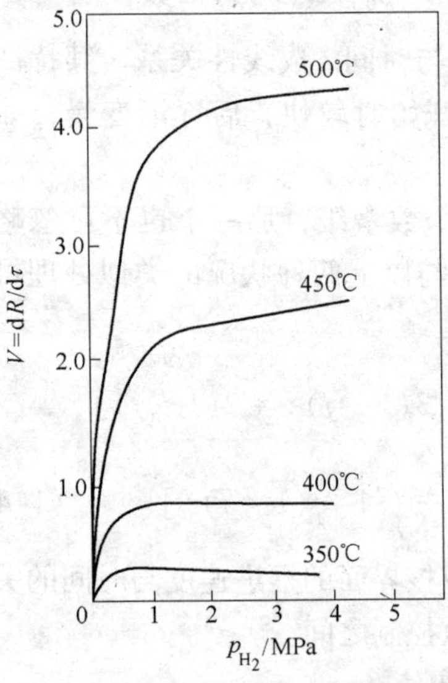

图1-20　压力对还原速度的影响

（2）压力的影响。在化学动力学控制下，压力对还原速度无影响，在扩散控制时，压力对还原速度起相反作用。压力对还原速度的影响如图1-20，在压力较低时，起正比作用，当大于1MPa后压力不起作用。

（3）煤气成分影响。由于H_2的扩散系数及反应常数都很大，不论是化学动力学控制还是扩散控制，H_2的还原速度均大于CO，前者为10倍，后者大约为5～6倍。

（4）煤气速度的影响。

在流速较低时，增加煤气流速时加快矿石的还原，但当超过临界速度后不再有影响。

（5）矿石的物理状态：

1）矿石粒度（d）

矿石粒度越小则反应面积越大，而反应速度也越快，但粒度过小时又影响透气性。

$$t_R \propto d^n$$

式中 t_R——为达到某还原率所需时间；

化学控制时，$n=1$；

扩散控制时，$n=2$。

2）孔隙度（ε）

内扩散控制时，$t_R \propto 1/\varepsilon$。

化学反应控制时，孔隙度的影响降低，此外，形状系数（ϕ）、迷宫度系数（ξ）等的不同，会造成矿石反应界面大小及有效扩散系数的差别，也影响矿石的还原性。

1.5.2.7 产物层的物理状态

由于 Fe_2O_3 是六方晶格，Fe_3O_4 是立方晶格，从 Fe_2O_3 开始还原时，晶格变化大，破坏比例大，再继续还原到 FeO 时，形成多孔的 FeO。但是从 Fe_3O_4 开始还原时，由于 Fe_3O_4 与 FeO 晶格构造相似，形成 FeO 的致密层。由于产物 FeO 层的物理状态不同，因而还原速度将有很大的差异，这就是磁铁矿与赤铁矿的还原性差别的主要原因。

2 高炉炉渣

高炉造渣的主要目的是用熔剂的碱性成分中和矿石中的酸性脉石及焦炭中的酸性灰分发生化学反应，从而生成低熔点的炉渣，使之能在高炉冶炼温度下熔化，并与铁水良好地分离，而且易于由炉内排出，冶炼出合格的生铁。炉渣的物理性能与化学成分，对冶炼过程影响极大。

2.1 造渣过程概述

2.1.1 炉渣形成过程

煤气在与炉料的相对运动中，将热量传给炉料，炉料受热后温度不断升高，矿石还原、软化、熔融、熔化、滴落穿过焦层汇集到炉缸，在下降过程中石灰石分解后的CaO，焦炭燃烧后的灰分等不断地进入炉渣，在以上过程中进行一系列的物理化学反应，最后从渣口或铁口放出。炉渣在造渣的整个过程中分为3种状态：

(1) 初成渣。造渣过程实际上在炉身上部固相反应的进行就已经开始，但是造渣过程明显地开始于软熔带上沿。最初形成的炉渣叫初成渣，它的特点是FeO含量高，一般10%以下，少数情况下有时竟高达30%，流动性也欠佳，初渣形成的早晚、位置的高低，对高炉的顺行影响很大，如图2-1所示。

(2) 末渣（终渣）。从渣口或铁口放出来的炉渣，它的主要成分基本上不变化了，所以称为末渣。高炉炉渣化学成分都是指末渣的成分，日常的配料计算、高炉设计时都是按末渣的化学成分考虑。

(3) 中间渣。从初成渣到末渣之间经历一个相当长的过程，在这一过程中，炉渣的成分与特性都是不断变化的，例如FeO、MnO不断减少，CaO、SiO_2等不断增加，高炉中这一过程的炉渣

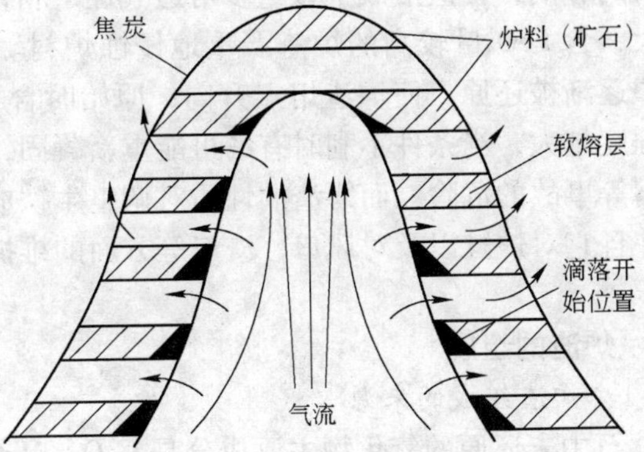

图 2-1　煤气穿过软熔层示意图

叫中间渣。

高炉炉渣中一般情况下主要有四种氧化物，即 CaO、SiO_2、Al_2O_3 及 MgO，在终渣中有少量的 CaS 及 FeO，冶炼特种的复合矿石时还有少量的其他元素的氧化物如 TiO_2、CaF_2、V_2O_5 及 RE 等。在高炉中从初渣形成到末渣排出炉外，经历一段相当长的时间，其成分与特性也有相当巨大的变化，对于使用不同种类矿石的高炉，炉渣成分差异可能很大。即使在同一高炉中，在不同的操作条件下，甚至同一横断面上不同位置的初成渣成分也有相当的差异。

使用酸性矿石而加石灰石作熔剂的高炉，矿石中 FeO 与脉石中 SiO_2 形成数量较大的 $2FeO \cdot SiO_2$ 初成渣，对于酸性烧结矿，这一过程在烧结反应中完成，炉料在下降过程中，初渣中的 FeO 逐步被石灰石分解出的 CaO 取代，而且被还原，渣量也相应减少。当使用熔剂性烧结矿时，初渣中成分以 CaO、SiO_2 为主，数量也较少，其生成温度较高，初渣到达高温区后，由于 Si 的还原及焦炭中灰分的熔入，其中 SiO_2 量有少许的下降，但 Al_2O_3 量则上升，在炉缸与液态金属作用后成为终渣排出炉外。

初渣的形成与性质以及至终渣时的中间变化过程，对高炉操作有相当大的影响，初渣形成早数量多对透气性不利，并使直接还原区扩大，含 FeO 量较高的炉渣严重地侵蚀炉衬。而 FeO 在下降过程中逐渐被还原，使炉渣熔点升高，原始时含 FeO 越多，这种变异程度越大，当条件不利时有的可能重新凝固，造成高炉难行、结瘤等事故的危险。而终渣的性质对调整生铁成分有显著的作用，并且它对炉缸以及对风口、渣口等方面的维护作用也是很大的。

2.1.2 炉渣的组成

2.1.2.1 炉渣组成的来源

（1）脉石中未还原的氧化物主要成分是 CaO、MgO、Al_2O_3，其次是 SiO_2、MnO、V_2O_5、TiO_2，还有少量的 FeO，复合矿石中还有 CaF_2、BaO、RE、K_2O、Na_2O、Nb_2O_5 等。

（2）熔剂中的碱性氧化物 CaO、MgO，酸性氧化物有 SiO_2 等。

（3）焦炭与其他燃料中的灰分，主要是 SiO_2、Al_2O_3 等，也有少量的 CaO、MgO。

（4）硫化物，主要是 CaS。

2.1.2.2 炉渣成分

已熔化并未还原的所有氧化物均进入炉渣，其中 CaO、SiO_2、Al_2O_3 与 MgO 占 90% 以上。每吨生铁的炉渣量一般都在 400kg 以上，少数先进高炉在 400kg 以下，当矿石品位上升以及焦炭灰分下降时，炉渣量随之降低。

2.1.2.3 炉渣碱度

炉渣各种成分可分为碱性与酸性物质两大类，在液态渣中能提供“O”的氧化物是碱性的，如 CaO，反之吸收“O”形成复杂阴离子团的氧化物是酸性的如 SiO_2，有些氧化物在不同情况下既提供氧“O”，也可以吸收“O”，则是中性的，按碱性到酸性，炉渣中可能含有的各种组分的排列顺序为：

K_2O，Na_2O，BaO，PbO，CaO，MnO，FeO，ZnO，MgO，CaF_2，Fe_2O_3，Al_2O_3，TiO_2，SiO_2，P_2O_5。

其中 CaF_2 之前的可视为碱性氧化物，Fe_2O_3，Al_2O_3，TiO_2 为中性氧化物，SiO_2，P_2O_5 为酸性，而炉渣的脱硫（S），脱磷（P），排碱（K_2O 等）能力及其他一些物理特性都与其酸性及碱性物质的相对含量有关。

炉渣碱度是表示其成分的特性指数之一，理论上说，它是炉渣中自由氧离子"O"浓度的标志，并只与酸性、碱性氧化物的含量有关，因为一般高炉生产中其他成分的变化甚微，多数采用以下几种简化表示法：

$$R = \frac{CaO\%}{SiO_2\%} \qquad \text{（二元碱度）}$$

$$R = \frac{CaO\% + MgO\%}{SiO_2\%} \qquad \text{（三元碱度）}$$

$$R = \frac{CaO\%}{SiO_2\% + Al_2O_3\%} \qquad \text{（三元碱度）}$$

$$R = \frac{CaO\% + MgO\%}{SiO_2\% + Al_2O_3\%} \qquad \text{（四元碱度）}$$

生产中视各个高炉炉渣成分的特征决定选用哪一种最简单而又有代表性的表示法。炉渣成分决定了其熔化温度，黏度与温度变化等一系列物理特征，也决定了各种组分的活度特征，从控制高炉操作的角度来看，选定恰当的炉渣成分与恰当的碱度是高炉炉渣第一位要考虑的问题。

2.1.2.4 *炉渣组元活度*

根据拉乌尔定律，在理想溶液中，任何化合物的浓度 N 在数值上等于它的活度 a，但是对于非理想溶液，用活度系数（γ）来衡量其偏离拉乌尔规则的程度，即

$$a = \gamma N \tag{2-1}$$

高炉炉渣既非纯物质，又非理想溶液，因此应用活度的概念来考虑。$CaO\text{-}SiO_2\text{-}Al_2O_3$ 三元系炉渣成分与活度的关系如图 2-2

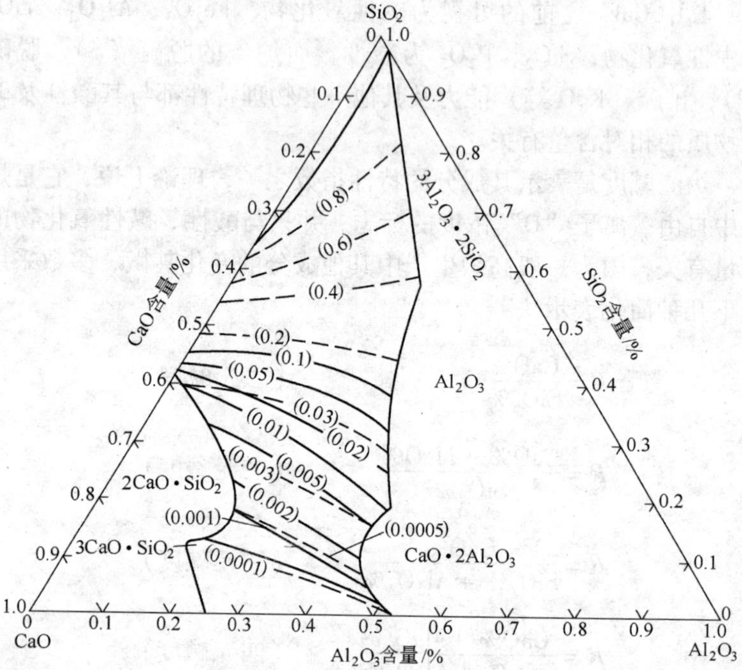

图 2-2 $CaO-SiO_2-Al_2O_3$ 系中 1600℃时 SiO_2 的活度图

（图中的含量为摩尔分数）

与图 2-3 所示。

2.1.3 炉渣的作用

（1）Fe 与脉石分离。碱性熔剂，酸性脉石与灰分中和形成在高炉温度条件下能熔化的炉渣，并与铁水能良好的分离，这是对炉渣的首要要求。

（2）铁水脱硫。在日常的生产过程中，为保证生铁的质量，其中主要是硫含量，是高炉炉渣最重要的职能。

（3）调整生铁成分。在液态的渣铁之间进行着多种元素的再分配，炉渣成分要有利于一些元素的还原或要抑制一些元素的还原，称其为选择还原，因而具有调整生铁成分的作用。

（4）促进高炉顺行。初渣的形成，明显地始于软熔带的上

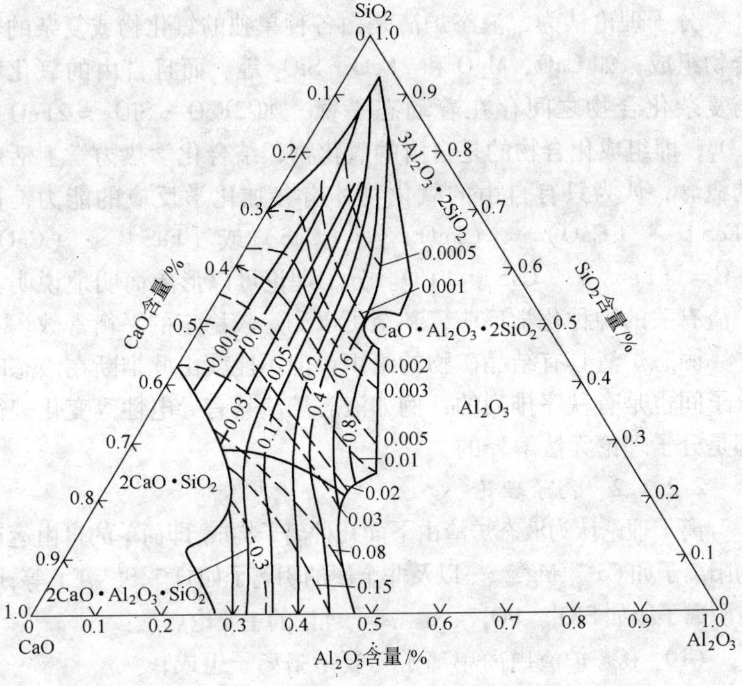

图 2-3　$CaO-SiO_2-Al_2O_3$ 系中 1600℃下 CaO 与 Al_2O_3 的活度
（图中的含量为摩尔分数）

沿，在固态的焦炭孔隙中初成渣的数量及性质，对上升气流的通过，炉料的顺利下降及铁氧化物的还原等过程都有很大的影响。

（5）保护炉衬。较高熔点的炉渣易附着于炉衬上，形成所谓"渣皮"，它具有保护炉衬的作用。但如果炉渣熔点过低，黏度过小它将侵蚀炉衬，故炉渣的性能也影响着炉衬的寿命。

2.2　炉渣结构与性能

2.2.1　炉渣的结构

根据长期的研究，对炉渣的结构先后提出过分子理论和离子理论。

2.2.1.1　分子理论

分子理论认为，液态炉渣是由各种单独的氧化物或复杂的化合物组成，如 CaO、MgO 和 $2FeO \cdot SiO_2$ 等。而且自由的氧化物与复杂化合物之间存在着动态平衡，如 $2FeO \cdot SiO_2 = 2FeO + SiO_2$，即组成化合物的是自由的氧化物，结合化学热力学上活度的概念，认为只有自由的氧化物才有参加化学反应的能力，如［FeS］+（CaO）=（FeO）+（CaS）或［FeS］+（CaO）+C =（Fe）+（CaS）+CO。分子理论可以形象简明地说明与炉渣有关的种种化学反应，甚至可以测定较稳定的平衡常数。

固态炉渣具有结晶矿物的组织，但不能就由此推断在液态时分子间也是有秩序排列的，例如液态炉渣具有导电性等变化规律都是分子理论无法解释的。

2.2.1.2　离子理论

离子理论认为液态炉渣由下面几种离子构成,即简单的自由运动的阳离子如 Ca^{2+}、Mg^{2+}、…以及非金属的阴离子如 O^{2-}、S^{2-}、F^{2-} 等,还有阴离子团如 SiO_4^{4-}、PO_4^{3-}、…。离子理论的主要论点是:

（1）液态炉渣由简单离子与复杂络离子组成；

（2）金属氧化物离解后能电离；

（3）金属相与渣相之间的反应依靠电子传递。

例如

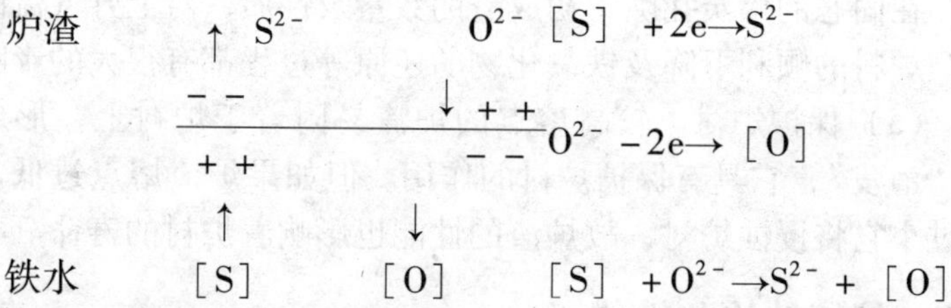

离子理论是用电子电荷以及离子有效半径来解释问题的，例如结合成复合离子就是因为 Si^{4+}、Al^{3+} 的离子电荷大、半径小，对 O^{2-} 离子吸引力大，所以结合成复合离子。从微观上看，炉渣熔体是一种不均匀的电解质，它具有很多复合离子，有时还有一

些非液相的高熔点晶体，因此它还不是一种完全的离子溶液，因此在解释问题时，还应与完全离子溶液有所区别，所以有时要应用离子活度，离子活度常数等概念。

2.2.2 炉渣的熔化温度

炉渣不是纯物质,因此它无固定的熔化温度,而只有一个从液相线到固相线的温度区间,对于高炉来说,固相线体现为软熔带的上沿,液相线则表示软熔带的下沿或滴落带的开始。一般的多元相图只表示出液相线,但也可以由此推断固相线与黏度的变化趋势。由于一般高炉渣的成分主要是由四种氧化物组成,如 CaO、SiO_2、Al_2O_3 和 MgO,而平面图形只能较清晰地描述三元系的状态,故往往总是固定一种变化不大的组成,而用其余三种组分做成三元相图,例如固定 MgO% 为一定值,而以 CaO-SiO_2-Al_2O_3 三组分构成相图。实际炉渣成分均在低熔点共晶区附近,如图 2-4 所示。

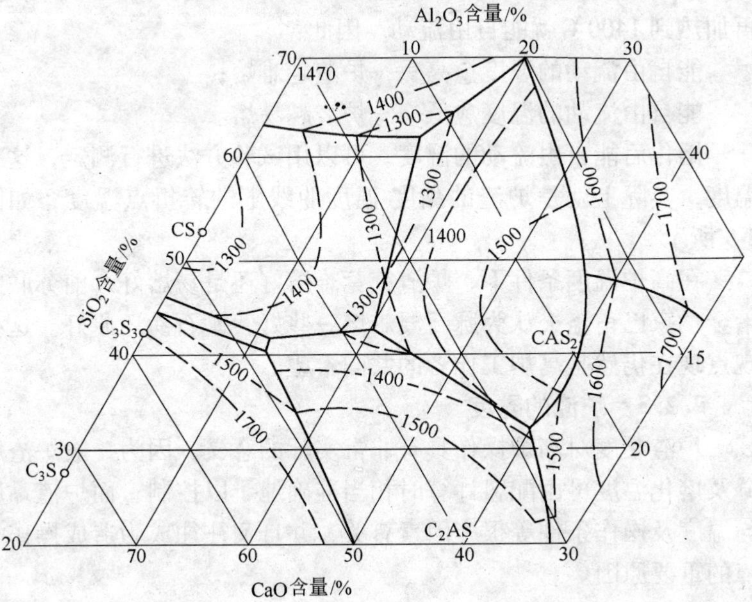

图 2-4 CaO-SiO_2-Al_2O_3三元相图一部分

从图上可以看出，当增加 SiO_2 与 Al_2O_3 组分时，炉渣熔化温度虽然增加但是很缓慢，而增加 CaO 时，熔化温度将急剧增加。

如果向渣中加入少量的其他成分，对熔化温度将产生影响，而且可用以下经验公式估算：

$$\Delta T = -19(Na_2O) - 8(FeO + MnO) + (10 \sim 20)TiO_2 \qquad (2\text{-}2)$$

炉渣的熔化温度是指完全熔化成液相的温度，也是炉渣冷却时开始析出固相的温度，高炉工作者非常关心炉渣的熔化温度。不少炉渣熔化之后就能自由流动，但是有的炉渣则不能，尚需进一步加热后才能自由流动，因此又用炉渣熔化后能自由流动的温度表示其熔化性能。例如 SiO_2 含量为 62%，Al_2O_3 含量为 14.25%，CaO 含量为 22.25% 的炉渣在 1165℃ 熔化后，再提高 300 ~ 400℃ 时它的流动性仍很差，又如 SiO_2 含量为 47.2%，Al_2O_3 含量为 18.6%，CaO 含量为 24.1% 的炉渣 1290℃ 才熔化，再加热到 1400℃ 就能自由流动。因此：

能自由流动的温度愈高——炉渣越难熔；

能自由流动的温度愈低——炉渣越易熔。

熔化后能自由流动的温度，可以用试验方法进行测定，这一温度，实际上就是炉渣的黏度-温度曲线上的转折点温度，如图 2-5 所示。

在高炉温度条件下，炉渣究竟难熔好还是易熔好，前苏联的冶金学家巴甫洛夫认为脉石要难熔一些好，矿石易还原好。这种观点现在仍然是高炉工作者的共同希望。

2.2.3 炉渣的黏度

炉渣黏度对高炉操作具有非常实际的意义，因为一般炉渣成分及熔化温度可由配料计算时相当准确地予以控制，而炉渣黏度与温度及操作条件等很多因素有关，并且又往往成为造成操作故障的重要原因。

高炉炉渣黏度适当，一般以不超过 1Pa · s（10 泊）为好，如果黏度过大，炉料下降或煤气上升均发生困难，而且渣铁分离

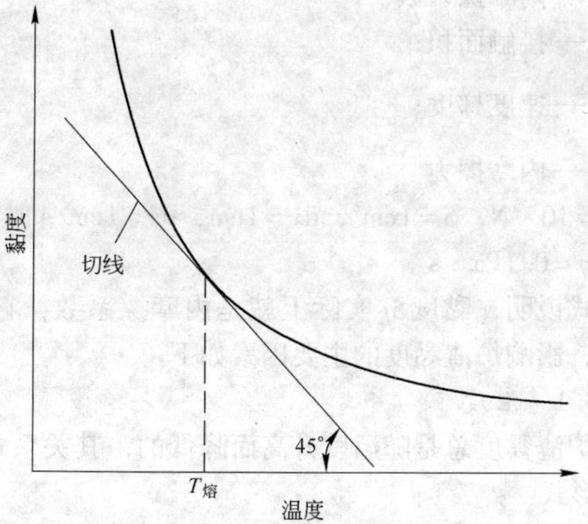

图 2-5　炉渣的黏度-温度曲线

不净，渣铁间反应速度降低，但是如果黏度过小时，容易侵蚀炉衬，炉缸温度也不易提高。

炉渣黏度实际是液体炉渣的内摩擦系数，以它的倒数值计量流动性。任何一种流体在流动时，由于各部分的流动速度不同，分子与分子之间产生内部摩擦力，这种摩擦力就形成黏度，如图 2-6 所示。

设一层流速为 v，另一层为 $v + \mathrm{d}v$，它们之间距离为 $\mathrm{d}x$，内摩擦力为 P，则

$$P = \eta S \frac{\mathrm{d}v}{\mathrm{d}x} \tag{2-3}$$

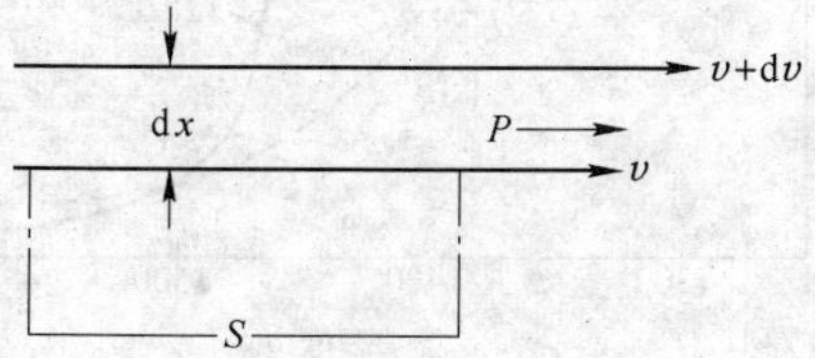

图 2-6　黏度形成示意图

式中　η——内摩擦系数；

S——接触面积；

$\frac{dv}{dx}$——速度梯度；

P——内摩擦力。

当 $P=10^{-5}N$，$S=1cm^2$，$dx=1cm$，$dv=1cm/s$ 时

则　$\eta=0.1Pa\cdot s$

从上式说明，黏度 η 实际上就是内摩擦系数，它的倒数值为流动性，影响炉渣黏度的主要因素如下。

2.2.3.1　温度

一般炉渣黏度总是随温度升高而降低的，其关系式为 Arrhenius 定律形式

$$\eta = A_n \exp\left(-\frac{E_\eta}{RT}\right) \tag{2-4}$$

式中　A_n——系数，随不同炉渣成分而定；

E_η——黏流活化能，表示黏度随温度升高而下降趋势的大小。

一般炉渣黏度随温度升高而降低，黏度变化平缓而无明显转折点的这种炉渣称为长渣，一般酸性渣都具有此特点。黏度随温度变化具有明显转折点的渣叫短渣，一般碱性渣具有这一特点，如图 2-7 所示。

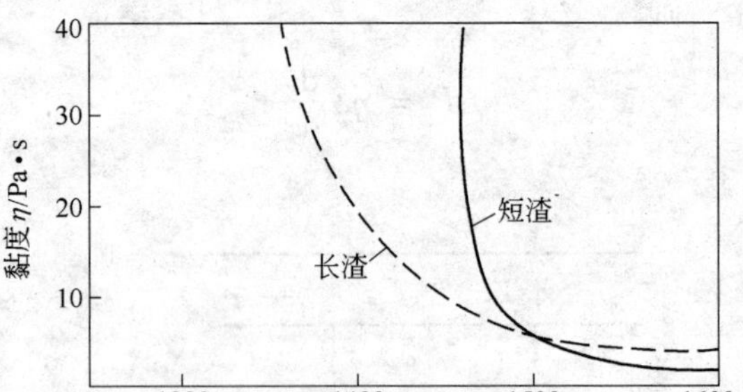

图 2-7　炉渣黏度与温度关系

在 CaO-SiO_2-Al_2O_3 体系中，当碱度一定时，E_η 与 Al_2O_3 含量有关，如图 2-8 所示。

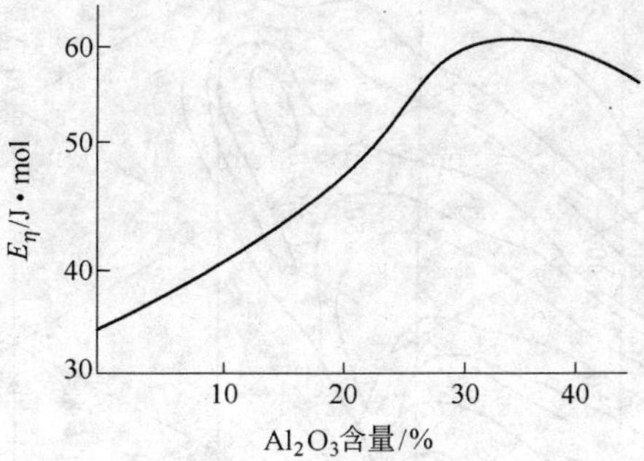

图 2-8　Al_2O_3 含量与 E_η 的关系

Al_2O_3 含量在 8% ~30% 的范围内，Al_2O_3 含量越高，E_η 值越大，即黏度对温度愈敏感。式 2-4 适用于酸性渣，当温度提高以后，除去物质粒子活化，黏度下降因素外，尚有减少固体悬浮质点数量的效果，故在双重因素作用下碱性渣的黏度变化受温度影响更为敏感。

2.2.3.2　*碱度*

充分熔化的炉渣黏度取决于复合阴离子网状结构的复杂程度，网状结构向三度空间延伸得越深广，炉渣黏度就越大，如图 2-9 所示。

而加入碱性氧化物后提供了较多的自由的“O^{2-}”，可使网状结构断裂，并趋于简化，故对酸性渣来说 CaO/SiO_2 比值越大黏度越小，如图 2-10 与图 2-11 所示。

碱度对炉渣黏度的影响可用离子结构予以解释。

纯 SiO_2 熔体是由具有四个“氧键”的（SiO_4^{4-}）的四面体为基本单元构成的三度空间的网状结构。每一个 O^{2-} 同时连接着两个 Si^{4+}，即无数个四面体以氧键连接向空间延伸，结构如图 2-9 所示，它是Si-O离子组成的四面体由简单的到复杂的组合。

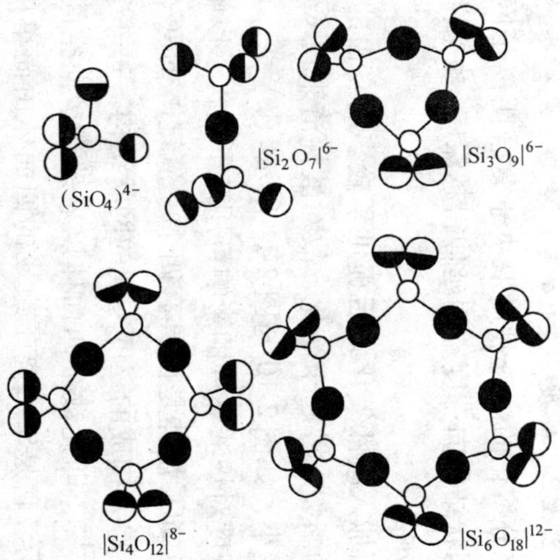

图 2-9　硅氧复合负离子结构示意图

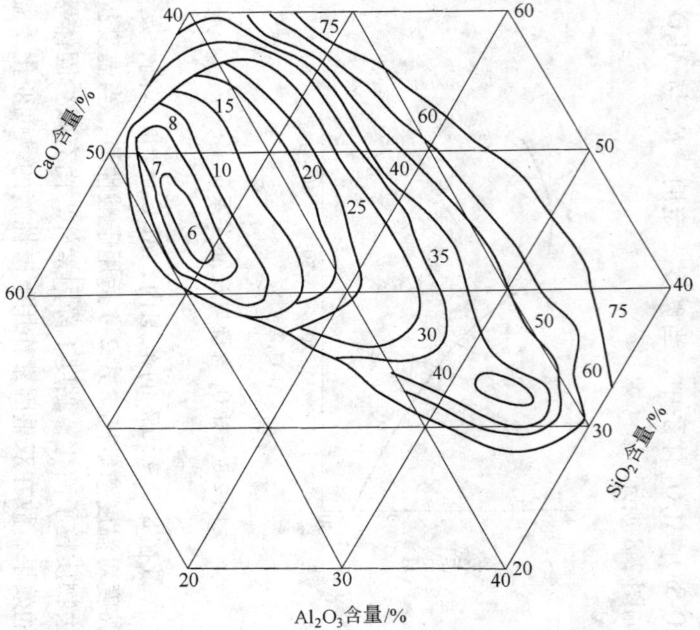

图 2-10　1400℃时 $CaO-SiO_2-Al_2O_3$ 三元系等黏度曲线图

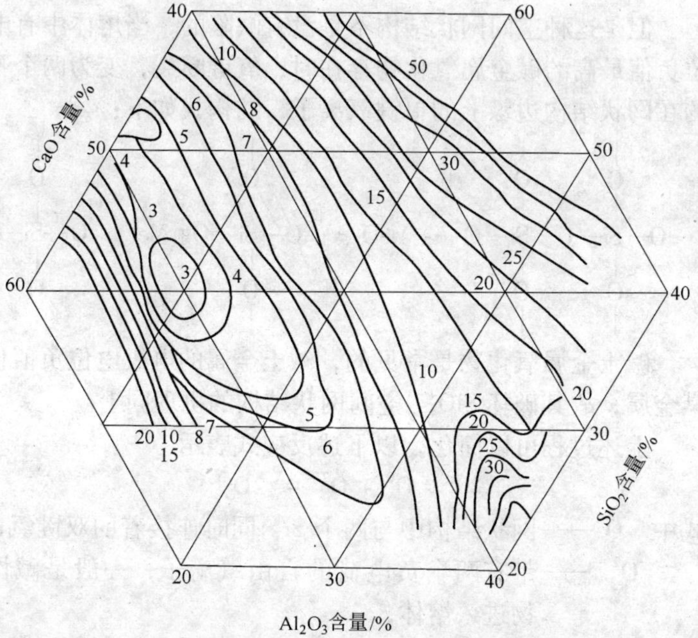

图 2-11　1500℃时 CaO-SiO_2-Al_2O_3 三元系等黏度曲线图

硅和氧的离子关系值见表 2-1。

表 2-1　Si-O 离子关系值

符　号	1 个 Si 原子的电荷数	O/Si 原子数比值
$(SiO_4)^{4-}$	−4	4.0
$(Si_2O_7)^{6-}$	−3	3.50
$(Si_3O_9)^{6-}$	−2	3.00
$(Si_4O_{12})^{8-}$	−2	3.0
$(Si_6O_{18})^{12-}$	−2	3.0

纯 SiO_2 熔体的四面体空间网状结构也可以用图 2-12 表示，这就是纯 SiO_2 黏度高的原因，而 Al_4^{3-}，PO_4^{3-}，由于只有三个氧

键，故其形成空间网状结构的趋势弱于 SiO_4^{4+}，表现黏度略低。

但是这种空间网状结构不是没有缺陷的，当熔体中有电极电位负值最高的碱金属氧化物存在时，氧键断裂，变为两个不连接的在网状结构边缘上的单键氧离子，结构式如下：

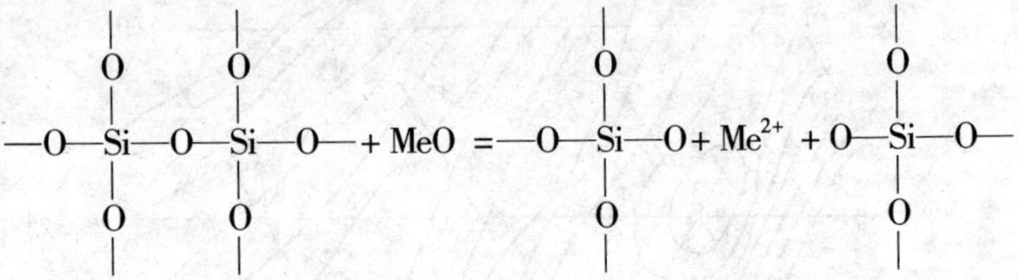

碱土金属氧化物是常见的，碱土金属的电极电位负值仅次于碱金属，故其破坏 SiO_4^{4-} 空间网状结构的机理同上。

上述过程可以简化，以下述反应式表示

$$O^0 + O^{2-} \rightleftharpoons 2O^- \qquad (2\text{-}5)$$

式中 O^0——网状结构中与两个 Si^{4+} 同时连接着的双键氧；

O^{2-}——带有两个负电荷的自由氧离子，一般是碱性氧化物进入熔体；

O^-——在网状结构边缘上的，只与一个 Si^{4+} 连接的单键氧。

随着 MeO 的加入量增多，立体网状结构被破坏，逐渐简化为环状、链状直至单体分离的四面体，表现为熔体的黏度下降，网状结构断裂示意如图 2-12 所示。

F 是电极电位正值最大的元素，即其得到电子变为负离子的倾向最强，熔体中两个 F^- 可取代一个网状结构中 O^0 的位置，即打断氧键释放出一个氧来，反应结构式如下：

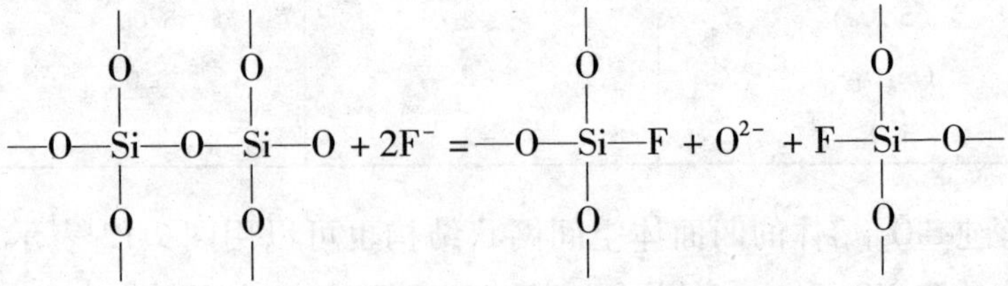

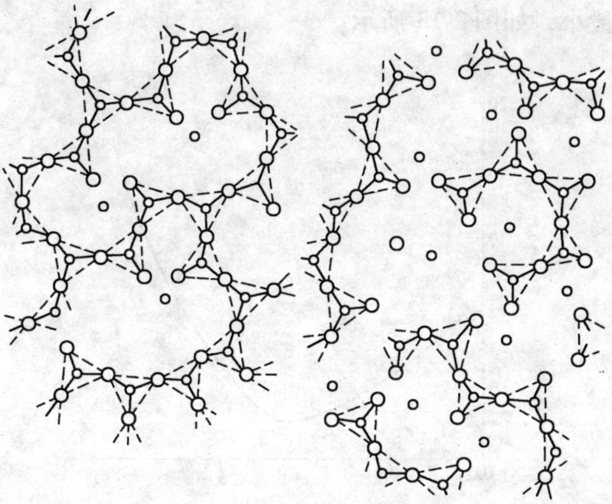

图 2-12　网状断裂结构示意图

这一被释放出来的自由 O^{2-} 又发生连锁反应去破坏另一个双键氧 O^0，反应机理与加入一个 MeO 相同，故 CaF_2 降低黏度的效果比 MeO 强烈。

FeO、MnO 等是电极电位更低的金属构成的氧化物，故它降低黏度的效果不如前者。

在一定的温度下，如果液态渣内有固相颗粒则炉渣黏度将增加。假定颗粒为规则的球形刚体，且相互之间无作用力，则由流体力学推出如下涅斯特（Einsten）公式：

$$\eta = \eta_0(1 + 2.5\phi) \tag{2-6}$$

式中　η——混合体的黏度；

η_0——纯液相的黏度；

ϕ——固态悬浮体的体积分数，其值为 0 ~ 1。

对碱性渣来说，碱度越高，难熔的 CaO、MgO 等固相粒子增多，黏度将急剧增大，故实际的表观黏度只在 $CaO/SiO_2=1$ 附近处最小，如图 2-13 所示。

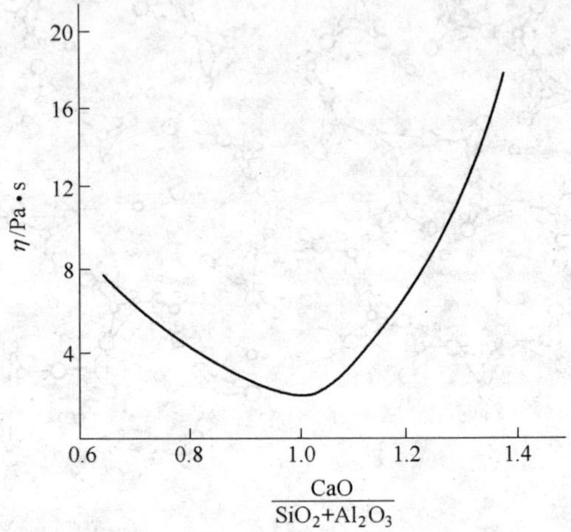

图 2-13　碱度对黏度的影响

2.2.3.3　其他成分的影响

（1）Al_2O_3 与 SiO_2 具有相似的特性，也能形成复合的阴离子网状结构，但弱于 SiO_2，且本身熔点较高，故渣中 Al_2O_3 含量增大到 25% 以上时，由于黏度增大而不能采用。

（2）在 CaO/SiO_2 比值较高的渣中，以 MgO 代替 CaO 常有好作用，如果 CaO/SiO_2 不变，另外加入本身熔点很高的 MgO 则效果不好，但是当 CaO/SiO_2 值较低时，加入 MgO 后效果较好。

（3）TiO_2 含量在 25% 以下时能获得流动性良好的炉渣，但是在高炉中 TiO_2 容易被还原并生成高熔点的 TiC（3140℃）、TiN（2930℃）的固体颗粒，当（TiC + TiN）总量大于 5% 时，它能使炉渣几乎失去流动性，TiO_2 对炉渣黏度影响见图 2-14。

（4）CaF_2 能与 CaO 形成低熔点化合物，其熔点为 1386℃，又能有效地破坏复合阴离子网状结构，无论是对碱性渣或酸性渣，它都能有效地降低其黏度，见图 2-15 与图 2-16。

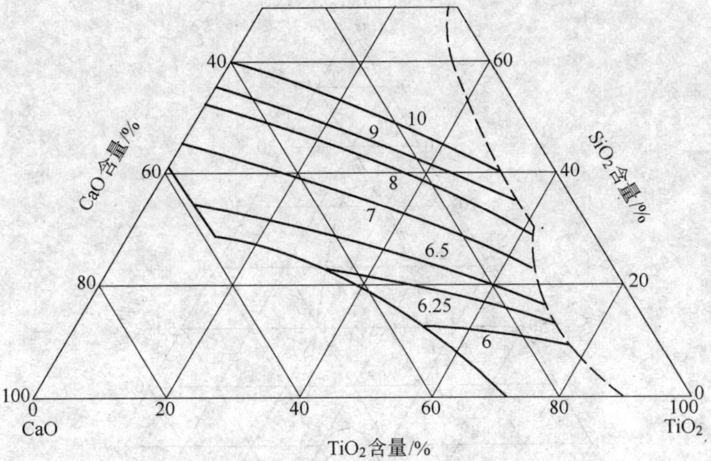

a

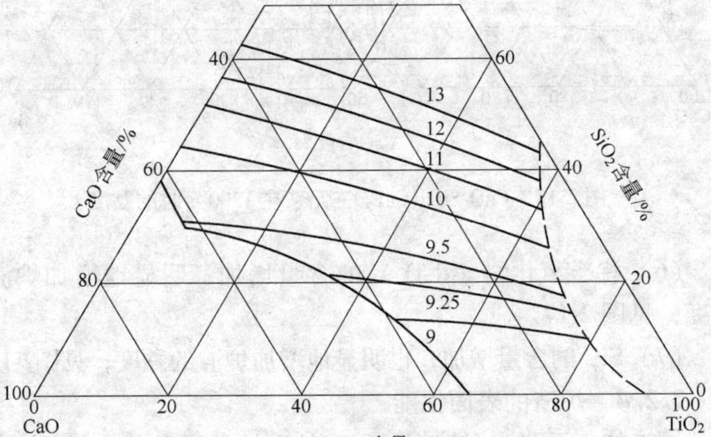

b

图 2-14　$CaO-SiO_2-Al_2O_3-TiO_2$ 四元系在 1600℃时的黏度

（5）K_2O、Na_2O 的含量一般在 0.5% 以下，含碱金属高的炉渣中可达 2% 以上，它能明显地降低炉渣的黏度，见图 2-16。

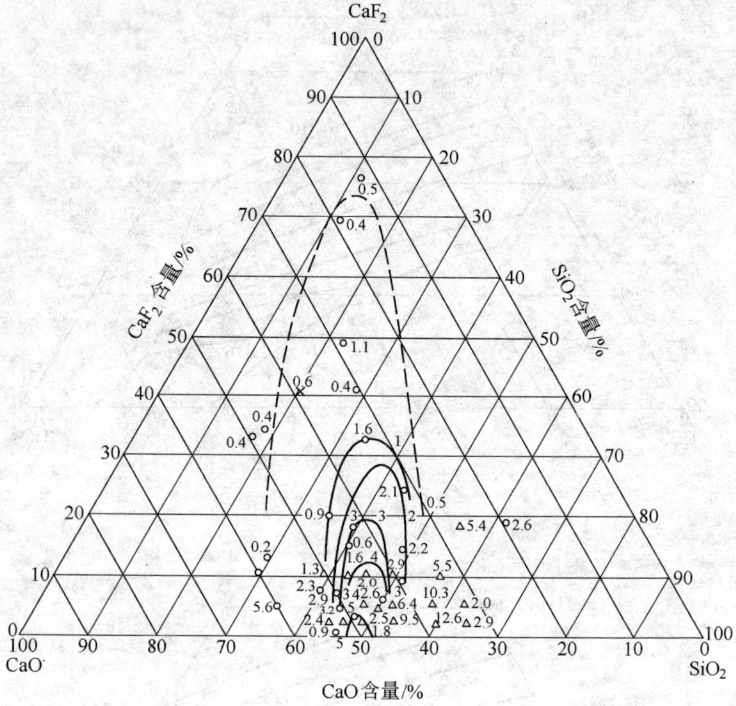

图 2-15　$CaO-SiO_2-CaF_2$ 三元系在 1500℃时的黏度

（6）稀土氧化物（R_xO_y）的含量增加，明显地增加炉渣的黏度，见图 2-17。

（7）SiC 的含量增加，也明显地增加炉渣的黏度，见图2-18。

2.2.4　炉渣的表面性能

炉渣的表面张力对炼钢过程有较大的实用意义，在高炉操作上，以往研究不多，因为一般炉渣的表面张力尚未小到对高炉操作带来不利影响的程度。但是对于含量较高的 CaF_2 及 TiO_2 炉渣来说，由于表面张力小容易形成泡沫渣，而泡沫渣在炉内易形成液泛现象，不利于煤气流畅，也不利于炉料的下降，而且在炉外易造成渣罐及渣沟的溢流，酿成事故。

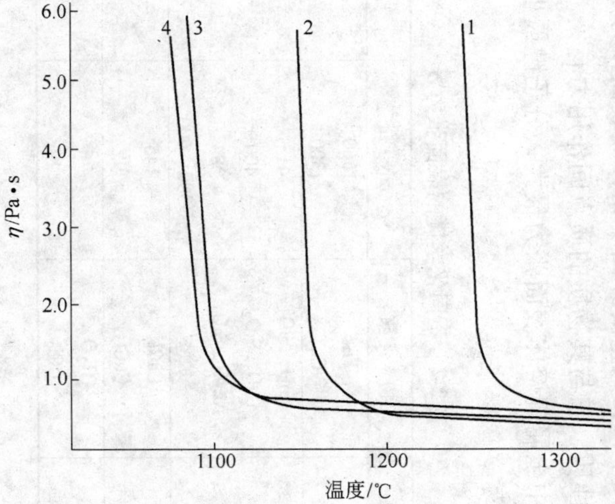

图 2-16　K、Na、F 对炉渣黏度的影响

1—不含 K、Na、F 的一般炉渣；2—含 $CaF_2=15\%$ 的含氟炉渣；3，4—含 $CaF_2=15\%$，$Na_2O+K_2O=1.4\%\sim1.6\%$ 的含 K、Na、F 炉渣

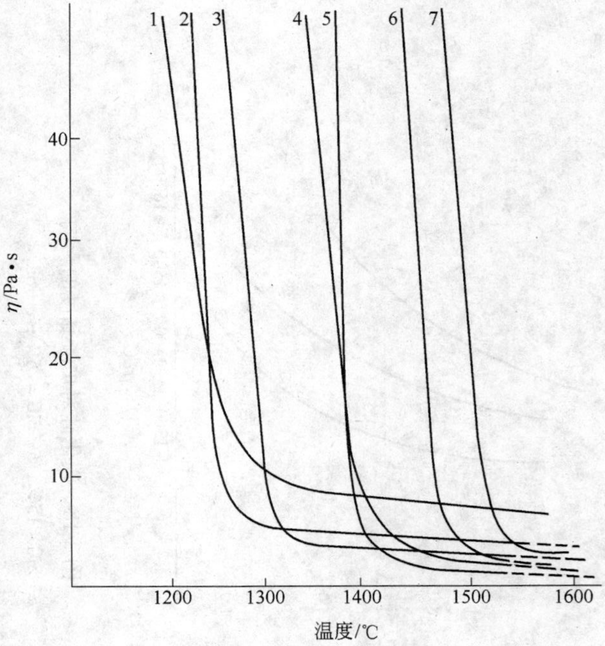

图 2-17　稀土氧化物对炉渣黏度的影响

稀土氧化物含量：1—0；2—5%；3—10%；4—15%；5—20%；6—25%；7—30%

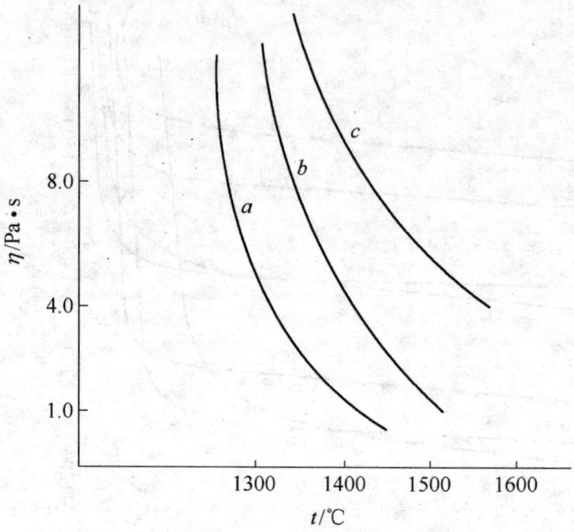

图 2-18　碳化硅对炉渣黏度的影响

a—SiC = 15%；b—SiC = 26%；c—SiC = 33%

冶金过程中存在大量的界面现象，而表面张力是炉渣的一种重要的界面性质，它与其物质的质点间作用力有关，因而与化学键有关，其中金属键熔体表面张力最大，分子键最小，混合键居中，如表 2-2。

表 2-2　不同化学键的表面张力 σ

化学键类型	物　质	σ/mN·m^{-1}	T/K
金属键	Fe	1560	1823
	Cu	1300	1473
混合键	MnO，SiO_2	415	1843
	CaO，SiO_2	400	1843
	Na_2O，SiO_2	284	1673
	炉渣	300 ~ 600	1843
离子键	$CaCl_2$	145	1073
	$CuCl_2$	92	723
分子键	H_2O	76	273
	CCl_2	29	273

从表可以看出，炉渣是一种混合键，其表面张力值在 300 ~ 600mN/m 之间。

而且各种成分的表面张力具有加和性，炉渣的综合表面张力 σ 按下式计算：

$$\sigma = \Sigma N_i \sigma_i \tag{2-7}$$

式中 N_i——各组分的摩尔数；

σ_i——各组分的表面张力系数。

很多人做过实验，对于二元系硅酸盐炉渣，即 MO-SiO_2 熔体，随着 MnO、FeO、CaO、MgO、TiO_2、Na_2O 等碱性氧化物增加，表面张力均下降，对于三元系尤其是多元系炉渣更是如此。

如 27% CaO，36% FeO，31% SiO_2 炉渣，在 1600K 时，分别加入几种化合物后，其表面张力的变化情况如图 2-19 所示。从图中可见，P_2O_5 活性最强，CaF_2 次之，Na_2O 第三。

例如 CaO/SiO_2 = 1.24，F = 8.4%，（K_2O + Na_2O） = 1.7% 的包钢高炉渣在 1450℃时，σ = 156mN/m。

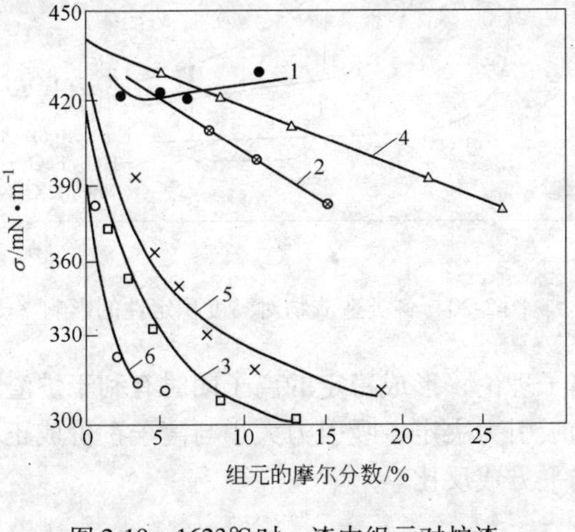

图 2-19　1623℃时，渣中组元对炉渣表面张力的影响

1—MnO，SiO_2；2—SiO_2；3—CaF_2；4—TiO_2；5—Na_2O；6—P_2O_5

表面张力小的炉渣，流动性好，有利于脱硫。

2.2.5 炉渣的稳定性

稳定性包括两个方面内容：

（1）热稳定性。当温度变化时，炉渣的黏度在一定的范围内波动不大，或者平缓。

（2）化学稳定性。当成分变化时，熔化温度与黏度在一定的范围内变化平缓。

很早以来，人们要求在原料成分与炉温波动时，保持炉渣黏度的稳定，以达到高炉顺行，力争较好地完成生产与质量指标。

炉渣成分、黏度与熔化温度关系的示意图如图 2-20 所示。

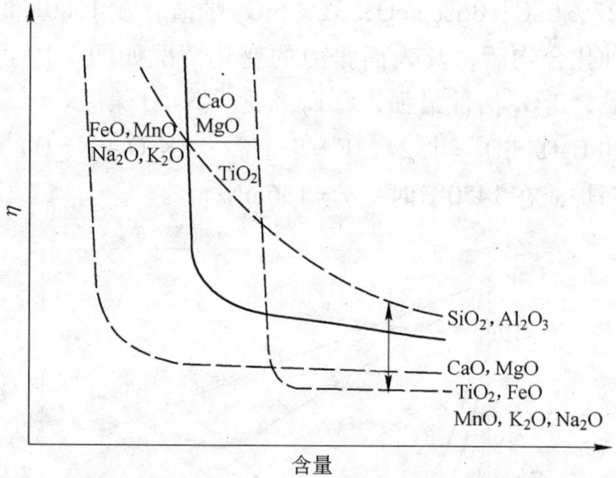

图 2-20　各类造渣物对黏度稳定性的影响

根据离子理论，形成稳定的离子团时有利于炉渣的稳定，由对氧离子的吸引力决定，吸引力大小与离子正价成正比，与阳离子半径和的平方成反比。

$$L = \frac{2b}{(r + 1.32)^2} \tag{2-8}$$

式中　L——对氧离子的吸引力；

r——阳离子半径；

2——氧的离子价；

b——阳离子价；

1.32——氧的离子半径。

一些氧化物的阳离子半径与对氧离子的吸引力列于表2-3。

表2-3　不同氧化物的离子半径与吸引力

项目 \ 氧化物	K_2O	Na_2O	CaO	MnO	FeO	MgO	Al_2O_3	TiO_2	SiO_2	P_2O_5
r/pm	1.35	0.97	0.99	0.80	0.24	0.66	0.51	0.68	0.42	0.35
L（e^2Å）	0.29	0.38	0.75	0.89	0.94	1.02	1.79	2.0	2.64	3.58

注：$1pm = 10^{-12}m$。

2.3　造渣过程对高炉冶炼的影响

2.3.1　对高炉顺行的影响

高炉顺行是指在入炉风量一定的情况下，煤气分布合理，下料速度均匀稳定，风温风压正常，渣铁温度与成分稳定。高炉顺行主要是流体力学问题，因为矿石在下降过程中它的孔隙度（ε）经历了从大到小的变化过程。例如烧结矿在1200℃开始软化，1300～1400℃时无棱角了，球团矿1050℃时是球状，1150℃时变扁，成为饼状。经过测定，含Fe矿石在软化前ε=30%以上，完全软化后下降到不足10%，特别是在软熔带，平均的ε在10%以下，它对煤气产生的阻力损失最大。据计算孔隙度（ε）每下降5%，阻力将增加10倍，故软熔带在高炉中造成的阻力损失占总的煤气阻力损失量，有的甚至高达60%以上。因此，希望矿石软熔温度要高一些，软熔带厚度要薄一些，它的位置要低一些，这样才能有利于高炉顺行。

其次高炉顺行还可能遇到炉渣产生的液泛现象，这主要是由于炉身下部液态渣铁对上升煤气流产生的阻力影响，而且渣铁重量比愈大和炉渣黏度愈大时，其阻力也愈大，特别是在渣量大，渣的表面张力又小，其含 FeO 又高时，很容易产生液泛现象。液体渣铁随煤气流往上升，在软熔带以上凝固，堵塞矿石孔隙，因而也使孔隙度（ε）减小，影响高炉顺行。

2.3.2 对炉缸热制度的影响

炉缸热制度是高炉操作的主要制度之一，是非常重要的。一般以生铁中硅含量为标志，它与造渣的好坏有密切关系，尤其是渣的难熔性有很大影响。比较难熔的渣，熔化之后进入炉缸时本身温度高，带入的热量也多，有利于炉缸温度升高；而易熔的炉渣，由于本身温度低，加热不充分，又很快流入炉缸，不利于炉缸温度的升高。因此，造渣过程对炉缸热制度影响是很大的。

但是炉渣对热制度的影响不是主要的，特别是现代高炉生产条件下，由于原料含 Fe 品位升高，渣量下降到很低的水平，而且使用高风温或富氧等工艺，可以非常明显地提高风口燃烧带的温度。

2.3.3 我国几种特殊炉渣

我国铁矿石资源特点各异，而且复合矿多，因而出现如下特殊炉渣：

（1）高 Al_2O_3 渣。一般渣中 Al_2O_3 含量为 10% ~15% 较合适。但有些含 Al_2O_3 高的矿石，或用高焦比、高灰分焦炭的高炉，容易造成炉渣中的 Al_2O_3 超过 20%~25%，这种炉渣的特点是难熔而且黏度大。由离子理论可知，Al_2O_3 也是造成复杂阴离子网状结构的成分，故可以用增大碱性氧化物浓度的办法降低黏度，但由于本身熔点也高，故不可过多使用。

（2）高 MgO 渣。MgO 含量大于 15% 时容易使炉渣熔点升高，它与高 Al_2O_3 渣相反，这时应控制 CaO/SiO_2 值不可过大：

MgO = 15%~20% 时，CaO/SiO_2 值以 0.9 为宜；

MgO = 25%，CaO/SiO_2 值以 0.8 为宜。

（3）高 Al_2O_3 高 MgO 渣。此种炉渣更难冶炼，它难熔，黏度大，应控制渣中 Al_2O_3 + MgO 含量和不大于 40%，而且 CaO/SiO_2 小于 1.0。

（4）高 TiO_2 渣。使用100%的钒钛磁铁矿冶炼时，渣中 TiO_2 含量可能高达30%以上。TiO_2 与 SiO_2 有某些相似，是活性物质，也能生成复杂阴离子团。实验室试验证明，在 TiO_2 不被还原的条件下，它不会增加炉渣的黏度。但在高炉中 TiO_2 被逐级还原为低级氧化物，最后有生成高熔点TiC、TiN的固态质点现象。由于TiC、TiN质点大多数都小于1μm，比表面积过大，为降低表面能它有自动吸附导电离子的趋势，即成为相对稳定的高度分散的固态悬浮的胶性质点，造成高温"溶胶"，即使其浓度不大（$TiC + TiN \leqslant 5\%$）也能使炉渣黏度急剧增大。此外由于 TiO_2 又是表面活性物质，渣内 σ/η 值很大，造成了生成泡沫渣及乳状液的有利条件，给生产带来危害。为避免以上情况，要抑制 TiO_2 的还原，可用增大渣中的"氧势"的方法，减少Ti（C，N）胶质核心的生成。实践证明可以基本上控制泡沫渣的形成。

（5）高 CaF_2 渣。CaF_2 有强烈的降低熔点、降低黏度、降低表面张力的作用，它对炉衬侵蚀严重，在特定条件下如果 η（黏度）值升高也能形成泡沫渣，生产中计算炉渣碱度时，扣除 CaF_2 带入的 Ca^{2+}，控制适当高一些的 CaO/SiO_2 值是非常必要的。

（6）高 K_2O、Na_2O 渣。钾（K）钠（Na）化合物主要以各种硅酸盐的形态进入高炉，随炉料下降到高温区后，被碳还原成金属钾与钠，由于其汽化温度低（钾766℃，钠890℃）还原后立即变成蒸气而进入煤气流，气态的金属钾、钠在上升过程中与其他物质反应形成氰化物、硅酸盐、碳酸盐及少量硫酸盐的钾、钠化学物，并且分别以固态或液态沉积在炉料的表面与孔隙中；或被软熔炉料所吸收形成初渣。炉渣中 K_2O、Na_2O 含量一般为0.2%左右，高的可达2%以上，含钾钠的炉渣降低熔点，降低了黏度，也降低了表面张力，由于在炉内产生循环富集的影响，破坏炉料强度，堵塞料层孔隙度，恶化料柱透气性，因此它影响高炉顺行，甚至形成炉瘤。它的主要反应式：

$$4K + 2(SiO_2) + 2CO = 2(K_2SiO_3) + 2C \qquad (2\text{-}9)$$

$$\Delta G^{\ominus} = -1247726 + 663.639T$$

$$4Na + 2(SiO_2) + 2CO = 2(Na_2SiO_3) + 2C \quad (2\text{-}10)$$

$$\Delta G^{\ominus} = -1351982.3 + 686.668T$$

从反应式可以看出，采取酸性渣操作（即增加渣中 SiO_2 的浓度或活度），增加渣量，适当地降低炉缸温度等都有利于减少 K_2SiO_3 从炉渣中的还原，因而减少其循环富集的有害作用。

2.4 生铁成分的控制

2.4.1 FeO 的还原

从软熔带开始，初渣已明显形成，FeO 进入炉渣，在煤气分布严重不均，矿石难还原等情况下，渣中 FeO 含量将高达 30%，操作好的高炉初渣中 FeO 含量一般小于 2%，渣中 FeO 可能被赤热的焦炭、饱和［C］的铁液和浓 CO 的煤气流等三种还原剂还原。

前苏联和日本的学者都在这方面做过很多研究，用 FeO70%、$SiO_2$15%、CaO15% 的人造渣流经 20～25cm 厚，1400～1500℃赤热焦炭 3min 后，渣中 FeO 几乎全部被还原。而当液态铁滴穿过渣层时，少量的不能被 C 与 CO 还原的（FeO），将与铁液中 Si、Mn 等发生反应：

$$2(FeO) + [Si] = 2[Fe] + (SiO_2) \quad (2\text{-}11)$$

$$(FeO) + [Mn] = [Fe] + (MnO) \quad (2\text{-}12)$$

由于上述反应进行，将会使渣中 FeO 降到更低的水平（终渣含量中往往小于 0.5%），故在软熔带形成的初渣中，总能在熔滴及汇集炉缸过程中，将（FeO）还原出来达到最低水平。

2.4.2 渗碳反应

铁矿石与 CO 发生还原反应生成 Fe，此时 Fe 是固态金属铁，呈多孔状且形如海绵，因而叫海绵铁。

$$FeO + CO = Fe + CO_2 \quad (2\text{-}13)$$

$$FeO + C = Fe + CO \quad (2\text{-}14)$$

海绵铁与 CO 接触，促进 $2CO = CO_2 + [C]$ 式的分解，分

解出来的［C］附在海绵铁上，形成铁的碳化物，即

$$2CO \xrightarrow{[Fe]} CO_2 + [C] \tag{2-15}$$

$$3Fe + [C] = Fe_3C \tag{2-16}$$

而且由此可以导出固体海绵铁中的 C 含量

$$N_C = \frac{(CO\%)^2}{(100 - CO\%)} \times \frac{p}{\gamma_C} \times \frac{K_p}{100} \tag{2-17}$$

式中 N_C——海绵铁在反应达到平衡时的 C 含量；

CO%——平衡时煤气中 CO%（体积%）；

p——煤气总压力；

γ_C——碳在铁中活度系数。

图 2-21 是在不同温度下，渗碳反应的平衡图。

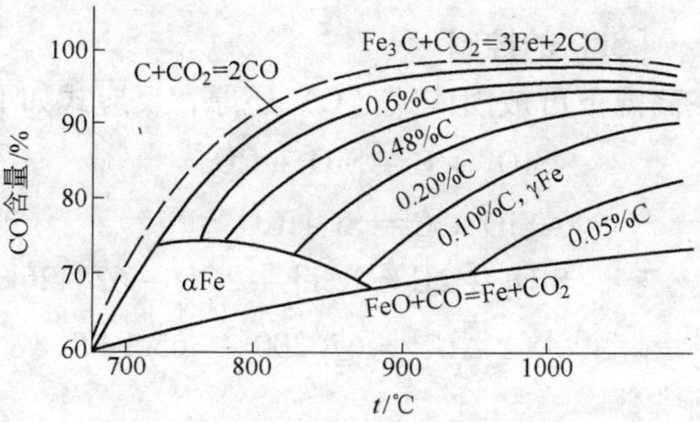

图 2-21 海绵铁渗碳反应平衡

由计算达到平衡时，海绵铁中 C 含量最高可达 1.5%，但是由于受到反应动力学条件限制，实际上远远达不到平衡渗碳量。

而饱和碳量又与其他各种元素含量有关，如图 2-22 所示，再加上温度等的影响可概括为如下的经验公式进行计算：

$$C\% = 1.34 + 2.54 \times 10^{-3}T - 0.35[P] + 0.17[Ti] - 0.54[S] + 0.04[Mn] - 0.30[Si] \tag{2-18}$$

$$C\% = 4.3 - 0.27[Si] - 0.32[P] + 0.3[Mn] \tag{2-19}$$

式中 T——铁液温度，℃。

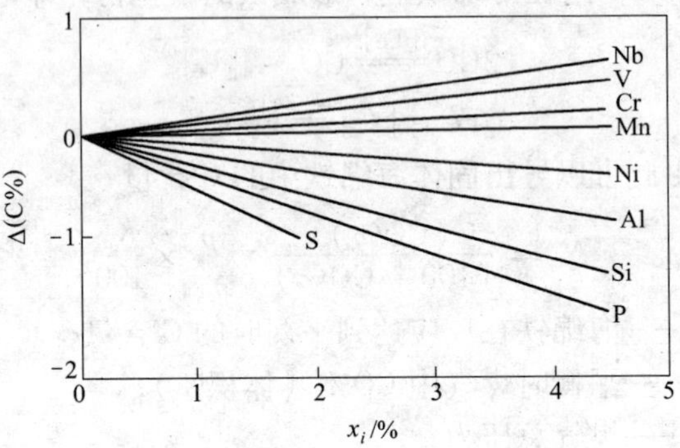

图 2-22　液态铁中碳的饱和溶解度与所含其他元素的关系

2.4.3　[Si] 的控制

SiO_2 在高温下可被固体碳（C）还原，反应式如下：

$$SiO_2 + C = SiO + CO \tag{2-20}$$

$$SiO + C = Si + CO \tag{2-21}$$

或

$$SiO_2 + 2C = [Si] + 2CO - 628426\text{kJ} \tag{2-22}$$

$$\Delta G^{\ominus} = 676200 - 365.94T$$

而反应平衡常数

$$K_{Si} = \frac{\gamma_{Si}[Si] \times P_{CO}^2}{a_{SiO_2}}$$

$$[Si] = \frac{a_{SiO_2}}{\gamma_{Si} P_{CO}^2} \times 10^{(19.1 - \frac{35300}{T})} \tag{2-23}$$

a_{SiO_2} 与炉渣成分关系图可参考图 2-2，γ_{Si} 与生铁中 [Si] 含量与温度关系参考图 2-23。Chipman 等人根据热力学数据，计算出了高炉渣中处于平衡状态下的生铁 [Si] 含量，其结果示于图 2-24。

计算的结果与生产数据十分接近，这说明Si的还原反应是

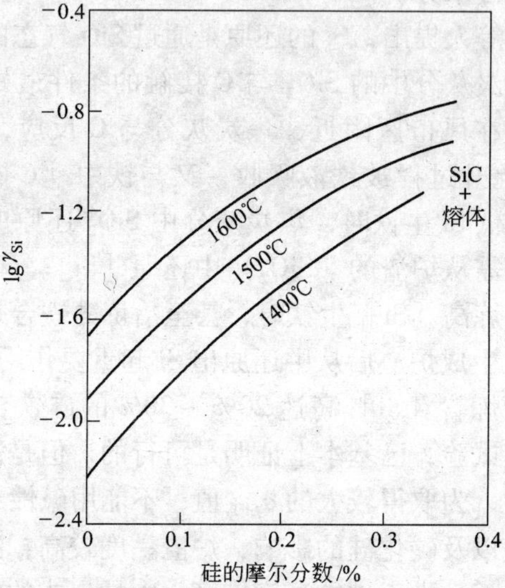

图 2-23　在不同温度下[Si]与 γ_{Si} 的关系

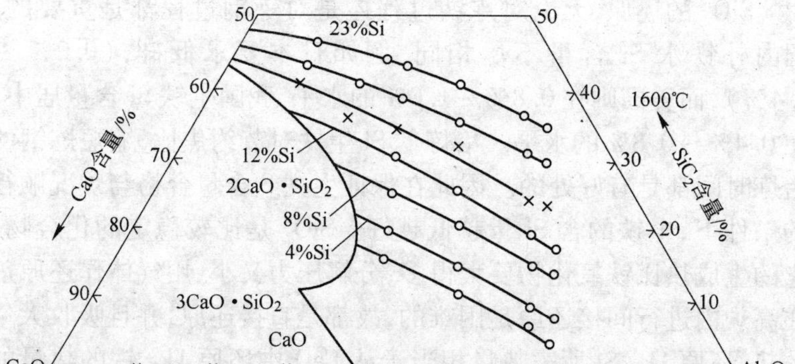

图 2-24　平衡状态下的生铁 Si 含量

接近平衡状态的，因此生铁含［Si］量可根据影响 SiO_2 还原反应的热力学条件来分析。

日本槌谷等人提出，Si 的还原是通过 SiO 气态的中间产物而进行的。而焦炭灰分中的 SiO_2 与 C 接触的条件最好，Si 的还原过程是：首先在风口区附近，焦炭灰分与 C 反应，生成气态的 SiO，随煤气上升过程被铁液吸收，又与铁中［C］反应而生成［Si］，当冶炼低 Si 生铁时，焦炭灰分中 SiO_2 还原成 Si，其数量足够，因此不需从炉渣的（SiO_2）中还原［Si］。

但是在冶炼高［Si］生铁时，甚至冶炼硅铁合金时，配料中加入的 SiO_2，生成炉渣后从中还原出 Si 起重要作用。

用高炉冶炼含［Si］高达 20% ~30% 的硅铁合金，经实验室与小型工业试验，已基本上证明是可行的，但是需要高风温与较高的富氧量，为取得较大的 a_{SiO_2} 值，不能用碱性熔剂造渣，但由于酸性炉渣以及碳化硅的影响，炉渣黏度较高，给生产操作造成较大困难。而且由于炉缸温度较高，大量生成的气态中间产物{SiO}，除去被液态渣铁吸收以外，尚有相当数量随煤气上升到低温区，又重新在固态炉料的孔隙中凝聚下来，有的随煤气逸出或沉积在煤气管道中，这些也影响高炉的正常作业。

SiO_2 的还原,无论对炼铁过程还是对炼钢过程都是重要的。国内外铁水 Si 含量不尽相同,例如日本要求低硅,(0.2% ~0.4%),而美国则在0.8% ~1.0%的水平,我国生铁 Si 含量居中,在0.4% ~0.8%的水平。冶炼低 Si 生铁对节约焦比,缩短炼钢的冶炼时间都是有好处的。因此在保证生铁 S 含量合格与炉况顺行的条件下,生铁的含 Si 量越低越好。SiO_2 是比较稳定的化合物,它的生成热比铁氧化物要大得多,分解压力又小,用气体作还原剂在高炉内进行间接还原是困难的,故都是直接还原,并且吸收大量的热,还原 1kg Si 所需热量相当于从 FeO 中还原 1kg 铁的热量的 8 倍。因此铁水中含 Si 量成为炉缸温度的主要标志之一。上面已经提到 SiO_2 的还原过程也是逐级进行的,即 SiO_2 →SiO →Si。在高炉冶炼过程中,铁水中 Si 含量的变化如图 2-25 所示。

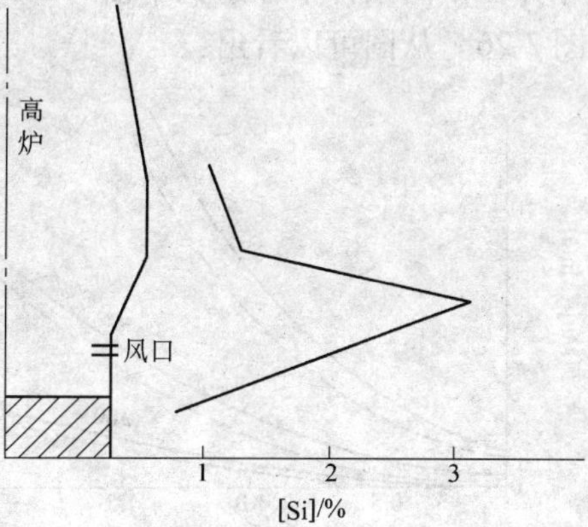

图 2-25　高炉冶炼过程铁水 Si 含量变化示意图

2.4.4　[Mn]、[P]、[Ti]、[V] 的控制

2.4.4.1　[Mn] 的控制

Mn 以各种高级氧化物如 MnO_2、Mn_2O_3、Mn_3O_4 等形态进入高炉，它们的氧势都很高，在固相区比较容易被还原成为 MnO，但 MnO 又很难再被 CO 还原，而进入渣中的（MnO），只能以液态形式与 C 反应还原为 Mn。

$$(MnO) + C = [Mn] + CO - 272364\text{kJ} \tag{2-24}$$

$$\Delta G^{\ominus} = 289112.35 - 210.187T$$

$$K_{Mn} = \frac{\gamma_{Mn}[Mn]\%}{\gamma_{MnO}[MnO]\%}P_{CO}$$

由此可得

$$[Mn]\% = \frac{(MnO)\gamma_{MnO}}{\gamma_{Mn}P_{CO}}K_{Mn} \tag{2-25}$$

而
$$\lg K_{Mn} = -\frac{15000}{T} + 10.97$$

由于铁液中 Mn 的活度系数比较有规律，一般为 0.8，则

$$[Mn]\%P_{CO}/(MnO)\% = 1.07 \times 10^{-2}K_{Mn}\gamma_{(MnO)}$$

由此可以计算在不同条件下在达到平衡时 Mn 在渣与铁中的分配情况，如图 2-26。从图可以看出：

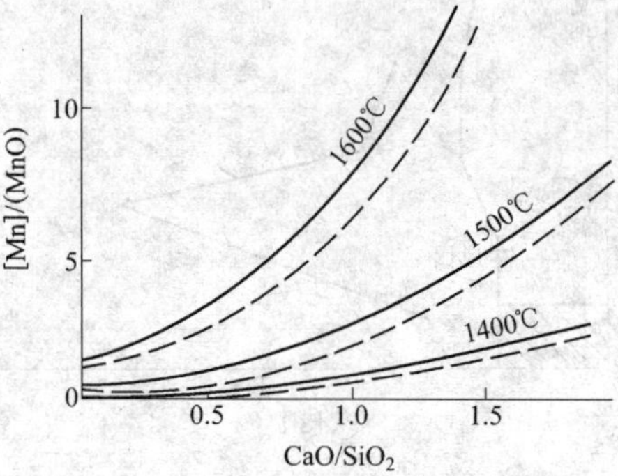

图 2-26　炉渣碱度与 Al_2O_3 含量对 Mn 分配比的影响

实线表示 $Al_2O_3=20\%$；虚线表示 $Al_2O_3=10\%$

（1）提高温度和碱度对于 Mn 的还原有利；

（2）提高炉料中的 MnO 含量影响也是明显的；

（3）渣中 Al_2O_3 含量升高对 Mn 的提高不利。

当生铁中含有相当数量［Si］时，对 MnO 还原是有利的，如下式：

$$2(MnO)+[Si]=(SiO_2)+2[Mn] \tag{2-26}$$

根据计算，MnO 开始还原温度为 1420℃，但实际上反应从 1100℃时就已经开始，冶炼普通生铁时锰的还原率为 40% ~ 60%。

2.4.4.2　P 的还原

磷（P）在高炉炉料中以 $(CaO)_3P_2O_5$ 的形态存在，少量的以蓝铁矿 $(3FeO \cdot P_2O_5) \cdot 8H_2O$ 的形态存在，在 1200 ~ 1500℃条件下，P_2O_5 被 C 还原，反应式如下：

$$P_2O_5+5C=2P+5CO-1922670kJ \tag{2-27}$$

还原出来的［P］与 Fe 形成 Fe_2P 而溶于铁水中，降低了 P 的活度，使 P_2O_5 的还原反应更容易向右进行，反应的平衡常数较大，而可以认为原料中带入的 P 全部还原入铁，所以对生铁中含 P 量控制，只能通过控制入炉料的含 P 量。但是如果炉渣碱度很高，P_2O_5 具有酸性，它在渣中活度下降，因而也可以在渣中固定少量的 P_2O_5，同时在炉温很高的情况下，P 也可以以气体状态随煤气逸出炉外。

2.4.4.3 Ti 的还原

钛（Ti）的还原也是逐级的，即 $TiO_2 \rightarrow Ti_2O_3 \rightarrow TiO \rightarrow Ti$，它的还原过程与 Si 类似，但比 Si 难还原，因此也只能是直接还原。

$$TiO_2 + 2C = Ti + 2CO - 680638kJ \tag{2-28}$$

$$\Delta G^{\ominus} = 687086.7 - 348.77T$$

$$\Delta G = \Delta G^{\ominus} + RT\ln \frac{[Ti]p_{CO}^2}{a_{TiO_2}a_C}$$

$$K_{Ti} = \frac{[Ti]\%\gamma_{Ti}p_{CO}^2}{(TiO_2)\% \cdot \gamma_{TiO_2}}$$

$$[Ti]\% = K_{Ti}\frac{(TiO_2)\%\gamma_{TiO_2}}{\gamma_{Ti}p_{CO}^2} \tag{2-29}$$

[Ti] 含量高时对高炉冶炼不利，由于它产生以下反应：

$$TiO_2 + 3C = TiC + 2CO \tag{2-30}$$

$$\Delta G^{\ominus} = 525468.5 - 336.174T$$

$$(Ti + C = TiC) \tag{2-31}$$

$$TiO_2 + 2C + 1/2N_2 = TiN + 2CO \tag{2-32}$$

$$\Delta G^{\ominus} = 376830 - 256.453T$$

$$(Ti + 1/2N_2 = TiN) \tag{2-33}$$

TiO_2 对炉渣影响不大，而 TiN，TiC 对炉渣影响较大，熔点高，黏度大，炉渣难流，渣中带铁。但 TiC 与 TiN 能形成固溶体，可填充砖缝，起着保护炉墙的作用。TiC 与 TiN 熔点 2900 ~ 3000℃，在渣中不熔化，呈固体微粒悬浮于渣中，解决办法是高温或加入氧势高的物质。

2.4.4.4　V 的还原

钒（V）是稀有的合金元素，能显著地改善钢的性能，对原子能工业、化学工业都有重要作用，它在矿石中以 $FeO \cdot V_2O_5$ 的形态存在，攀钢矿石中含 TiO_2 16%，而 V_2O_5 0.4% 左右，高温下的还原反应为：

$$V_2O_5 + 5C = 2[V] + 5CO - 1005717kJ \tag{2-34}$$

高炉冶炼过程中 80% 以上的 V 进入生铁，因而可以得到含 V 量约 0.4% 的含 V 生铁，这种铁水在炼钢炉前再经过雾化吹钒处理后，可以获得含 V_2O_5 17% ~25% 的钒渣，它的回收率达 75% ~85%，吹钒后的铁水叫半钢，再进入转炉冶炼成钢。

2.4.4.5　Nb 的还原

我国包头矿中含有 0.1% 左右的铌（Nb），因而铁水中能获得 Nb 0.08% ~0.1%，然后将铁水中 Nb 吹成铌渣，再用铌渣冶炼铌铁。

铌的氧化物还原也是逐级进行的（$Nb_2O_5 \rightarrow NbO_2 \rightarrow NbO \rightarrow Nb$）：

$$Nb_2O_5 + CO = 2NbO_2 + CO_2 \tag{2-35}$$

$$\Delta G^{\ominus} = 41032.6 - 25.540T$$

$$NbO_2 + CO = NbO + CO_2 \tag{2-36}$$

$$\Delta G^{\ominus} = 105931.1 - 26.796T$$

$$(NbO_2) + 2C = [Nb] + 2CO \tag{2-37}$$

$$\Delta G^{\ominus} = 577387.3 - 370.130T$$

$$K_{Nb} = \frac{a_{(Nb)} p_{CO_2}^2}{a_C^2 a_{(NbO_2)}}$$

$\frac{a_{(Nb)}}{a_{(NbO_2)}}$的数值如表 2-4。

表 2-5 是各种元素在生铁、炉渣与煤气之间的分配比率。

表 2-4 不同状态下铌与二氧化铌活度比值

T/K	1550	1600	1700	1800
$p_{CO}=0.1$MPa	7.52×10^{-1}	3.04	3.9×10	3.77×10^{2}
$p_{CO}=0.2$MPa	1.88×10^{-1}	7.6×10^{-1}	9.76	9.42×10

表 2-5 各种元素进入生铁、炉渣及煤气的分配比率

元素	生铁种类	分配率/%		
		铁	渣	煤气
Fe	炼钢铁 铸造铁	>90	<1	0
	锰铁	96~98	2~4	0
Mn	炼钢铁	40~65	35~60	0
	铸造铁	65~75	25~35	0
	镜铁	75~80	20~15	5
	锰铁	75~82	10~15	8~5
Si	炼钢铁	2~8	92~98	0
	铸造铁	10~25	75~85	0
	硅铁	40~50	40~50	10~20
P	碱性转炉铁	88~95	5~12	0
Ni	炼钢铁	95	0	5
Cr	炼钢铁	90~98	2~10	0
V	炼钢铁	75~85	15~25	0
Ti	炼钢铁	2~5	95~98	0
Cu	炼钢铁	100	0	0
Zn	炼钢铁	0	10	90
As	炼钢铁	≤80	0	>20
S	炼钢铁	>5	85~90	0~10
	铸造铁	1~2	78~83	15~20
	镜铁	1~2	69~79	20~30
	锰铁	1~2	39~59	40~60

2.5 生铁中硫的控制

2.5.1 硫的来源与在高炉中的变化

高炉中的硫主要是由炉料如焦炭、矿石等带入的。由炉料带入的硫量叫硫负荷，一般每吨生铁由炉料带入的硫量是4~8kg，而其中大部分又是由焦炭带入的。焦炭含硫（S）一般为0.6%~0.8%，占硫负荷的70%以上。矿石中的硫主要是以FeS_2的形态存在，而在烧结矿中又主要以CaS的形态存在，但在矿石中少部分的也有以硫酸盐或其他金属硫化物如$CaSO_4$、$BaSO_4$等形态存在的。焦炭中的硫主要是有机硫。

有机硫在下降过程中受热挥发，到达风口前焦炭中50%~75%的硫已失去，剩余的硫在风口前燃烧成SO_2，而SO_2在上升过程中被碳（C）还原成硫的蒸气或其他硫化物如CS、CS_2、HS、COS、H_2S等，但是不论是硫的蒸气还是硫化物在上升过程中将被炉料吸收而形成CaS和FeS_2，而其中的FeS_2在下降过程中加热到565℃以上就分解：

$$FeS_2 = FeS + S \tag{2-38}$$

因而硫在高炉中也形成循环现象，这些分解出来的或反应生成的SO_3、SO_2等部分地进入煤气，部分地被炉料吸收再下降到高炉下部，而CaS则进入炉渣，FeS则分配于铁水与炉渣之间，日本广畑1号高炉解剖后整理出来的硫在高炉内变化情况如图2-27。

2.5.2 硫的平衡计算

由原料带入高炉中的硫，在炉内有三条出路：一随煤气逸出；二进入炉渣；三进入生铁。由此可推导出硫在高炉内的平衡关系式：

$$S_{总} = S_{挥} + S_{渣} + S_{铁}$$

设渣量为$Q_{渣}$（kg/t），渣中含硫(S)(%)，铁中含硫[S](%)，则

$$Q_{铁[S]} + Q_{渣(S)} = S_{总} - S_{挥}$$

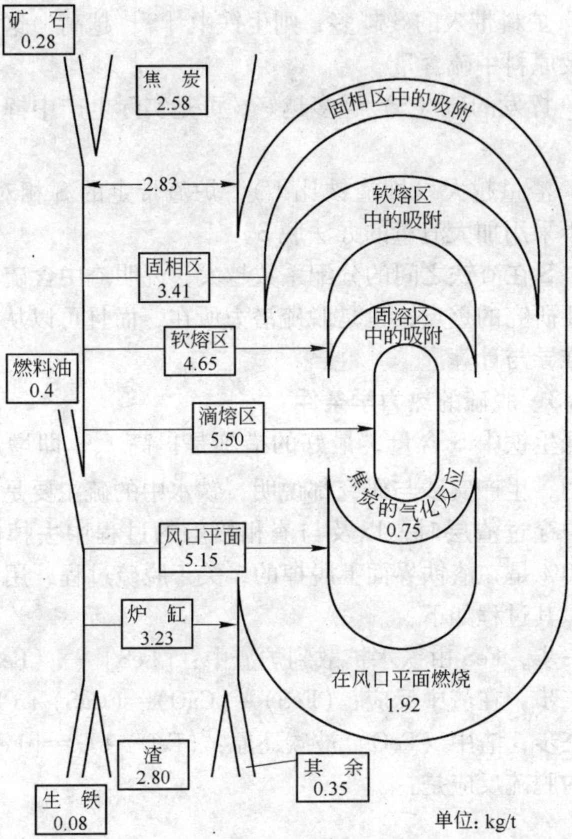

图 2-27　高炉中硫的循环示意图

又令 $L_S=\dfrac{(S)}{[S]}$；$\dfrac{Q_{渣}}{Q_{铁}}=U$

L_S 又称为 S 的分配系数，U 即渣铁比，代入上式并整理后即得

$$[S]=\frac{1}{1+UL_S}\times\frac{S_{料}-S_{挥}}{Q_{铁}} \tag{2-39}$$

从以上分配情况可以看出，影响生铁中［S］含量的因素

是：

（1）炉料带入的S越多，则生铁中［S］越高，这主要取决于焦比及原料中硫含量。

（2）挥发的硫（S）越多越好，可是实际生产中挥发的硫很有限。

（3）渣量越大（即渣铁比 U），炉渣带走的S相对地越多，但一般不采用加大渣量的办法脱S。

（4）S在渣铁之间的分配系数越大，说明渣中含硫越多，这是我们要研究的重点，也是脱硫潜力所在，而且可以从热力学方面进行推导与计算。

2.5.3 脱硫的热力学条件

降低生铁中S含量，最好的措施是提高 L_S，即增加炉渣的脱S能力，生产实践与研究都说明，铁水中的硫主要是当铁水滴落过程中穿过渣层时，以及与渣相接触的过程中去掉的，另有20%～30%是在渣铁界面上脱掉的，关于脱硫过程，用分子理论来说明，其过程如下：

第一步，FeS由铁水扩散到炉渣中：$[FeS] \rightarrow (FeS)$

第二步，在渣中反应：$(FeS)+(CaO)=(CaS)+(FeO)$

第三步，渣中（FeO）被碳还原：$(FeO)+C=[Fe]+CO$

总的脱硫反应是：

$$[FeS]+(CaO)+C=[Fe]+(CaS)+CO-141227\text{kJ} \tag{2-40}$$

$$\Delta G^{\ominus}=115142.5-113.677T$$

$$K_S=\frac{a_{CaS}a_{Fe}p_{CO}}{a_{[FeS]}a_{CaO}a_C}=\frac{a_{CaS}a_{Fe}p_{CO}}{[FeS]\gamma_{FeS}a_{CaO}a_C}$$

或
$$[FeS]=\frac{a_{(CaS)}a_{Fe}p_{CO}}{K_S\gamma_{(FeS)}a_{(CaO)}a_C}$$

或 $$L_S=\frac{(S)}{[S]}=K_S\frac{\gamma_{[FeS]}a_{CaO}a_C}{\gamma_{(CaS)}a_{Fe}p_{CO}} \tag{2-41}$$

当有［Si］、［Mn］存在时，将起还原剂作用：

$$2[FeS]+2(CaO)+[Si]=2(CaS)+2[Fe]+(SiO_2)$$

$$[FeS]+(CaO)+[Mn]=(CaS)+[Fe]+(MnO)$$

如果用离子理论说明脱硫反应，则需用以下反应式（图 2-28）：

$$[S]+2e=S^{2-}(渣中)$$

$$O^{2-}-2e=O(金属液中)$$

$$[S]+(O^{2-})=S^{2-}+[O] \tag{2-42}$$

$$K_S=\frac{a_{S^{2-}}-a_{[O]}}{a_{[S]}a_{O^{2-}}};\ \lg K_S=\frac{-3760}{T}-1.98 \tag{2-43}$$

从以上分子式与离子式反应都说明，要降低生铁中含 S 量提高 L_S，需要采取以下措施：

（1）提高温度。由于反应是吸热，提高温度有利于平衡常数的增加，有利于 L_S 的提高。而且由于温度升高炉渣黏度降低，$D_{扩}$ 增加，温度对脱 S 效果的影响见图 2-29。

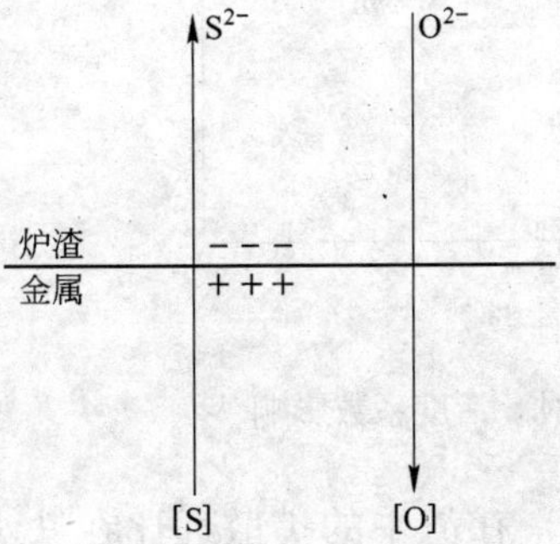

图 2-28　离子理论脱 S 过程

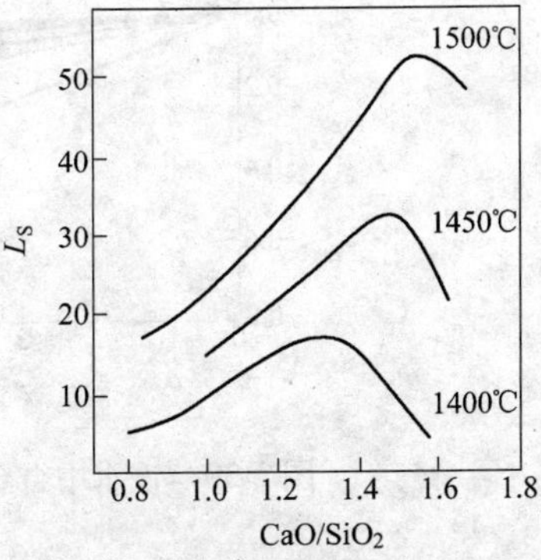

图 2-29　炉渣碱度与温度对硫分配系数的影响

（2）提高碱度有利于脱硫。由于碱度增加，γ_{CaO} 增加，离子式也说明碱性渣可以提供大量的 O^{2-}，但碱性氧化物脱硫能力不同，其脱硫能力大小排序依次为 CaO > MnO > MgO > FeO，酸性氧化物如 SiO_2，由于吸收 O^{2-}，形成 Si-O 离子团，因而不利于脱硫。

Al_2O_3 在碱性渣中呈酸性，因而不利于脱硫。

（3）气氛的影响。从反应式可以看出，还原气氛有利于 FeO 的还原，因此 C、［Si］、［P］等都有利于脱硫反应，有利于 f'_S 值的增大。如图 2-30。

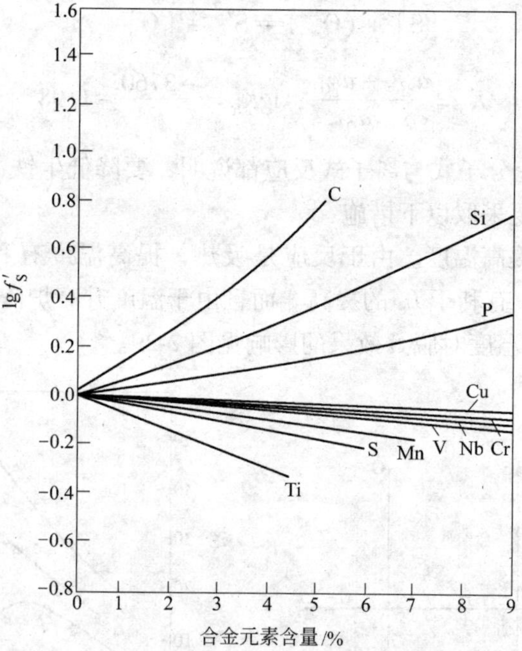

图 2-30　铁水中合金元素对 S 活度系数影响

（4）从传质系数的特点看，（S）在渣中的扩散远比在铁水中扩散要慢很多，因此要设法降低炉渣黏度改善其流动性。

2.5.4 影响高炉炉渣脱硫的动力学条件

生产实践与理论计算说明，高炉中脱硫反应远远没有达到热力学的平衡状态，前苏联学者认为只达到40%~70%，而美国学者认为只达到1/3~1/2。因此高炉炉渣脱硫还有相当大的潜力，而关键是如何改善动力学条件。

德国奥特斯（F. Oeters）教授推荐如下公式进行动力学分析：

$$\frac{\mathrm{d}[\mathrm{S}]}{\mathrm{d}t}=\frac{m_{\mathrm{S}}}{\dfrac{1}{\beta_{[\mathrm{S}]}\ [\mathrm{S}]}+\dfrac{1}{\eta_{\mathrm{S}}\beta_{(\mathrm{S})}\rho_{\mathrm{S}}}}\times\frac{A}{m}\left[[\mathrm{S}]-\frac{(\mathrm{S})}{\eta_{\mathrm{S}}}\right] \quad (2\text{-}44)$$

式中 $\frac{\mathrm{d}[\mathrm{S}]}{\mathrm{d}t}$——脱硫速率；

m_{S}——硫的相对原子质量；

$\beta_{[\mathrm{S}]}$，$\beta_{(\mathrm{S})}$——硫在渣铁中的传质系数；

ρ_{S}——硫的密度；

A——表面积；

m——熔体质量；

η_{S}——硫在渣铁间的分配系数。

从动力学公式说明，脱硫速率取决于以下三个因素：

（1）传输阻力要小。式2-44中，$\frac{1}{\beta_{[\mathrm{S}]}\ [\mathrm{S}]}$，$\frac{1}{\beta_{(\mathrm{S})}\eta_{\mathrm{S}}\rho_{\mathrm{S}}}$是脱硫传输阻力，如果$\beta_{[\mathrm{S}]}$、$\beta_{(\mathrm{S})}$传质系数大，则传输阻力小，这一项是脱硫反应的关键，由于炉内采用搅拌、喷吹、摇动等手段改善传质都极其困难，因而受到限制。

（2）反应比表面要大。$\frac{A}{m}$是反应的比表面积，在炉缸中渣铁接触面也是固定的而且也是很有限的。

（3）脱硫反应动力要大。

2.5.5 炉外脱硫

2.5.5.1 炉外脱硫技术的起因

近年来国外高炉一般均采用炉外处理技术，主要理由是：

（1）由于渣铁之间的脱硫反应在高炉内受条件限制而不能充分发挥作用，主要是动力学条件不具备。现在国外脱硫的研究都着重在脱硫的动力学方面，并在此基础上提出炉外脱硫的合理性。

脱硫的动力学机理是硫的迁移经过三个过程：

1）从金属内部向表面传递；

2）界面反应；

3）在非金属中扩散。

从上述脱硫速率公式知道，炉渣脱硫速度取决于传输阻力，反应比表面及脱硫动力三个因素，但是在高炉中，由于搅拌受到限制，传输阻力很大，反应比表面也受到限制，因而单靠提高碱度与炉渣，虽然也可以提高脱硫能力，但是十分有限，相反提高碱度后又增加了传输阻力。总之，依靠炉内脱硫是很有限的。

（2）为了适应生产技术的发展，近年来随着对钢管韧性要求的提高，以及对薄板钢深冲性要求的提高，要求钢中含［S］达0.005%以下，这样生铁中含［S］也应进一步降低到0.01%以下。但是由于随着高炉生产水平的提高以及渣量的降低，而且原料中的S总量有增加趋势，生铁中硫含量要进一步降到0.01%以下是非常困难的。

（3）炉外脱硫进行铁水预处理比在炼钢过程进行脱硫，无论热力学条件或工艺原理都要合理得多。现举例计算如下：

设高炉铁水成分为（%）：

C	Si	P	Mn	S
4.0	1.0	0.1	0.5	0.05

又设用LD转炉炼得硅钢片钢成分为（%）：

C	Si	P	Mn	S
0.03	2.30	0.02	0.15	0.02

要求钢水含S 0.005%，现有两个方案选择，铁水预处理脱S或钢水进一步脱硫。

已知：

元素 X	C	Si	Mn	P	S
e_S^X	+0.110	+0.065	−0.025	+0.042	−0.03

1300～1600℃范围内，由于

$$\lg f_S = \lg f_S^S + \lg f_S^C + \lg f_S^{Si} + \lg f_S^{Mn} + \lg f_S^P \quad (2\text{-}45)$$

$\lg f_S^X = e_S^X$ ［X 为重量］

通过计算，对于上述铁水

$$\lg f_S = 0.4952,\ f_S = 3.13$$

而对于上述钢水

$$\lg f_S = 0.1493,\ f_S = 1.41$$

由于铁水 $f_S = 3.13$ 大于钢水 $f_S = 1.41$，故铁水炉外脱硫的效率高。

（4）经济上的合理性。有人担心由于采用炉外脱硫后会增加生产成本，但实践证明刚好相反，炉外脱硫不仅可以降低焦比，而且还可减少渣量，总的生铁成本是降低的。国外采用炉外脱硫技术的高炉的实践都证明了这一点。

2.5.5.2 炉外脱硫剂的选择

为了提高脱硫效率和降低脱硫剂的消耗，选择合适的脱 S 剂是很重要的。各种常用脱 S 剂的脱 S 能力的比较见图 2-31。

脱硫剂有采用碳酸盐的如苏打（Na_2CO_3），有采用氧化物的如石灰（CaO），有采用还原性物质的如电石（CaC_2），还有采用金属或合金的如 Mn、Mg、Ca，Ca-Si 等，各种脱硫剂的消耗量及其效率见图 2-32，现在发展多种脱硫剂，如 CaO + CaC_2，CaO + MgO，CaO + CaF_2 等等。

2.5.5.3 炉外脱硫的方式

（1）喷吹法。这是当前普遍采用的一种脱硫装置,起源于德国。是以气体为载体将脱硫剂通过喷吹枪吹入铁水,气体载体用的是惰性气体,也有的用还原性气体,由于此法搅拌效率高,因而被普遍采用。但是由于铁水降温大,金属中含有气体,因此也有不足之处。

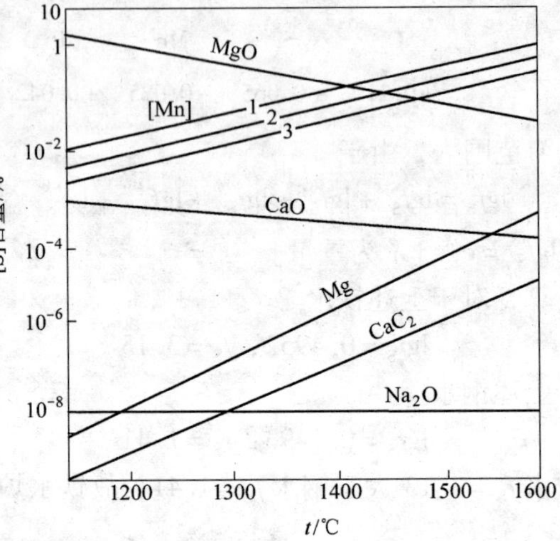

图 2-31　常用脱 S 剂的脱 S 能力比较

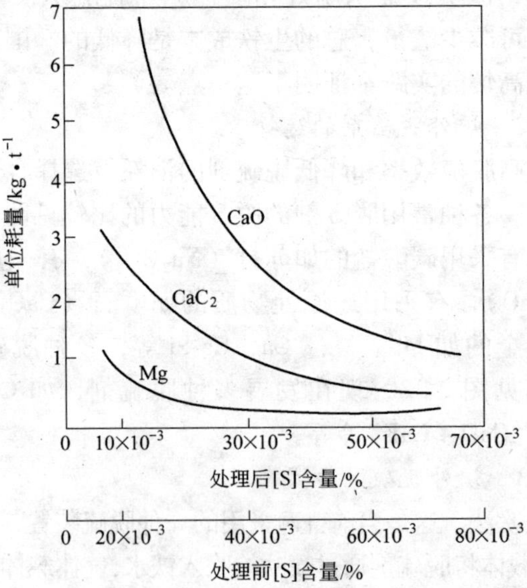

图 2-32　脱 S 剂效果比较

（2）机械搅拌法。起源于日本，主要用十字形搅拌器在铁水中造成涡流，以便使脱硫剂与铁水良好的接触与混合，此法效率高、经济，而且简便易行，缺点是搅拌器材质寿命短，而且降温大。

（3）钟罩镁锭或镁焦法。此法起源于美国，在铁水包中置放耐火钟罩，将镁质脱硫剂输入罩底，镁即气化而扩散到铁水中去与［S］反应而脱硫，此法不污染，效率也高，但是对其他脱硫剂不适用。

（4）电磁搅拌法。使用电磁搅拌使铁水产生搅动而进行脱硫。

（5）炉前连续脱硫。在出铁场装一简单旋转式搅拌器，可在铁水流过时连续脱硫。

3 高炉冶炼过程中的炉料与煤气运动

高炉冶炼过程中伴随着物质与热量的传递过程。这些物理过程是在流动的物质中发生的，即反应介质是以一定的速度运动而展开的，形成了以动量传递为基础的物质传递和热量传递。

高炉冶炼是在炉料自上而下，煤气从下往上，即在两个相互逆向运动过程中进行的，逆向流股中热量及动量的传递与输送包括两个物理机理，一种是由物质的分子运动引起的传递过程，另一种是流体微团移动引起的输送过程。高炉的冶炼过程尽管十分复杂，但是它具有的传输现象的特点仍然是很明显的。例如煤气穿过炉料层而上升是流体力学现象；煤气流加热炉料是传热现象；煤气流还原铁矿石以及风口前燃料的燃烧等都包含着气体扩散的传质现象。因此，高炉冶炼的工艺原理，由于结合了传输理论的应用而进入新的阶段。

3.1 散料层的流体力学现象分析

3.1.1 散料的主要参数

矿石、焦炭、石灰石等粒状物料叫散料，它们的透气性对高炉冶炼指标有极大影响。从流体力学看，散料各个颗粒间空隙所占的相对体积及单位体积的总表面积，对透气性有决定性影响。

3.1.1.1 空隙度（ε）

散料各个颗粒间空隙所占的相对体积即孔隙率或空隙度。假定 $V_{散}$、$V_{空}$、$V_{料}$ 分别代表散料的堆积体积、空隙体积和料块本身的总体积，则

$$\varepsilon = \frac{V_{空}}{V_{散}} = \frac{V_{散} - V_{料}}{V_{散}} = 1 - \frac{V_{料}}{V_{散}}, \mathrm{m^3/m^3}$$

又设 $\gamma_{散}$ 为散料的堆积密度（$\mathrm{kg/m^3}$），$\gamma_{料}$ 为料块本身密度

(kg/m^3)，则

$$\frac{V_{料}}{V_{散}} = \frac{\gamma_{散}}{\gamma_{料}}$$

$$\varepsilon = 1 - \frac{\gamma_{料}}{\gamma_{散}} < 1$$

如果散料由直径相等的圆球组成，例如球团矿和球式热风炉中的石球等球状物料，又堆成如图 3-1 的情况，用立体几何的原理可以证明，这种堆积空隙度最大，$\varepsilon = 0.467$；若堆成如图 3-2 则 ε 值最小，为 0.263。第一种堆积不稳定，第二种堆积要仔细堆放和外加能量振动才能得到，实际的空隙度常在 0.37 ~ 0.40 之间。靠近容器壁处的堆积易被破坏而且墙壁平滑，故靠近器壁空隙度大，气流容易通过，称为“附壁效应”。

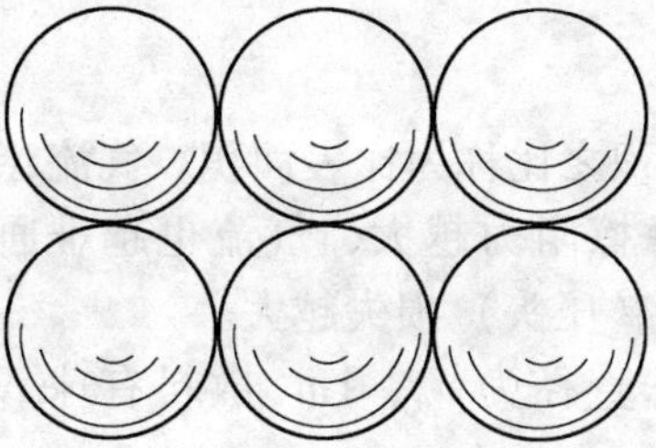

图 3-1　球状料堆积形状之一

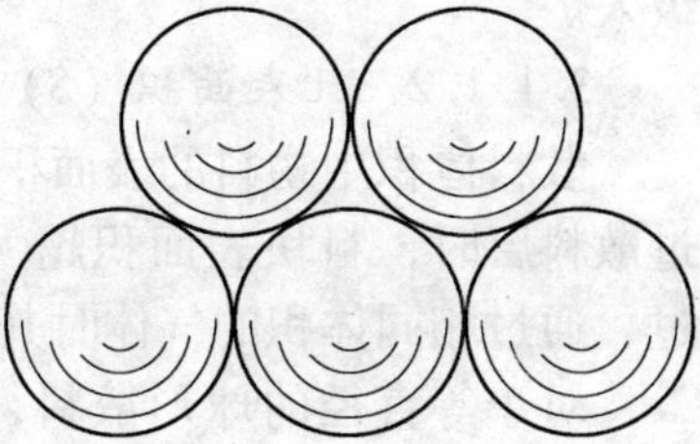

图 3-2　球状料堆积形状之二

此外，形状不规则和表面粗糙的颗粒的空隙度大于球形颗粒。粒径范围较宽（宽筛分）的散料，其空隙率小于粒径范围窄的散料，因为宽筛分料层中的小颗粒会填充到大颗粒之间的空隙中去。实验证明，大小两种颗粒的堆积空隙率原来约为 40%，但把两者按不同比例混合，测得的 ε 值都小于 40%，在某个粗细份额比值下有一个最小的 ε 值。两种粒度组成的散料体，其空隙度变化情况如图 3-3 所示，当大粒度散粒占 64% 左右时，ε 值最小，而粒径比愈小，ε 值也最小。所以粒度均匀的炉料，可以使孔隙度增加，有利于气体通过，因此高炉生产中应推行炉料分

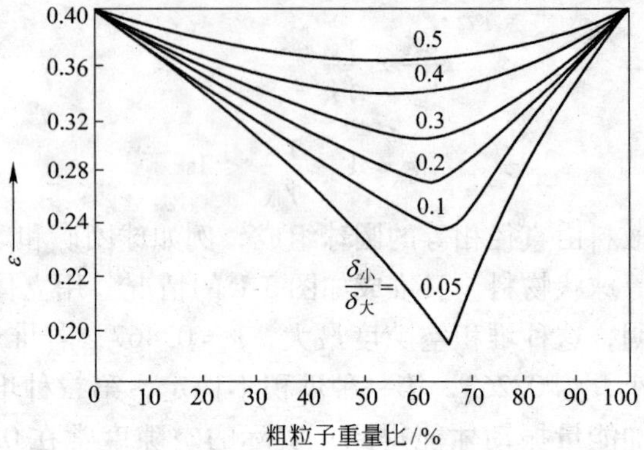

图 3-3　两种粒度组成的散料体的空隙度变化情况

级入炉。

3.1.1.2　比表面积（S）

散料体积中物料的表面积与体积之比称为比表面积。气流穿过散料层时，料块表面积越大则摩擦阻力越大，气流也越难通过，通过相同体积的气体时其能量（压头）损失越大。

对于等直径的球形散料，设球直径为 d_0，$1m^3$ 散料有球 N 个，表面积为 $A_{料}$。因为一个球的体积为$\frac{1}{6}\pi d_0^3$，料的总体积为 $(1-\varepsilon)\ m^3$，故

$$N = \frac{6(1-\varepsilon)}{\pi d_0^3}$$

又由于一个球的表面积为 πd_0^2

则
$$A_{料} = N\pi d_0 = \frac{6(1-\varepsilon)}{d_0}$$

$$S = \frac{A_{料}}{1-\varepsilon} = \frac{6}{d_0}$$

即比表面与料的直径成反比，当炉料粒度越小时阻力越大。

3.1.1.3　形状系数（ϕ）

通常我们是将料块当作球形来计算的，但实际的料块并非球

形，而是不规则形状，因此要加以修正，修正时常常用 ϕ 来表示形状系数，它等于等体积圆球表面积与料块表面积之比，或表示散料粒度与圆球形状粒度不一致的程度，因此 $\phi<1$。

对于料块表面积：

$$A_{实} = \frac{6(1-\varepsilon)}{\phi d_0}$$

对于料块比表面积：

$$S_{实} = \frac{6}{\phi d_0}$$

形状系数也可以用下式表示：

$$\phi = \frac{1}{d_p}\sqrt{\frac{6G}{\pi N\gamma}}$$

式中 G——料层中试样质量；

N——料层中料块个数；

γ——料块的密度；

d_p——料块的平均粒径。

经过破碎筛分后的散料，实际测得的形状系数 ϕ 为：焦炭 0.73，石灰石 0.45，矿石 0.57。

3.1.1.4 当量直径（$d_{当}$）

流体在散料中运动是沿着料块颗粒之间的空隙所形成的通道流动的，由于这些通道形状非常复杂，变化多端，但是可以看成是互相连通的小管束，在分析这种复杂通道的流动时，应用水力学直径或当量直径来作为形状的参数，其中：

$A_{空}$——空隙的平均截面积，m^2；

u——湿周，即流体与颗粒接触的润湿界线的总长度，m。

根据当量直径定义

$$d_{当} = \frac{4A_{空}}{u}$$

分子分母都乘以高度 H，则

$$d_{当} = \frac{4A_{空}}{u} \times \frac{H}{H} = \frac{4V_{空}}{A_{料}}$$

由于 $\varepsilon = \frac{V_{空}}{V_{散}}$ 故 $V_{空} = \frac{\varepsilon}{1-\varepsilon}(V_{散} - V_{空})$

得 $$d_{当} = \frac{4\varepsilon}{1-\varepsilon} \times \frac{(V_{散} - V_{空})}{A_{料}}$$

故 $$d_{流} = \frac{4\varepsilon}{1-\varepsilon} \times \frac{(V_{散} - V_{空})}{A_{料}}$$

对于球形散料

$$d_{当} = \frac{2}{3}\left(\frac{\varepsilon}{1-\varepsilon}\right)d_0$$

对于非球形散料

$$d_{当} = \frac{2}{3}\left(\frac{\varepsilon}{1-\varepsilon}\right)d_0\phi$$

对于直径为 d 的圆管

$$d_{当} = \frac{4\,\frac{\pi d^2}{4}}{\pi d} = d$$

对于边长为 a 与 b 的方形

$$d_{当} = \frac{4ab}{2(a+b)} = \frac{2ab}{a+b}$$

3.1.1.5 平均流速

设通过散料层每平方米断面积的煤气流量为 G(kg/(m^2·s))，则流速为 W(m/s)：

$$W = \frac{G}{\gamma_{气}}$$

式中 $\gamma_{气}$——气体密度，kg/m^3；

W 是按容器全部断面积计算的平均线速度，一般称为空炉速度。而炉内上升煤气流穿过料柱的有效平均速度($W_{孔}$，m/s)，大于空炉速度（W），两者的关系是：

$$W_{孔} = \frac{W}{\varepsilon} = \frac{G}{\gamma_{气}} \times \frac{1}{\varepsilon}$$

即有效平均速度 $W_{孔}$ 与空隙度（ε）成反比，ε 愈大则流速愈小。

3.1.2 炉料下降的力学分析

物体在运动过程中总会遇到阻力，当炉料在高炉内自上而下运动时也是如此，炉料要往下运动必须使它自身的重力超过阻力，受到的阻力主要来自以下三方面：

（1）炉料与炉墙之间的摩擦力 $P_{墙}$；

（2）炉料与料柱下部死焦堆之间的摩擦力 $P_{料}$；

（3）上升煤气对炉料的阻力及阿基米德浮力 $\Delta P_{浮}$。

用力学关系式表达如下：

$$F = W_g - P_{墙} - P_{料} - \Delta P_{浮} \tag{3-1}$$

式中 F——炉料下降有效作用力；

W_g——炉料本身重力。

一般炉料本身重力与 $P_{墙}$、$P_{料}$（两种摩擦力）之差称为有效重力（$W_{有效}$）

$$F = W_{有效} - \Delta P_{浮} \tag{3-2}$$

高炉内炉料要下降，除了本身应具有下降的作用力条件之外，还要具有一个重要条件，即下降空间，高炉中下列因素不断提供下降空间：

（1）燃烧带燃烧焦炭；

（2）周期性的出渣出铁；

（3）炉料的重新排列组合；

（4）炉料不断的软化熔融。

上述四个因素中前两个是起主要作用的，对于均一散状物料：$W_{有效} > \Delta P$ 时，物料顺利下降；$W_{有效} \approx \Delta P$ 时，物料开始流态化。过去有的教科书中把 ΔP 看成一种外力，比较片面地强调 ΔP 的作用，但是根据我国高炉强化实践以及实验室研究，当 ΔP 值较大时高炉操作中不一定悬料，而 ΔP 值小时也不一定不悬料。这主要是因为高炉内上下部位各处气流阻力系数不同，而高炉炉料并非均一散料，而且又是分层分批地加入炉内，故煤气流局部压降强度不同，所以高炉操作中不能只看总气流压差，还要注意局部压差，当局部压降强度 $\mathrm{d}\Delta P/\mathrm{d}h \geqslant \gamma_{料}$ 时，炉况难行，煤气流产生管道行程，产生塌料及悬料等现象。

3.1.3 煤气流经散料层的阻力损失

高炉内煤气流穿过炉料的通路近似于许多平行的、弯弯曲曲的、断面形状多变化的，但又是互相连通的管束，煤气流穿过这些管束的压力降是煤气作用于散料层的一种阻力或浮力，风压变化即代表这种阻力变化。

3.1.3.1 Ergun（厄根）方程

已知煤气通过散料层时的当量直径是以湿周除以四倍的空隙面积，假若都乘以管道长度，则得到料层中气体占有的空间为 $V_{空}$，散料表面积为 S

即
$$d_{当} = \frac{4V_{空}}{S}$$

由于
$$V_{空} = \varepsilon V_{散}$$

则散料颗粒所占的体积是

$$V_{料} = (1-\varepsilon)V$$

如果单位体积的散料颗粒中，散料颗粒具有的面积是 S_0，则 $S = S_0 V_{料} = S_0$ $(1-\varepsilon)$ $V_{散}$，以 $V_{空}$ 与 S 数值代入 $d_{当}$

故
$$d_{当} = \frac{4\varepsilon}{S_0(1-\varepsilon)}$$

如果散料不是球形，则 $S_0 = \dfrac{6}{\phi d_0}$代入上式，得

$$d_{当} = \frac{2}{3} \times \frac{\phi d_0 \varepsilon}{(1-\varepsilon)}$$

从流体流经散料层时的压力和惯性力之间的关系得出的欧拉数为 $\Delta P/\rho W^2$。

式中，ρ 是流体密度，W 是料层通道中流体的平均速度，ΔP 为压力损失。但是从流体流过管道的基本规律知道欧拉数与雷诺数之间的关系为

$$Eu = \phi(Re)\frac{L}{D}$$

式中，Re 为雷诺数，L 为管道长度，D 为管道直径，从以上两式可得

$$\frac{\Delta P}{\rho W^2} = \phi(Re)\ \frac{L}{D}$$

又由于 $$W_{孔} = \frac{W}{\varepsilon}$$

固 $$\frac{\Delta P}{\rho} \times \frac{\varepsilon^2}{W^2} \times \frac{D}{L} = \phi(Re)$$

$$\frac{\Delta P}{L} = \phi(Re)\ \frac{W^2\rho}{\varepsilon^2 D} \tag{3-3}$$

以 $$D = d_{当} = \frac{2}{3} \times \frac{\varepsilon\phi d_0}{(1-\varepsilon)}$$ 代入上式

$$\frac{\Delta P}{H} = \phi(Re)\ \frac{W^2\rho}{\varepsilon^2} \times \frac{3}{2} \times \frac{(1-\varepsilon)}{\varepsilon\phi d_0}$$

$$= \frac{\phi(Re)}{4} \times \frac{W^2\rho(1-\varepsilon)}{\varepsilon^3} S_0 \tag{3-4}$$

又令 $$\frac{\phi(Re)}{4} = f_c$$

又设 $$\frac{(Re)}{4} = Re_c$$

则 $$\frac{\Delta P}{H} = f_c\rho W^2 S_0\ \frac{1-\varepsilon}{\varepsilon^3}$$

根据实验可以找出 $f_c = \phi\ (Re)\ /4$ 的关系式，如图 3-4 所示。

当 $$Re_c = \frac{Re}{4} < 2$$ 时

$$f_c = \frac{4.2}{Re_c}$$ 以及 $$Re = \frac{\rho W d_0}{\mu\varepsilon}$$ 代入上式

$$\frac{\Delta P}{H} = 4.2\mu W S_0^2\ \frac{(1-\varepsilon)^2}{\varepsilon^3} \tag{3-5}$$

当 $$\frac{(Re)}{4} > 2$$ 时

$$f_c = \frac{4.2}{Re_c} + 0.292$$ 代入后可得

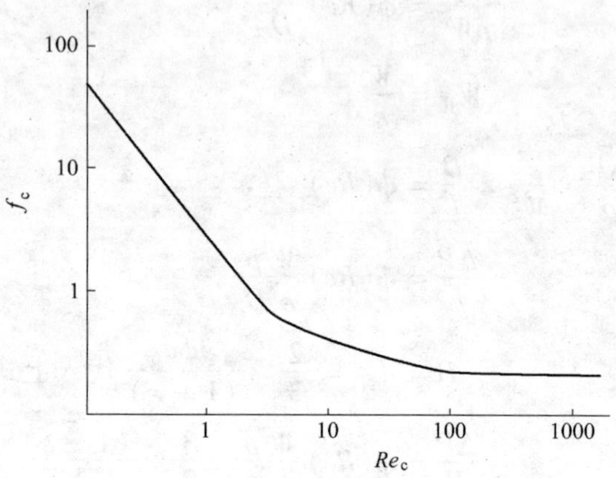

图 3-4　Re_c 与 f_c 的关系

$$\frac{\Delta P}{H} = 4.2\mu W S_0^2 \frac{(1-\varepsilon)^2}{\varepsilon^3} + 0.292\rho W^2 S_0 \frac{(1-\varepsilon)}{\varepsilon^3}$$

如果
$$S_0 = \frac{6}{\phi d_0}$$

则
$$\frac{\Delta P}{H} = 150\frac{\mu W\ (1-\varepsilon)^2}{d_0^2\varepsilon^3} + 1.74\rho W^2 \frac{1-\varepsilon}{\varepsilon^3 d_0} \tag{3-6}$$

如果不是球形，$S = \dfrac{6}{\phi d_0}$

则
$$\frac{\Delta P}{H} = 150\frac{\mu W(1-\varepsilon)^2}{\phi^2 d_0^2\varepsilon^3} + 1.75\rho W^2 \frac{(1-\varepsilon)}{\varepsilon^3 d_0\phi} \tag{3-7}$$

式 3-7 就是著名的厄根（Ergun）公式。这一公式前半部分表征着层流，而后半部分代表紊流，它对于研究高炉冶炼过程中炉料透气性、管道的形成等很有意义，现举例说明此公式在高炉上的应用。

高炉的冶炼过程一般都是非层流，因此应用时可取公式的后半部分，即

$$\frac{\Delta P}{H} = 1.75\frac{\rho W^2(1-\varepsilon)}{\varepsilon^3 d_0\phi}$$

即
$$\frac{W^2}{\Delta P}=\frac{\phi d_0}{1.75H}\left(\frac{\varepsilon^3}{1-\varepsilon}\right)$$

对于生产高炉来说，流速与风量 Q 成正比，当炉料没有显著变化时 ϕd_0 也可以认为是常数，而且料线稳定 H 也是常数，所以 $\phi d_0/1.75\rho H$ 都可以归纳为一常数 K

即
$$\frac{Q^2}{\Delta P}=K\left(\frac{\varepsilon^3}{1-\varepsilon}\right) \tag{3-8}$$

从式 3-8 可知，$\frac{Q^2}{\Delta P}$的变化代表了$\frac{\varepsilon^3}{1-\varepsilon}$的变化，在生产高炉 Q、ΔP 都是已知的，可以直接计算，由于 ε 恒小于 1，所以 ε 的细小变化会使 ε^3 变化很大，故$\frac{Q^2}{\Delta P}$反应炉料透气性的变化很灵敏，成为高炉工长进行冶炼操作的一个重要依据，常称它为透气性指数。有的工厂用$\frac{\Delta P}{Q}$或$\frac{Q}{\Delta P}$等作为透气性指数，虽然它也能反应一定的炉料透气性变化，但与此公式相比并不严格，关于 ε 与$\frac{\varepsilon^3}{1-\varepsilon}$的关系式列于表 3-1。

表 3-1　ε 与（$\varepsilon^3/1-\varepsilon$）的关系

ε	0.16	0.20	0.24	0.30	0.34	0.42	0.46	0.50	0.54
$\frac{\varepsilon^3}{1-\varepsilon}$	0.0049	0.01	0.018	0.0386	0.0596	0.1277	0.1803	0.25	0.3423

根据上述数值，ε 与$\frac{\varepsilon^3}{1-\varepsilon}$的关系还可以表示于图 3-5。

3.1.3.2　散料层煤气运动的特点及其影响因素

上述各个压差公式只适应于炉身中没有炉渣和铁水的干区，而且是从固定床推导的，高炉中的炉料不是固定床，而是缓缓下降的移动床。但在开炉点火之前或者发生悬料时则相当于固定床。

许多事实与实验说明，炉料由固定床改变到移动床时，料柱

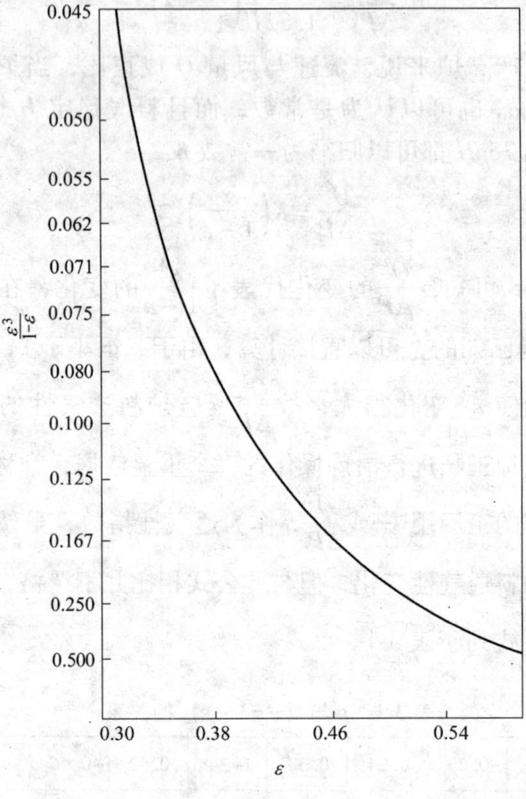

图 3-5　$\frac{\varepsilon^3}{1-\varepsilon}$与 ε 的关系

的空隙率 ε 增大，反之则减小，例如有一个用气体还原球团矿生产海绵铁的竖炉，同样的煤气量，移动床的 ΔP 值只有固定床的 75% 左右。

气体通过料柱也有增加料柱空隙率的作用，最明显的证据是：冶炼强度高的高炉休风后料面下沉比冶炼强度低的料面下沉要多。我国鞍钢等许多高炉强化的实践表明，随着冶炼强度提高，压差最初升高较快，但是，随后增高愈来愈慢，图 3-6 是鞍钢 9 号高炉的数据（每点代表一个月的平均值），因为冶炼强度大致与风量成正比，图中压差不与冶炼强度值的 1.8 次方成正比，这个现象除一些外部原因外，显然是由于整个料柱的空隙率增大了的结果，其中包括强化后风口前炉料循环区的体积增大了。关于炉料下移和气流穿过料层空隙的影响做过系统的模型实验，证明确实是增大了料层的空隙率。

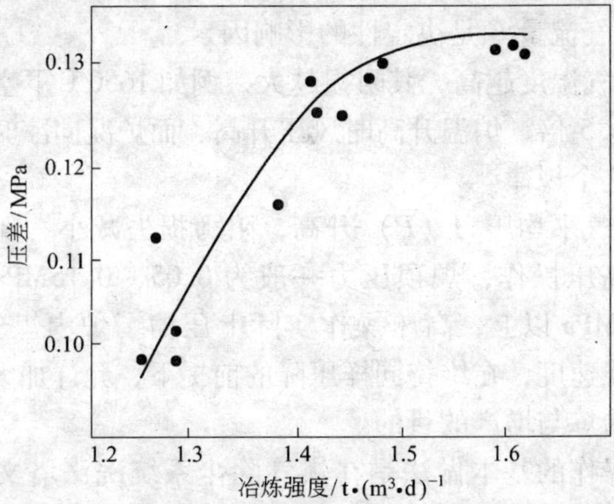

图 3-6　冶炼强度与压差的关系

从炉身干区影响煤气流阻力的各种因素可以看出，煤气流压降是由炉料和煤气流矛盾两方面的因素组成的。

(1) 炉料方面。主要由空隙率（ε）和表面积$\left(\dfrac{6}{\phi d_0}\right)$决定，特别是 ε 的影响最大，因此要强化冶炼，必须使用窄筛分的炉料，生产中叫做“按粒度分级入炉”，争取入炉料粒度均匀无粉末（匀和净），日本称为整粒，而小于 5mm 的粉末危害最大，应争取尽可能筛除。

比表面积与料块当量直径成反比。从减少煤气阻力来看，要求 S 值小和 d_0 值大；但从还原反应和传热角度看，要求 S 值大和 d_0 值小，二者是相互矛盾的，解决的办法是在鼓风机能力允许条件下使用较小的粒度以加快传热和改善间接还原而降低焦比，改善透气性的重点是要增加空隙率 ε。

从 ε、d_0、ϕ 这三个条件看，焦炭的透气性最好，炉料中的粉末危害最大。无论是从外部带入炉内的粉末，还是由于炉料强度不好在炉内摩擦生成的粉末，危害都一样，哪里的粉末与小块多，哪里的煤气流就少，而预热与预还原就进行不好。

（2）煤气流方面对生产的影响如下。

1）煤气流量 G 是决定性的影响因素。

2）煤气温度越高，其阻损越大，例如1650℃下空气体积为常温下的6.5倍，炉温升高时风压升高，而炉况向凉时风压降低便反映了这个规律。

3）煤气平均压力（P）升高，阻力损失减小。现代大中高炉都采用高压操作，炉顶压力一般为0.05～0.15MPa，有的在0.2～0.25MPa以上，高压操作实际上压缩了炉内煤气流体积，减小了其线速度，在维持同样压降的前提下，允许加大风量，达到了强化冶炼与增产的目的。

高压操作的基本做法是在煤气除尘系统洗涤塔文氏管的后面，增设一组调节阀，一般用三个蝶阀和一个常通管，把蝶式调节阀多关闭一些，就像水库把水的闸门多关闭些一样，煤气流通过时便受到更大阻力，从鼓风机到调节阀的全部煤气压力就都相应地提高了（相当于水库闸门以上水位都提高了一样）。采用高压操作时，要求鼓风机有更大的功率，而且炉体各部分密闭性要求更高，以防止漏煤气，同时还要求两个料钟之间有充压和均压装置，以免加料时料钟可能因炉内压力太高而打不开，一旦生产需要，也可以将调节阀全部打开，高炉生产就转为常压操作。

3.1.4 在有液相条件下的煤气流动

高炉下部和炉身干区不同，这里唯一尚存的固体炉料是焦炭，在与煤气流向上的同时，液体渣铁往下滴落穿过焦炭的空隙，在气、固、液三相之间进行着剧烈的传热，还原与气化反应。

煤气流穿过焦炭层的阻力除式3-7等的内容以外，显然还受到向下流动的液态渣铁的阻力影响，而且渣铁量越多和炉渣黏度越大时，其阻力损失也越大。从洗涤塔的生产实践与模型试验证明，当煤气流速增加到一定程度时，渣铁将完全被煤气流托住而下不来，造成类似煮粥开锅时一样的所谓液泛现象。当出现这种现象时，高炉的顺行炉况当然完全被破坏，风压也将剧增。埃里奥特（Elliott）把他的模型试验结果整理成如图 3-7 的形式，在点群的上面与右面为液泛区，高炉只能在点群的下面和左面正常操作。

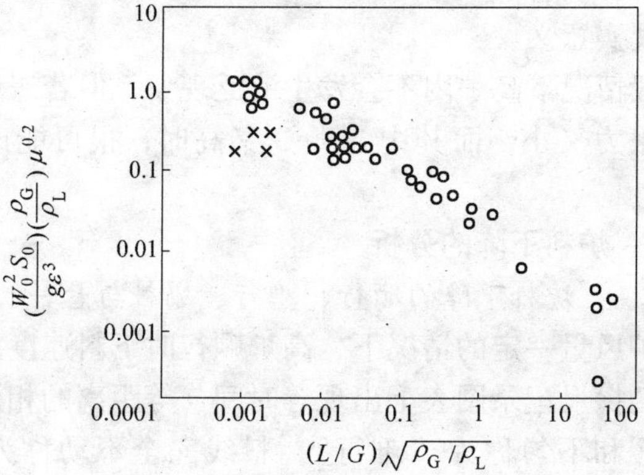

图 3-7　不同因素对液泛现象的影响

图中横坐标为流量比：

$$\left(\frac{L}{G}\right)\sqrt{\frac{\rho_G}{\rho_L}} \tag{3-9}$$

图中纵坐标为悬料因子：

$$\left(\frac{W_0^2 S_0}{g\varepsilon^3}\right)\left(\frac{\rho_G}{\rho_L}\right)\mu^{0.2} \tag{3-9'}$$

式中　W_0——煤气流的空炉速度，cm/s；

ε——空隙率；

g——980cm/s^2；

G，L——气体与液体的空炉重量流量，g/（s·cm^2）；

ρ_G，ρ_L——气体和液体的密度，g/cm^3；

S_0——填充物（焦炭）的比表面积，cm^2/cm^3；

μ——液体的黏度系数。

从图 3-7 看出，渣量大时则 L/G 比值大，将更易发生液泛。在相对渣量一定时，煤气流速 W_0 对液泛影响更大，其次则是比表面积 S_0（它与直径成反比），再其次是黏度系数 μ，现在有不少高炉都已接近发生液泛的界限。从以上所述可以看出，在此情况下如果提高 W_0 则强化冶炼比别的高炉将更加困难。因此提高焦炭强度，使用粒度较大的焦炭，以及改善炉渣的流动性都将具有更大的现实意义。

在一般情况下高炉内不会发生液泛现象，但若渣量过大，炉渣的表面张力又小，而其中含 FeO 又高时，很可能产生液泛现象。

3.1.5 炉料下降的分析

3.1.5.1 炉料下降的顺行、难行、塌料与悬料

在入炉风量一定的情况下，高炉顺行时下料速度是均匀稳定的，料线的探尺记录图表上出现等时间、等距离的相似斜线。下料变得迟缓和不匀称为“难行”，料线完全不动称为“悬料”，炉况难行常常和炉内边缘加的矿石太多，使该处透气性变坏有关，有时是炉内出现管道，即煤气从断面上个别地区大量流过造成的。难行时，高炉值班室仪表反应常常是风压波动大，炉顶四个煤气上升管记录的四点温度互相接近，表示炉内有管道现象，边缘矿石过多时，风压比正常情况高。

高炉出现管道和难行时常常伴随着“塌料或崩料”，如不及时处理就要导致悬料，炉内料柱的运动情况不能直接观察，从生产经验和模型实验看，悬料大致可以分为以下类型：即高炉上部悬料及高炉下部悬料、热悬料与冷悬料，其区分当然没有绝对的界限。上部悬料多半发生在炉温较高或炉温正常的情况下，“管道”和“塌料”引起的也多半在上部，处理这种悬料的办法是放风坐料，依靠料柱自身的重量使炉料坐下来，然后设法消除产

生管道和难行的原因。

另一类悬料发生于炉凉时，悬料前风压还可能有所降低，到出现悬料时突然升高。悬料部位多半在高炉下部存有液态渣铁地区，因为炉温的波动可能使其局部变黏稠直至凝固，并且多半在炉缸已形成堆积，其黏稠物或堆积物对于正在下降的炉料料柱产生极大的阻力。悬料后放风坐料只会把炉缸内压得更死，坐料下来的炉料都是预热与预还原不足的炉料，它进一步降低了炉缸温度与恶化了下部透气性。有时往往坐料之后又继续悬料，甚至发展到恶性悬料，遇到这种炉况时，必须采取从根本上提高炉温的措施，如减轻负荷，加大喷吹量，并尽量出净炉缸中的冷渣与凉铁，并暂时减些风，以控制料速、提高些风温，坐料前要出净炉缸的渣铁，以防止风口灌渣等事故。

3.1.5.2 *炉料下降力学方程式的建立*

高炉内炉料下降的前提是炉缸中不断产生自由空间，由于以下原因不断提供自由空间：1）风口前鼓风不断地燃烧着焦炭；2）定期从炉缸出铁出渣；3）高温区直接还原不断地消耗一定量的焦炭；4）炉料下降过程不断的定向排列及软化熔融使炉料体积变小。上述四项中的第一项是最主要的原因，但炉缸中有了自由空间还需要一定的力学条件。

促使炉料下降的唯一力量是它的重量，阻碍炉料下降时的力量有：1）本节前面部分讨论的煤气流的压降阻力；2）炉墙的摩擦力；3）炉缸中心发生堆积、中心不活跃的“死”料堆、对炉料下降运动过程产生的和炉墙阻力性质类似的摩擦阻力。

关于炉墙的摩擦阻力，在一圆筒形容器中例如竖炉、高炉或模型，如果在底部放一个称量设备，逐步把散料加入筒内，称出的重量并不与料层厚度成正比例增加，而是增长越来越慢，到后来完全不变。在 H/D 为2.5～3.5的高炉模型内，料柱有效重量只有实际料重的10%～20%，炉料从固定床变为移动床时增加到40%或更大一点。

竖炉料柱高度超过一定 H/D 比值，新加入炉料重量完全为

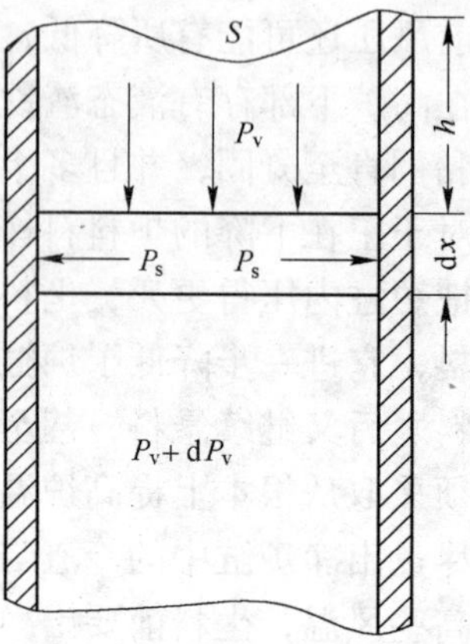

图 3-8　料仓剖面图

炉墙所吸收这一特殊规律是散料的特性造成的。散料的特点和刚体不同，纵向受压后产生横向侧压力，但又和真正的液体不同，这个侧压力小于纵向压力。

A　杨森公式

1895 年杨森（Janssen）建立了一个料仓受力情况的方程式。图 3-8 中：料仓截面积为 S，单元料层厚度为 dx，料仓的周长为 u；在 dx 内炉料压力增加 dP_v；颗粒与料仓之间的摩擦系数为 μ；总厚度为 H，垂直于料仓壁的压力为 P_s；单元料层与料仓壁接触面为 udx；于是得出如下微分方程：

$$SdP_v = S\rho g dx - \mu P_s u dx$$

式中　$S\rho g dx$——单元料层重量（ρ 为料层密度）；

$\mu P_s u dx$——由壁承受的重量。

假定横向压力 P_s 与垂直压力成正比，即

$$\frac{P_s}{P_v} = 常数，P_s = nP_v$$

$$(S\rho g - \mu P_s \mu)dx = SdP_v = \frac{dP_v}{\rho g - \frac{\mu unP_v}{S}}$$

又假定
$$\frac{\mu un}{S} = K$$

则
$$dx = \frac{dP_v}{\rho g - KP_v}$$

对分母微分
$$d(\rho g - KP_v) = KdP_v$$

故
$$dx = -\frac{\frac{1}{K}d(\rho g - KP_v)}{\rho g - KP_v}$$

对上式积分 $x = -\frac{1}{K}\ln(\rho g - KP_v) + C$

边界条件：当 $x=0$，则 $P_v=0$

故 $C = \frac{1}{K}\ln\rho g$

故 $x = -\frac{1}{K}\ln(\rho g - KP_v) + \frac{1}{K}\ln\rho g$

$$P_v = \frac{\rho g}{K}(1 - e^{-Kx})$$

由于 $d_{当} = \frac{4S}{u}$; $u = \frac{4S}{d_{当}}$

所以 $K = \frac{\mu un}{S} = \mu \frac{1}{S}\frac{P_s}{P_v}\frac{4S}{d_{当}} = \frac{4\mu P_s}{P_v d_{当}}$

以 K 值代入后

$$P_v = \frac{P_v d_{当}}{4\mu P_s}\rho g(1 - \mathrm{e}^{-\frac{4\mu P_s}{P_v d_{当}}})$$

由于 $\frac{P_s}{P_v} = n$

则 $$P_v = \frac{d_{当}}{4\mu n}\rho g(1 - \mathrm{e}^{-\frac{4\mu nx}{d_{当}}}) = \frac{d_{当}}{4\mu n}\gamma_{料}(1 - \mathrm{e}^{-\frac{4\mu nx}{d_{当}}}) \tag{3-10}$$

这就是著名的杨森公式，对于这个公式有两种意见，一种认为 $P_s = nP_v$ 是任意假定的，因此计算结果不够准确，对于移动床则误差更大。另一种意见是，有人将砂子装在一个平行六面体的容器内，砂子高度为300mm，总重力为31.05N，根据上式计算，底面积受压力为10.18N，相当于32.7%，但实测只有2.59N，即为8.4%，公式计算偏高70%，对于高炉来说，Maxahek 在模型上测定炉料的有效重力为7%～10%，Tцёуробцок 在1917m^{3}高炉模型上测定，风口处的有效重力为40%左右。

B 有气流作用下的杨森公式

如果杨森公式应用到逆流运动中的散料层时，微分方程将变为：

$$S\mathrm{d}P'_{\mathrm{v}} = \left(S\rho g - S\frac{\Delta P}{H}\right)\mathrm{d}x - \mu' n' P_{\mathrm{s}}\mathrm{d}x$$

式中 $\mu' n'$——为区别静止床，是逆流运动中的摩擦系数与侧压力系数；

$S\frac{\Delta P}{H}$——逆流运动时，煤气对炉料的浮力。解上式微分方程，得

$$P'_{\mathrm{v}} = \frac{\left(\gamma_{料} - \frac{\Delta P}{H}\right)D}{4\mu' n'}\left(1 - \mathrm{e}^{-4\mu' n' \frac{H}{D}}\right) \tag{3-11}$$

根据公式计算的数值比实测的大一些，但是用来解释高炉冶炼过程的现象仍然是可以的。实验测定证明，移动料层中 $\mu' n'$ 乘积比静止料层 μn 乘积为小，但是随着 H 和 H/D 增大，P'_{v} 接近以 $\frac{\left(\gamma_{料} - \frac{\Delta P}{H}\right)D}{4\mu' n'}$ 为极限的最大值。

生产高炉的料柱，其底部为炉缸中的渣铁层所浮托，料柱的有效重量为渣、铁层的阿基米德浮力所平衡，像水中的船，有一部分料柱沉浸在渣铁之中。有效重量越大，则渣铁液面被料柱排挤上升越多。例如出铁后期如果放一点风，铁水出得更干净，又如炉缸渣铁较多时，坐料易使风口灌渣等都是这种情况的体现。

$\gamma_{料}$ 的平均值在开炉时约为 $1\mathrm{t/m^3}$ 左右，负荷较重的高炉可能达 $1.5\mathrm{t/m^3}$，大型高炉 $\Delta P/h$ 一般在 $5 \sim 6.5\mathrm{kPa/m^3}$ 范围。取 $\gamma_{料} = 1.25\mathrm{t/m^3}$，$\Delta P/h = 6\mathrm{kPa/m}$，$\mu' = 0.7$，$n = 0.5$，按式 3-11 算出 $P_{\mathrm{v}} = 88\mathrm{kPa}$，这个重量约需 2m 深炉渣或 0.5m 深铁水才能平衡。由此可见，炉缸中的焦炭柱必然陷入渣液和铁水之中。焦炭与渣、铁这种充分接触，对于它们之间化学反应达到平衡的程度有很大影响。

有利于炉料下降的因素，由式 3-11 可以导出并得到杨永宜教授等实践检验的，现简述如下：

（1）炉型的 H/D 比值。矮胖一些的高炉，即 H/D 的比值小

一些，料柱有效重量更大，有助于顺行与强化，但不要忽略炉身预还原必须的高度。例如某厂一中型高炉大修时，扩大炉缸炉腰直径的同时，炉身高度降低太多，结果在使用同样原料和风温条件下，焦比较该厂别的高炉高30kg/t以上，江西某厂改造$100m^3$的小高炉有类似经验，前后大修两座高炉，都扩大了炉缸，炉腰直径300mm，一座炉身缩短过多（850mm），另一座炉身高度未变、炉腹、炉腰缩短650mm，后者效果好，前者焦比升高。

（2）炉腹角α与炉身角β。增大炉腹角α和减小炉身角β使μ'减小，使料柱有效重量增大，有助于炉料下降。但炉腹角扩大到90°也不好，因为风口前高温火焰容易将炉腹砖衬烧坏，炉身角在20世纪五六十年代多设计为86°左右，近年来减小为83°~84°。而炉身角过小，边缘气流过于发展，对煤气能量利用和炉身砖衬保护都不利，虽然适当发展边缘气流能使边缘炉料松动，减小μ'有利于顺行，但是要综合考虑。

（3）炉墙结厚或结瘤意味着μ'增大，不利于下料。

（4）负荷加重，$\gamma_{料}$的平均值增大，不仅对还原过程而且对炉料下降也有利。

（5）煤气流对料柱的作用力（$\Delta P_{料}$），对有效重量影响很大，而影响$\Delta P_{料}$的因素在上一节中已充分分析。

C　煤气流压降强度对炉料下降的影响

式3-11中$\Delta P/h$代表均一散料层中的平均压降强度，它和任何局部高度（dh）上的压降强度（dΔP/dh）是相等的。由于高炉炉料包括多种组成，又是分批装入炉内，透气性是不均匀的，故局部的压降强度和整个料层的平均压降梯度并不相等。

式3-11还说明了$\Delta P/H$（或dΔP/dh）的作用和性质类似炉料的堆密度$\gamma_{料}$，只是方向相反。也就是压降强度的作用类似于炉料浸置在重度为$\Delta P_{料}/h$的液体中所受到的阿基米德浮力，高炉中这种浮力比煤气真正的重度要大几百倍。根据$\Delta P_{料}/h$和$\gamma_{料}$的关系，有两种可能状态：

(1) 任何局部的或整体平均的压降梯度(d(ΔP)/dh,

$\Delta P/h$）都小于$\gamma_{料}$，从式3-11可见，在这种情况下P'_v为正值，只要下部产生自由空间，炉料就能下降。

（2）$\Delta P/h<\gamma_{料}$，但局部$\mathrm{d}(\Delta P)/\mathrm{d}h>\gamma_{料}$，这在高炉中是可能的，而在均一散料中是不可能的。为了全面说明气流速度不断提高后对散料层的作用力，先看图3-9均一散料层的例子，图中W为流过一定厚度散料层的空炉速度，ΔP为压降，有两个临界流速都是量变的转变点，W_f叫临界流态速度，$W<W_f$时，$\lg\Delta P=n\lg W+m$；即$\Delta P=W^n$（$n=1.8\sim2.0$），此时料层状态为固定床。

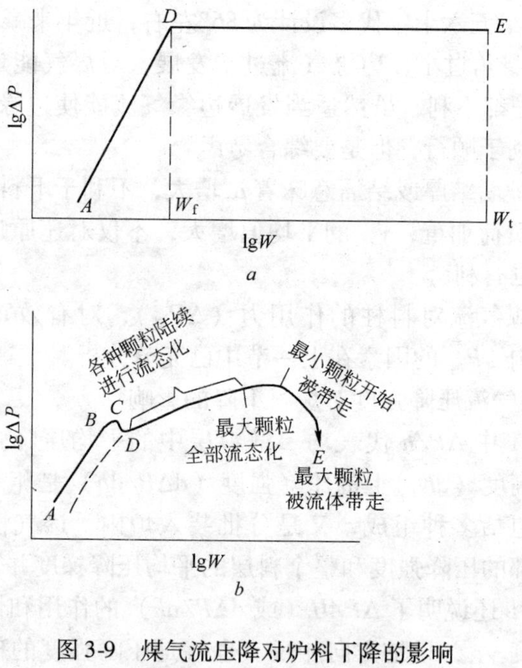

图3-9 煤气流压降对炉料下降的影响

a—典型的流化图；*b*—不均匀料的流化图

W增加到W_f时，$\Delta P=h\gamma_{料}$，从式3-11看$P'_v=0$，任何微薄料层之间已失去固定接触，每个颗粒可以自由活动，所以叫做

“流化床”或“沸腾床”。进一步提高 W，只能使床层膨胀即增大 ε，ε 增大的幅度相当于维持 $\Delta P = h\gamma_{料}$。流化技术在化工和冶金工业中已广泛采用，它的特点是料层中温度和气体成分均匀。

进一步将 W 提到 W_t（W_t 为等速沉降速度），这时气体对每颗散料的阻力已和颗粒的重量相等，W 稍大于 W_t 就可以把颗粒吹出容器之外，$\varepsilon=\infty$，从高炉炉顶吹出的炉尘即属于这一状态。显然，颗粒直径和密度越大的散料，W_t 的绝对值越大。

在 $W_f < W < W_t$ 范围中操作叫流化床，图 3-9a 是典型的流化图，图 3-9 b 是不均匀料的流化图。工业中使用流化床必须在料层下面放置筛网状刮板做布风板。才能维持床层不下沉，即是说，此时虽然 $\Delta P = h\gamma_{料}$，床层当作一个整体对底板已没有压力（$P'_v=0$），如果没有这个多孔的布风板，因为 $W < W_t$，散料中单个颗粒还是可以离开整体而下沉。

高炉出现管道即属于图 3-9b 中 W 大于 C，D 点而小于 E 点的流速，小颗粒被带走，大颗粒和密度大的仍留在炉内，但空隙率 ε 已经增大，ΔP 将减小。

高炉不是均一散料层，对于局部透气性不好的料层，全炉平均压降梯度不大于 $\dot{\gamma}_{料}$。但这种局部料层上面仍有一定的向下有效重量（因为上面的压降梯度仍小于 $\gamma_{料}$），因而局部料层不会出现“流化状态”，ε 值不能因膨胀而增加，随着气流速度和 $\mathrm{d}(\Delta P)/\mathrm{d}h$ 继续增加，P'_v 可能变成负值，即产生向上的推力，像汽缸中活塞一样，当这个向上的支托力等于它所托住的料柱的有效重量时，发生悬料的力学条件就满足了，悬料一发生，上面炉料停止运动并自动压缩，使 ε 值减小，风压就会急剧上升。

图 3-10 是对这一力学关系的实验证明，模型中装两种不同粒度的散料，1 层、2 层两水平面之间装粒径为 1mm 的砂石，$\varepsilon=0.44$，$\gamma_{料}=1460\mathrm{kg/m^3}$，其他部分装粒径为 6 ~ 8mm 砂石，$\varepsilon=0.46$，$\gamma_{料}=1500\mathrm{kg/m^3}$，风量为 $1.9\mathrm{m^3/min}$，压差分布为曲线Ⅱ，此时 $\Delta P_{料}$ 尚小于 $h\gamma_{料}$，开动模型下料机械后，料柱从水平面 1 层以上被悬住，而与 1 层平面以下的料脱节。只有减风到压

差分布为曲线Ⅱ时，1 层以上料才坐落下来，Ⅲ的风量为 1.48m^3/min。此模型比例为1513m^3 高炉的1/50。

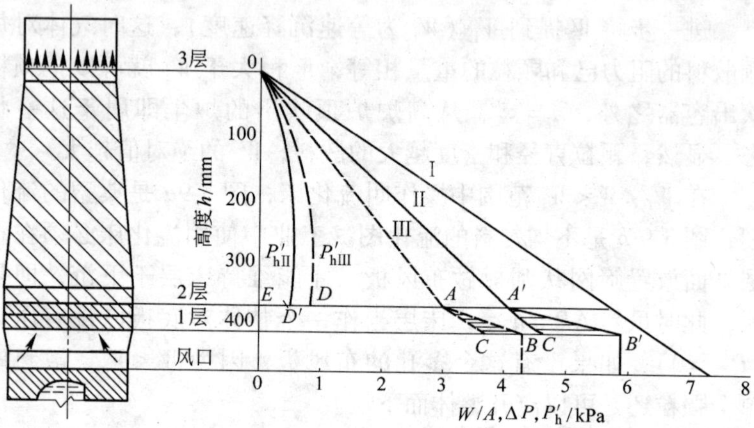

图 3-10　产生悬料的力学关系

3.2　燃烧及热量传递现象

高炉冶炼过程中，焦炭、煤粉、重油及天然气在风口前燃烧。燃烧反应的进行，产生了热量以及热量的传递与输送。在通常情况下，这个传输过程很大程度上决定了高炉冶炼过程速率的快慢，因而对高炉冶炼起了决定性影响。热量从物体的这一部分传输到另一部分，煤气是传输热量的介质，其温度变化较快时热量传输也快。根据热力学定律，热量总是由高温的地方向低温的地方传递，煤气与炉料温度差愈大，在相同的条件下，传输的热量也愈多。

3.2.1　风口前燃料燃烧反应

燃料的燃烧实际上是氧的传递伴随着热量的释放，而氧的来源是鼓风中含的氧，主要燃烧反应如下：

3.2.1.1　焦炭的燃烧

进入高炉焦炭中的 C，除一部分消耗于 Fe、Mn、Si、P 等直接还原，碳素溶解、渗碳以及微量（约0.8%~1.0%）与 H_2 合成 CH_4 外，其余都在风口前与鼓入的热风燃烧，这部分碳大约占入炉碳素的75%以上。风口前焦炭燃烧的作用有：提供反应所需的热量；提供还原反应所需的还原剂；提供炉料的下降空间。

焦炭中碳的燃烧反应式如下：

$$C + O_2 = CO_2 + 32994\text{kJ/kg C} \quad (3\text{-}12)$$

高温下出现燃烧不完全反应：

$$C + \frac{1}{2}O_2 = CO + 9798\text{kJ/kg C} \quad (3\text{-}13)$$

燃烧形成的 CO_2，又与赤热的焦炭作用变为CO，反应式为

$$CO_2 + C = 2CO - 13398\text{kJ/kg C} \quad (3\text{-}14)$$

由于鼓风中总含有一部分水蒸气，而且在蒸气鼓风时尤其如此，在风口前的高温条件下 H_2O 与C产生以下反应：

$$H_2O + C = CO + H_2 \quad (3\text{-}15)$$

$$2H_2O + C = 2H_2 + CO_2 \quad (3\text{-}16)$$

式3-14中的 CO_2 又与C作用形成CO，因此反应产物仍是反应式3-13的产物。

从以上反应可知，碳燃烧后的主要产物是CO及少量的 H_2，另外还有大量的 N_2。

碳燃烧反应的自由能与温度的关系以及CO与温度的变化关系如图3-11与图3-12。

3.2.1.2 煤粉的燃烧

高炉喷吹煤粉为无烟煤或烟煤，它的主要成分是C，经过磨细之后，一般粒度在0.088mm以下的占80%以上，煤粉的燃烧经历三个阶段，如图3-13所示。

第一阶段：煤粉加热和挥发分挥发；

第二阶段：结焦脱气；

第三阶段：残碳燃烧。

根据实验，粒度为1mm煤粉在空气中完全燃烧要3.8~

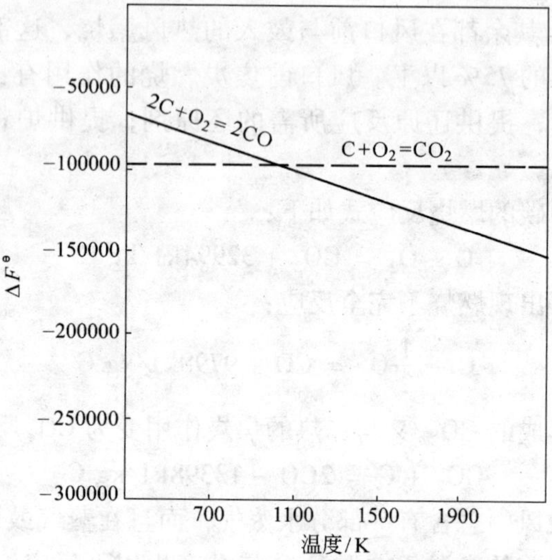

图 3-11 碳燃烧反应的自由能与温度的关系

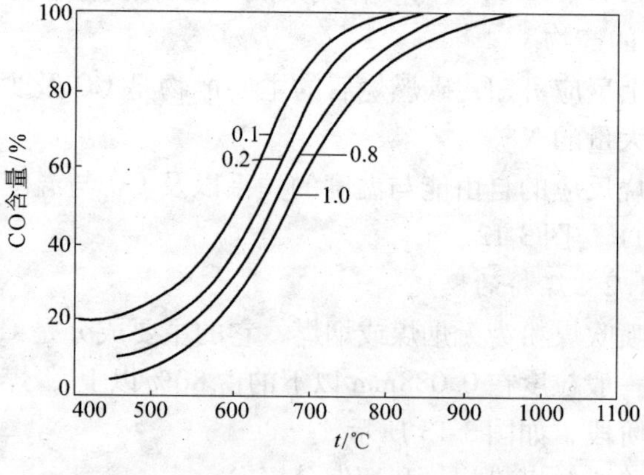

图 3-12 CO 含量与温度的关系

（曲线旁的数字为 $p_{CO}+p_{CO_2}=p/kPa$）

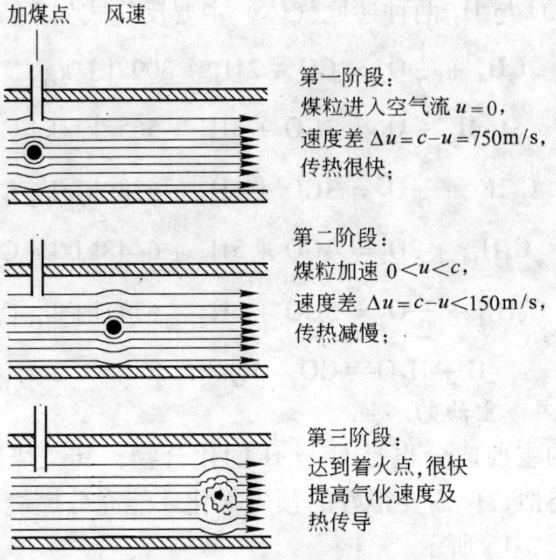

图 3-13　煤粉的燃烧过程

4.3s，0.079mm 粒度的煤粉约需 0.01s，煤的燃烧反应与焦炭类似，但煤燃烧有热解过程，如图 3-14 所示。

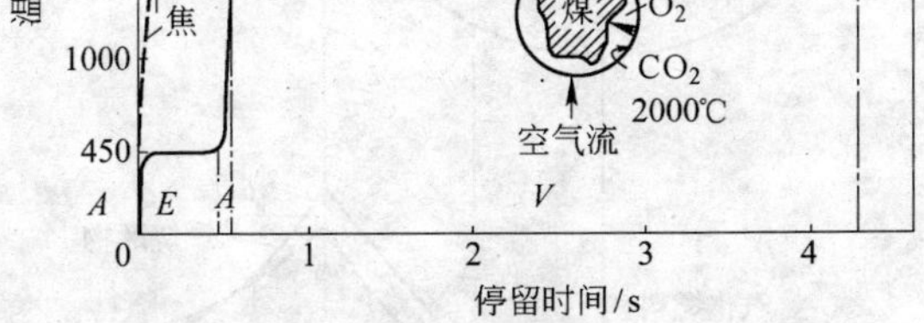

图 3-14　煤燃烧的热解过程

3.2.1.3　天然气燃烧

天然气的成分主要是碳氢化合物，在风口前燃烧之后，最终都要变成 CO 与 H_2 两种还原气体，主要反应式如下：

$$CH_4 + \frac{1}{2}O_2 = CO + 2H_2 + 3098kJ/kg\ C \tag{3-17}$$

$$C_2H_6 + O_2 = 2CO + 3H_2 + 5652kJ/kg\ C \tag{3-18}$$

$$C_3H_8 + \frac{3}{2}O_2 = 3CO + 4H_2 + 6280kJ/kg\ C \tag{3-19}$$

$$C_4H_{10} + 2O_2 = 4CO + 5H_2 + 6448kJ/kg\ C \tag{3-20}$$

$$C_5H_{12} + \frac{5}{2}O_2 = 5CO + 6H_2 + 6741kJ/kg\ C \tag{3-21}$$

$$C + H_2O = CO + H_2$$

3.2.1.4　重油的燃烧

重油的主要成分也是 C 与 H 的化合物，其燃烧反应式与天然气燃烧类似，但需要很好的预先雾化才能充分燃烧。油滴的燃烧过程如图 3-15 所示。

国内外有的高炉还试验过直接向炉身喷吹还原气以便降低焦

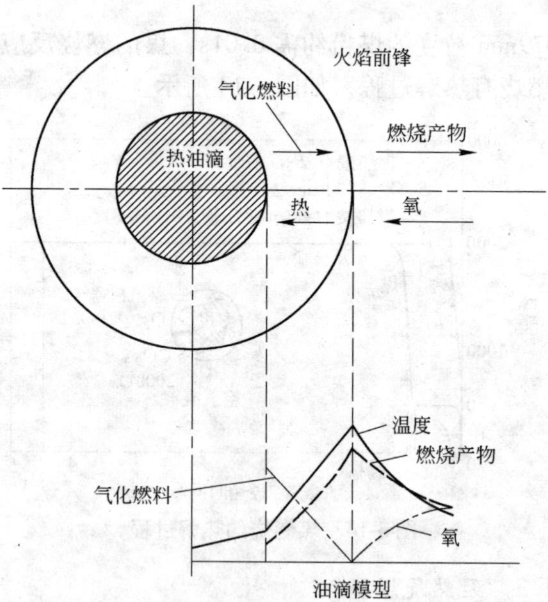

图 3-15　油滴的燃烧过程

比。这种还原气体通过部分氧化裂解石油或天然气得到，但裂解要在高炉外进行，因此需要特制的裂解设备，我国首钢018实验高炉曾在炉身喷吹过裂化气，其成分大约由50% H_2，40% CO，6% H_2O 以及4% CO_2 组成，图3-16为喷吹裂化气的装置示意图。

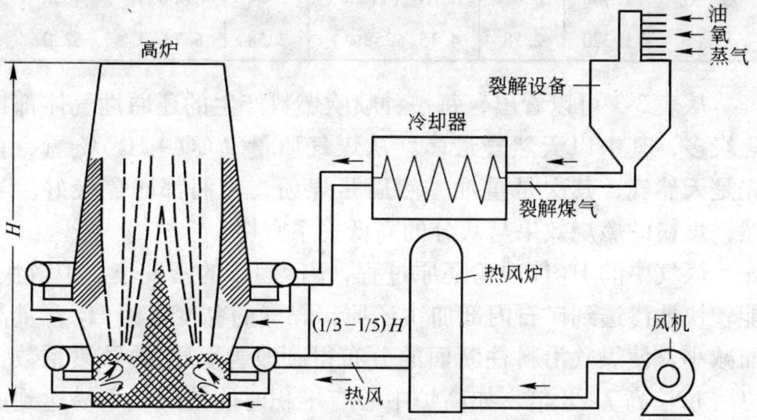

图3-16 喷吹裂化气的装置

表3-2列举了我国几个工厂喷吹的无烟煤、天然气与重油的化学成分。

表3-2 不同燃料的化学成分（%）

名 称	C	H_2	N	O	S	H_2O	其他
重 油	86.0	11.5	0.56	1.0	0.19	0.25	
无烟煤	75.3	3.66	0.56	3.56	0.32	0.83	
	CH_4	C_2H_6	C_3H_8	C_4H_8	H_2	H_2S	CO_2
天然气	98.15	0.325	0.11	0.01	1.10	0.05	0.25

通过计算，每千克焦炭（$C_{固}=83\%$）、煤粉、重油和天然气在风口前燃烧所产生的还原性气体及煤气体积如表3-3。

表 3-3　不同燃料燃烧后产生的还原气体及体积（m^3）

名称	CO	H_2	∑还原性气体	N_2	∑煤气	（$CO+H_2$）/%
焦炭	1.553	0.055	1.608（100%）	2.92	4.528	35.5
重油	1.608	0.29	2.898（180%）	3.02	5.918	49.0
煤粉	1.408	0.41	1.818（113%）	2.04	4.458	40.8
天然气	1.370	2.78	4.15（258%）	2.58	6.73	62.0

从表 3-3 可以看出，每一种喷吹燃料产生的还原性气体都比焦炭多，其中以天然气最多。从煤气质量（$CO+H_2$）% 看，首先是天然气，其次是重油，然后是煤粉，它们都比焦炭好。当然，煤粉的燃烧效果与灰分的高低关系密切。

煤气中的 H_2 能改善还原过程，因为 H_2 的密度小，扩散快，能较快地渗透到矿石内部加快还原，煤气的黏度也因 H_2 含量高而减小，使煤气沿料柱断面的分布得到改善。H_2 的导热系数比 CO 与 N_2 高 7～8 倍，如高炉中心有堆积时能使煤气不易达到的地区得到更好的加热，并且改善了煤气流和料柱间的热交换。总之，喷吹燃料中的 C 与 H_2 都是有效成分，油和天然气没有灰分，可以减少渣量因而有利于置换比的提高。

风口前喷入燃料的燃烧速度常常是限制喷吹量的薄弱环节，喷入的燃料如果在燃烧带来不及氧化，重油与天然气就会在氧化带以外的还原气氛中沉积烟碳，这种烟碳和燃烧不完全的煤粉细粒，有的混到炉渣中使炉渣发黏，因而导致炉缸堆积，恶化料柱透气性，有的随煤气从炉顶逸出而得不到充分利用，这种情况从炉顶煤气的颜色和洗气废水的外观可以判断出来。

喷入燃料的燃烧速度取决于燃烧的动力学条件：改善重油的雾化，将煤粉磨到一定的粒度，以保证与热风的充分接触表面，这是加速燃烧的一方面条件。而另一方面要尽可能提高风温，有条件的使用富氧鼓风和氧煤枪等，这也是加速燃烧的有效手段。燃烧速度加快后又有可能相对加大喷吹量，以便更多的节省焦炭。

3.2.2 炉缸煤气成分与温度的变化

3.2.2.1 风口燃烧带

风口前燃烧带又称氧化带，最初研究它时是用冷却水管插入风口前取出燃烧产物——煤气，进行分析后判断氧化带的形状与大小。图3-17是典型的氧化带煤气曲线，从图上可以看出，O_2量不断减少，到距风口前端900mm完全消失。而CO_2则随着O_2的减少而增加，达到一最高点后又开始下降，说明在氧化带中，如果O_2过剩时，C将首先与O_2结合成CO_2，这时CO_2则逐渐消失。在O_2过剩时，CO_2大量生成，而几乎没有CO，只有当O_2开始消失，CO_2与C发生反应，CO才急剧地增加，直到消失，CO达到最高值，但H_2一直是不多的。上述反应的变化与我们常见的炉箅上燃烧焦炭的反应变化极为相似。所以人们过去认为风口前燃烧反应是在固体料层进行的，例如小高炉以及冶炼强度低的高炉上，从风口的窥视小孔观察，也没有看见焦炭的跳动，因此这似乎是一致的。

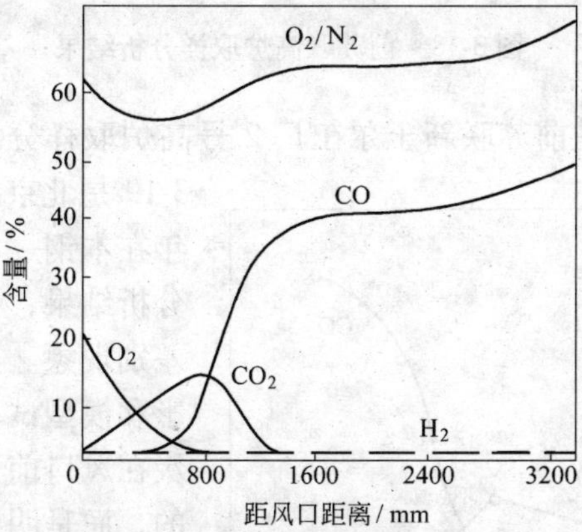

图3-17 氧化带煤气曲线

但是近年来研究结果表明，风口前的燃烧反应远比炉条上的燃烧要复杂得多，从风口取样结果也与上述经典式的燃烧带有区

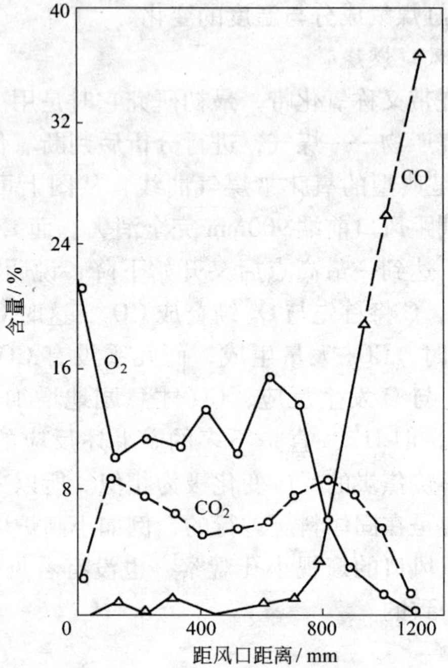

图 3-18　前苏联高炉取样分析结果

别，图 3-18 是前苏联新土尔工厂 2 号高炉取样分析结果，而图 3-19 是北京钢铁学院 1959 年在本钢一铁厂高炉取样分析结果，都说明存在着差别现象。而且用快速摄影和模型试验也都说明焦炭在风口前不是固定不变的，而是明显地存在着剧烈的旋转运动，如图 3-20 所示。这说明当风的动能达到一定程度后，鼓风就将风口前焦炭吹成一个疏

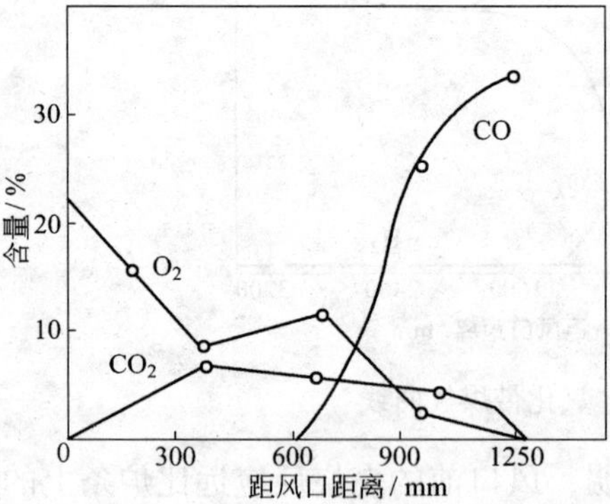

图 3-19　本钢高炉取样分析结果

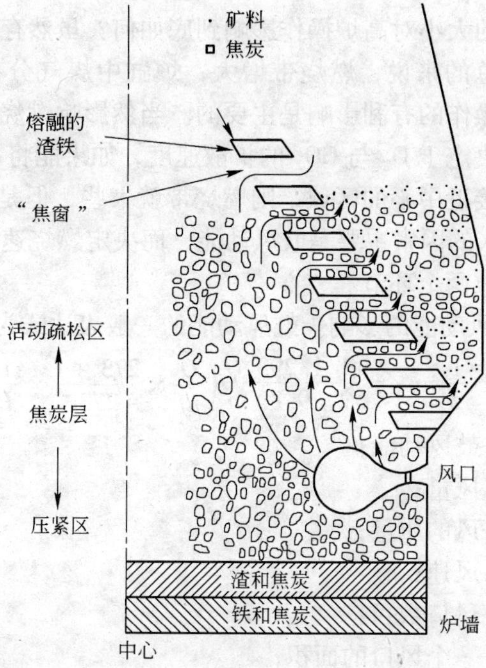

图 3-20　风口前焦炭的运动

松的而近似球形的区域，使焦炭在这个区域作高速度的循环运动，其速度可达 10m/s 以上，焦炭在这个球形空间一边运动，一边燃烧。在焦炭循环区外围是一层厚约 100 ~ 200mm 的中间区。这个中间区一方面受循环的高速煤气流作用，另一方面又受到外围焦炭料柱的阻力，所以这层焦炭已不循环运动，但仍很疏松，而这层焦炭继续燃烧，但也主要是 CO_2 与赤热焦炭反应即 $CO_2 + C = 2CO$ 的反应。再由中间层往里的炉料是比较紧密的焦炭料柱了，由于煤气是不断地由风口前的燃烧往上升，所以风口循环区主要在风口中心线之上。对于风口前煤气夹持焦炭进行循环的区域通常称为焦炭循环区，而中间层则称为疏松区。再往里紧密的焦炭料柱则相对为呆滞区，高炉解剖研究的情况与上述情况类似。

燃烧带的大小对高炉操作影响到底如何？虽然存在着不同的看法，但是总的来说，燃烧带增大，炉缸中煤气分布得均匀一些，对高炉操作的有利影响是主要的。当然影响燃烧带的因素很多，但主要决定于 O_2 与 CO_2 的扩散速度，如果能将 O_2、CO_2 送到高炉内更接近中心的区域，则燃烧带就大些，但是决定于 O_2、CO_2 往里深入的因素主要是鼓风动能，而决定燃烧速度的因素又是温度与扩散两个环节。

（1）鼓风动能的影响。鼓风动能的一般表达式为：

$$E = \frac{1}{2}mv^2 = \frac{1}{2}\frac{1.293}{9.8}\frac{Q}{n}\left(\frac{Q}{nf} \times \frac{273 + t}{273} \times \frac{1}{P}\right)^2 \quad (3\text{-}22)$$

式中 E——鼓风动能；
Q——风量；
m——风的质量；
v——风速；
n——风口数目；
f——一个风口的面积；
t——鼓风温度；
P——鼓风工作时压力；
1.293——风的密度。

从上述公式可以看出，增加风量与风温会使鼓风动能增加，风压升高使鼓风动能降低，但当风温风压一定时主要与风速有关，例如前苏联库钢高炉研究指出，当风压由 0.136MPa 升高到 0.172MPa 左右时，而其他条件不变，燃烧带则由 1500mm 缩小到 1250mm。在生产高炉上一般改变风速来调剂鼓风动能，对于 1000 ~ 1200m^3 高炉，鼓风动能约为 70 ~ 85kJ/s，对于 500 ~ 1000m^3 高炉，鼓风动能约为 65 ~ 70kJ/s 。

（2）燃烧速度影响。当燃烧速度增加时，燃烧带缩小，而燃烧速度降低后，则燃烧带扩大，其基本原因主要是动力学问题，而且由下列因素决定：

氧气扩散到燃烧表面的速度；

焦炭表面的氧与焦炭反应速度；

反应产物（CO、CO_2）脱附与扩散的速度。

3.2.2.2 炉缸煤气成分计算

风口前燃料燃烧产生的炉缸煤气量及其成分的计算方法一般有三种：

（1）以燃烧1kg炭为计算单位；

（2）以生产1t生铁量为计算单位；

（3）以$1m^3$的风燃烧为计算单位。

现以$1m^3$风为单位来计算炉缸煤气成分：

设风中含O_2为ω，含H_2O为φ，由于鼓风中N_2不参加反应，因此总的反应可以写成：

$$2C + O_2 + \frac{79}{21}N_2 = 2CO + \frac{79}{21}N_2$$

$\frac{79}{21}$是空气中氮氧体积比，当鼓风中存在水分时，风口前将产生：

$$H_2O + C = CO + H_2$$

因此炉缸煤气中将只由CO、H_2和N_2组成，由于$1m^3$风中含O_2量为$(1-\varphi)\ \omega + 0.5\varphi$，经过燃烧后产生的煤气量是：

$$CO = [(1 - \varphi)\omega + 0.5\varphi] \times 2$$

$$N_2 = (-\varphi)(1 - \omega)$$

$$H_2 = \varphi$$

例如，当风中不富氧，含H_2O量为2%时，试计算$100m^3$风在炉缸中燃烧产生的煤气量与成分。

$$O_2 = [(1 - \varphi)\omega + 0.5\varphi] \times V_{风} = 21.58m^3$$

$$CO = [(1 - \varphi)\omega + 0.5\varphi] \times 2 \times V_{风} = 43.16m^3$$

$$N_2 = (1 - \varphi)(1 - \omega)V_{风} = 77.42m^3$$

$$H_2 = \varphi \times V_{风} = 2m^3$$

$$\Sigma = 43.16 + 77.42 + 2 = 122.5m^3$$

其中

$$CO = 35.25\%$$

$$H_2 = 1.63\%$$

$$N_2 = 63.16\%$$

风口前喷吹燃料时的炉缸煤气计算：

$$V_{CO} = \frac{22.4}{12} \times C_{风}$$

$$V_{N_2} = V_{风}(1 - \varphi)(1 - \omega) + \frac{22.4}{28}N_{2喷}$$

$$V_{H_2} = V_{风}\varphi + \frac{22.4}{2}H_{2喷}$$

式中 $C_{风}$——风口前燃烧的炭量；

$V_{风}$——风量；

$N_{2喷}$——喷吹物中 N_2 含量；

$H_{2喷}$——喷吹物中 H_2 含量。

3.2.2.3 理论燃烧温度

高炉中热量来源主要是风口燃烧带炭的燃烧，从燃烧反应

$$C + \frac{1}{2}O_2 = CO + 9798kJ$$

$$C + O_2 = CO_2 + 33035kJ$$

可知，CO_2 含量最高的地方，也是温度的最高点。根据燃烧术语，这点称为燃烧焦点。在现代风温与高炉条件下，大高炉燃烧带的理论燃烧温度在2000℃以上，有的可能更高一些，而小高炉由于风温低，燃烧温度在1600～1800℃左右，但离开燃烧点后温度不断下降。

计算理论燃烧温度，假定燃烧是一个绝热过程，燃烧放出来的热量都用来加热煤气，这对于实际高炉来说，似乎不大可能，因此只能是相对的，其计算方法则应用热平衡原理，按单位生铁或单位碳素，单位风量的热收入应该等于单位生铁的热支出，因此

$$V_{缸} c_{燃} t_{理} = Q_{炭燃} + Q_{炭带} + Q_{热风} - Q_{水分} - Q_{喷}$$

$$t_{理} = \frac{Q_{炭燃} + Q_{炭带} + Q_{热风} - Q_{水分} - Q_{喷}}{c_{燃} V_{缸}} \tag{3-23}$$

式中 $t_{理}$——风口前理论燃烧温度；

$Q_{炭燃}$——碳素燃烧成 CO 时产生的热量；

$Q_{炭带}$——焦炭进入风口区带入的物理热；

$Q_{水分}$——鼓风与喷吹燃料中水分分解热；

$Q_{热风}$——燃烧焦炭由鼓风带入的物理热；

$Q_{喷}$——喷吹燃料的分解热；

$c_{燃}$——炉缸煤气在 $t_{理}$ 时的平均比热容；

$V_{缸}$——风口前碳素燃烧产生的煤气量。

3.2.2.4 煤气在上升过程中成分的变化

炉缸煤气上升到间接还原区，CO 含量是不断增加的，其原因主要由于直接还原产生 CO，熔剂中分解出的 CO_2 与 C 作用形成 CO，以及焦炭挥发物中有 CO，故

$$V_{CO} = V_{缸} CO + \frac{22.4}{12}C_{rd} + \frac{1}{2}CO_{2熔} \frac{22.4}{44}K_{CO,焦} \frac{22.4}{28}$$

氮在上升过程中不参加反应，但焦炭挥发物中含有 N_2 及有机 N_2，故

$$H_2 = V_{炭} H_2 + \frac{22.4}{2}(H_{2焦挥发} + H_{2焦有机})$$

煤气再由间接还原区上升到炉顶，其中 CO_2 不断增加，这是由于间接还原产生 CO_2，其体积等于 CO 的减少量，还有熔剂中分解出的 CO_2 以及焦炭挥发物中的 CO_2，即

$$\Sigma CO_2 = CO_{2间} + CO_{2熔} + CO_{2焦挥}$$

煤气进入间接还原区后，CO 不断减少，即

$$\Sigma CO = V_{CO} - V_{CO,间}$$

煤气上升过程中氢稍有降低，主要是形成甲烷（CH_4）时消耗了氢，还有部分氢参加了间接还原，即

$$\Sigma H_2 = V_{H_2} - H_{2,间} - H_{CH_4}$$

炉顶煤气中含有微量的CH_4，主要来源于C与H_2的反应以及焦炭挥发物

$$\Sigma CH_4 = C_{CH_4}\frac{22.4}{12} + CH_{4焦}\frac{22.4}{16}$$

其中C_{CH_4}一般为$0.8C_{固}$，$CH_{4焦}$为焦炭挥发物中含有的甲烷。

由于氮本身的特性，它在煤气上升过程中无变化。

在风口燃烧区产生的煤气在炉内上升全过程中成分的变化如图5-19所示。而影响煤气成分变化的主要因素有：

（1）焦比增加时，CO及N_2均增大。

（2）直接还原度增加时，CO上升，CO_2下降。

（3）熔剂用量增加时，CO_2上升。

（4）富氧时CO_2与CO都上升，N_2下降。

（5）喷吹燃料时，H_2与CH_4上升。

3.2.2.5　煤气温度的变化

前面已经讲过，风口燃烧带的煤气温度很高，理论燃烧温度可高达2200℃以上，但是当煤气离开炉缸之后，由于经历热交换与参加化学反应的结果，煤气温度在上升过程中不断下降。实际测定的煤气在上升过程中温度变化的曲线示于图3-21。

关于沿高炉高度方向上的温度分布，国外冶金学家做过很多测定，与北京钢铁学院在包钢实验高炉测定得到的基本规律是一致的，即高炉的上部与下部区域的煤气温度变化较快，而中部有一段区间温度变化较小，这种现象不论高炉容积大小如何，其变化规律大体相同。基太也夫在这方面做了大量的理论与研究工作，但他也曾得出高炉高度可以缩短的结论，当然他只是从热交换观点说的，不过实际上高炉内还有还原等一系列反应需要考虑，因此这一结论无疑是比较片面的。

沿高炉横切面上的煤气温度分布也是不均匀的，根据等温线分布的形状可以归纳为三种形式，即“V”形，倒“V”形与“W”形分布。其温度分布形状主要受煤气流分布的影响，而煤

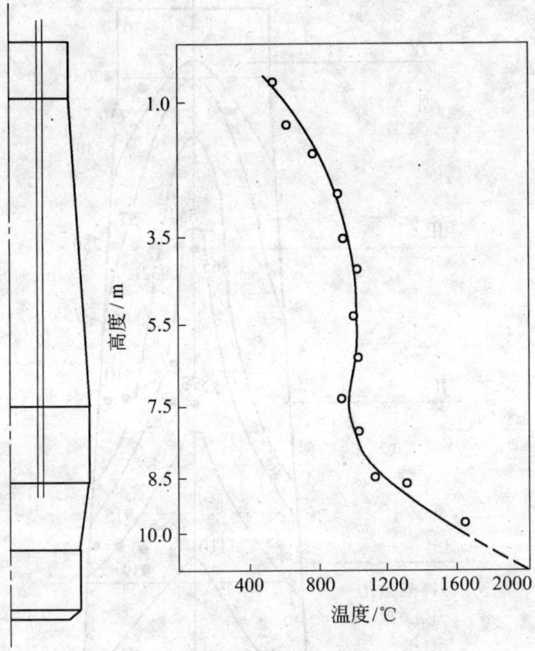

图 3-21　煤气温度的变化

气流分布又是由炉顶布料来调剂的，煤气流大的地方当然煤气温度高，而焦炭多的地方又无疑是煤气流大，由于冶炼设备与操作的需要，一般情况下边缘与中心部分通过的煤气流多些，当然煤气温度也高些，当高炉采用上部调剂增加正装时，则边缘煤气温度低，往中心部分则不断升高。图 3-22 是包钢实验高炉内煤气温度分布图，又称为等温度线分布图。图 3-22 的操作条件是：热风温度 864℃，顶温 243℃，风量 $9610m^3/h$，使用含 MgO 的烧结矿，装料制度为正装，生铁中［Si］＝0.62%，［S］＝0.028%，炉渣中扣 CaF_2 后的碱度为 0.91，其中 F＝6.6%，［S］＝1.46%。图 3-22 的等温度分布曲线相当于在解剖高炉中的倒“V”形分布。

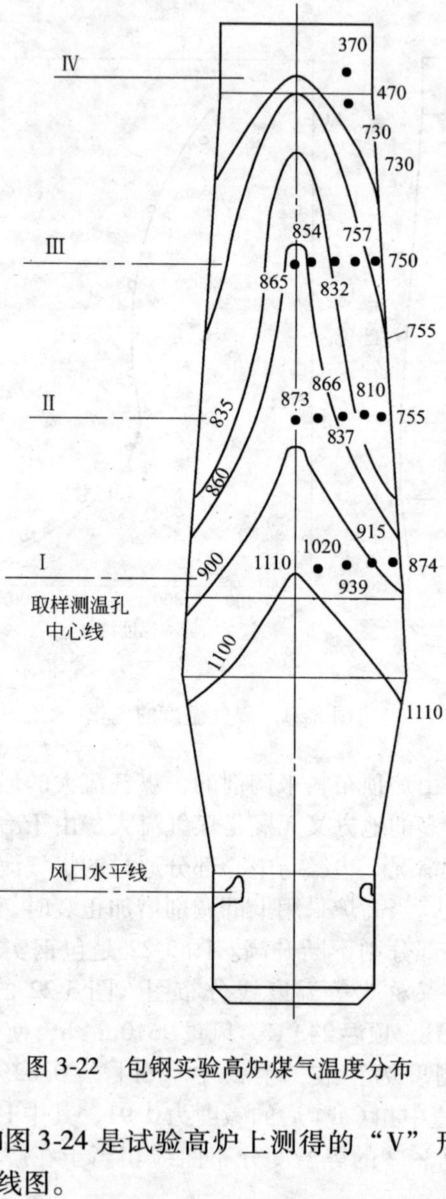

图 3-22　包钢实验高炉煤气温度分布

图 3-23 和图 3-24 是试验高炉上测得的“V”形与“W”形等温度分布曲线图。

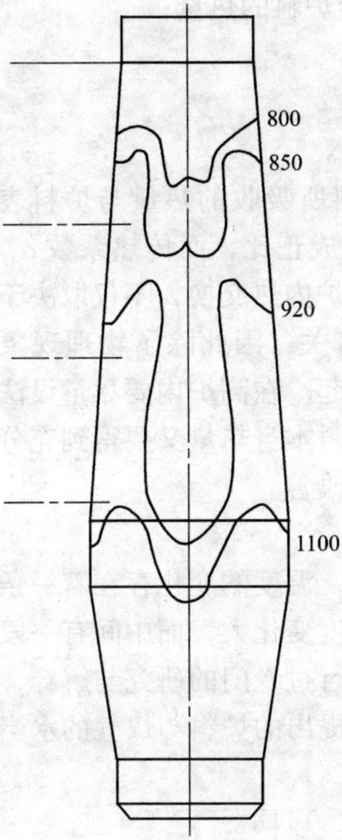

图 3-23　试验高炉的“V”形温度分布

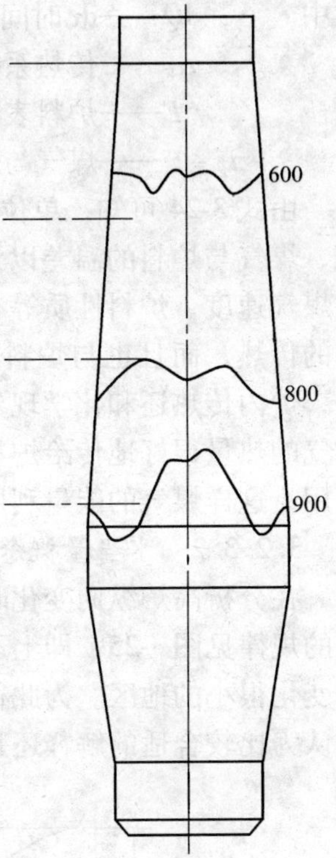

图 3-24　试验高炉的“W”形温度分布

3.2.3　高炉内热交换

3.2.3.1　高炉内热交换的基本规律

高炉内热交换比较复杂，由于炉料与煤气温度沿高炉高度上不断变化，要准确地计算各部分各种传热方式的比例是很困难的。大体上可以说，炉身上部主要是进行对流热交换，炉身下部温度很高，对流热交换与辐射热交换同时进行，而料块本身与炉缸渣铁之间主要进行传导传热。

炉内热交换可以用以下基本方式表示：

$$dQ = \alpha_F F(t_g - t_s)d\tau \qquad (3\text{-}24)$$

式中　　dQ——$d\tau$ 时间内煤气传给炉料的热量；

α_F——传热系数；

F——炉料表面积；

$t_g - t_s$——煤气与炉料温度差。

由式 3-24 可知，单位时间内炉料所吸收的热量与炉料表面积、煤气与炉料的温差以及传热系数成正比，而传热系数 α_F 又与煤气速度、炉料性质等有关。因为炉内热交换，不仅取决于煤气的传热，而且也与炉料本身传热有关，因此除了物理现象之外，炉内传热还和化学现象联系在一起。在高炉内要尽量设法使煤气的热量很好地传给炉料，同时炉料本身热量又要得到充分的利用，这样煤气的能量利用才能得到改善。

3.2.3.2　水当量概念

在分析高炉纵向变化时已经指出，温度的变化存在着一条共同的规律见图 3-25，即上下部煤气温度变化大，而中间有一段温度变化很小的地区。为此很多学者进行过专门的研究与解释，目前认为比较合适的解释还是基太也夫提出的炉料与煤气的水当量

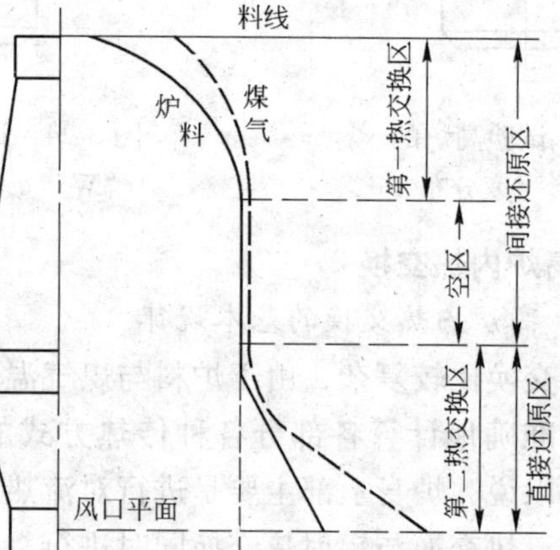

图 3-25　高炉煤气温度的变化规律

概念。上升的煤气流是带热体，下降的炉料是受热体，和一般的热交换一样，煤气与炉料的水当量具有很大的意义。而水当量的定义是单位时间内通过高炉某一截面的炉料或煤气的热量，可以分别以下式表示：

$$W_{料} = V_{料} c_{料}$$

$$W_{气} = V_{气} c_{气}$$

式中 $W_{料}$——炉料的水当量；

$W_{气}$——煤气的水当量；

$V_{料}$——单位时间内通过高炉某一截面炉料量；

$V_{气}$——单位时间内通过高炉某一截面的煤气量；

$c_{料}$，$c_{气}$——炉料和煤气的热容。

炉料与煤气水当量比值 $W_{料}/W_{气}$ 的变化，直接影响热交换进行，高炉上部一般 $W_{料}/W_{气} < 1$，即煤气水当量大于炉料水当量时，炉料升温速度较快，但煤气冷却速度较为缓慢。这样炉顶煤气温度往往偏高。当 $W_{料}/W_{气} > 1$ 时，炉料吸收煤气大量的热量，使炉顶煤气温度较低，煤气能量利用较好。当 $W_{料}/W_{气} = 1$ 时，炉料吸热与煤气放热基本上保持平衡，因此炉料与煤气温度变化都不大，即所谓空区。

3.2.3.3 高炉上部热交换规律

根据炉料与煤气水当量以及热平衡原理，高炉上部热交换区任一截面上，固体炉料加上炉顶煤气带走的热量应该等于该截面上煤气原来所含的热量，即

$$G_{料} c_{料}(t_{料空} - t_{料顶}) = G_{气} c_{气}(t_{气空} - t_{气顶}) \tag{3-25}$$

式中，$t_{料空}$、$t_{料顶}$、$t_{气空}$、$t_{气顶}$ 分别为炉料与煤气在空区与炉顶的温度，如图 3-26 所示。

$$\frac{G_{料} c_{料}}{G_{气} c_{气}} = \frac{t_{气空} - t_{气顶}}{t_{料空} - t_{料顶}} = \frac{W_{料}}{W_{气}}$$

根据一般计算，$W_{气} > W_{料}$

则 $t_{料空} - t_{料顶} > t_{气空} - t_{气顶}$，说明炉料温度上升比煤气温度下降值大。

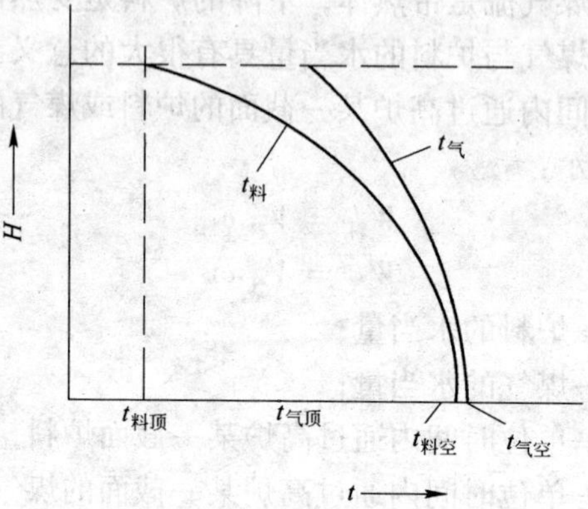

图 3-26　在空区炉顶炉料与煤气温度的变化

而且

$$W_{气}(t_{气空}-t_{气顶})=W_{料}(t_{料空}-t_{料顶})$$

$$\begin{aligned}t_{气顶}&=t_{气空}-\frac{W_{料}}{W_{气}}(t_{料空}-t_{料顶})\\&=t_{气空}-\frac{W_{料}}{W_{气}}(t_{气空}-\Delta t)+\frac{W_{料}}{W_{气}}t_{料顶}\\&=t_{气空}-\frac{W_{料}}{W_{气}}t_{气空}+\frac{W_{料}}{W_{气}}\Delta t+\frac{W_{料}}{W_{气}}t_{料顶}\end{aligned}$$

对于一般情况，当 $t_{气空}=950℃$，$\Delta t=50℃$，$t_{料顶}=300℃$时，则

$$t_{气顶}=950℃-600℃\frac{W_{料}}{W_{气}} \tag{3-26}$$

由上式可知，炉顶温度取决于 $t_{气空}$ 与 $\frac{W_{料}}{W_{气}}$ 比值，当空区温度一定时，则主要取决于 $\frac{W_{料}}{W_{气}}$ 比值，凡有助于增大 $\frac{W_{料}}{W_{气}}$ 的措施，都可以降低炉顶温度，例如提高风温，降低焦比，富氧鼓风等都可以减少煤气量，使 $W_{气}$ 下降，因而导致炉顶温度降低。如果风温提高的同时而焦比不变的话，则 $W_{料}/W_{气}$ 不变，故顶温也不会有很大变化。当焦比升高时，会使煤气量增大，则 $W_{气}$ 增大，$W_{料}/W_{气}$ 比值降低，

则顶温升高。$W_{料}$ 减少也会使 $W_{料}/W_{气}$ 比值降低，例如高炉热装料，顶温会升高至500℃或更高。因此调节高炉上部 $W_{料}/W_{气}$ 比值，可以改善上部热交换，有益于煤气能量的利用。

根据热平衡方程式：

$$W_{气}(t_{气空} - t_{气顶}) = W_{料}(t_{料空} - t_{料顶})$$

以及

$$W_{料}\,\mathrm{d}t_{料} = \alpha_{\mathrm{F}}F(t_{气} - t_{料})\mathrm{d}\tau$$

可以得出：

$$\frac{t_{料}}{t_{气}} = 1 - \mathrm{e}^{\frac{-\alpha_{\mathrm{F}}FV_{料}}{W_{料}}}(1 - \mathrm{e}^{\frac{W_{料}}{W_{气}}})\tau \qquad (3\text{-}27)$$

3.2.3.4 高炉下部热交换规律

根据同样的原理，可以导出下部热交换区的规律

$$G_{料}\,c_{料}(t_{料缸} - t_{料空}) = G_{气}\,c_{气}(t_{气缸} - t_{气空})$$

$$W_{料}(t_{料缸} - t_{料空}) = W(t_{气缸} - t_{气空})$$

$$\frac{W_{料}}{W_{气}} = \frac{t_{气缸} - t_{气空}}{t_{料缸} - t_{料空}}$$

高炉下部煤气和炉料温度的变化见图3-27。

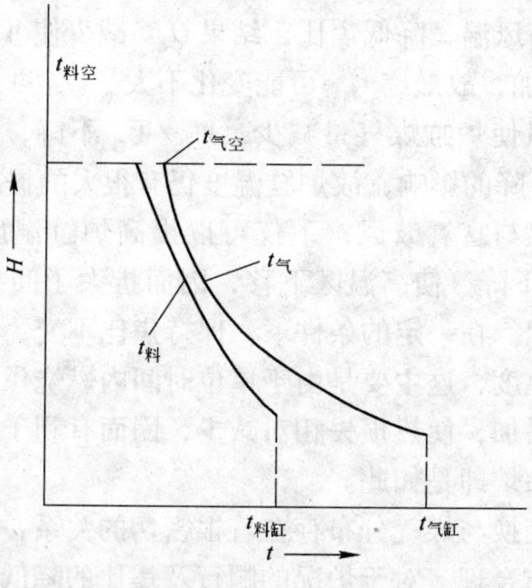

图3-27　高炉下部煤气和炉料温度的变化

由于 $W_{料} > W_{气}$

因此 $t_{气缸} - t_{气空} > t_{料缸} - t_{料空}$

说明煤气温度下降比炉料温度升高的值大。

整理上式，同样可以得出：

$$t_{料缸} = t_{气空} - \Delta t + t_{气缸}\frac{W_{气}}{W_{料}} - t_{气空}\frac{W_{气空}}{W_{料}} \qquad (3\text{-}28)$$

已知 $t_{气空}=950℃$，$\Delta t=50℃$，$t_{气缸}=1800℃$

代入后

$$t_{料缸} = 900 + 850\frac{W_{气}}{W_{料}}$$

由上式见，炉缸渣铁温度取决于：

(1) 炉缸煤气温度（$t_{气缸}$）；

(2) 空区温度；

(3) $W_{气}/W_{料}$ 的比值。

如果保持焦比一定，提高风温，则$\frac{W_{气}}{W_{料}}$一定，但 $t_{气缸}$ 增加，因而炉缸渣铁温度升高。

如果提高风温又降低焦比，结果 $Q_{缸气}$减少使 $W_{气}/W_{料}$ 比值下降，但 $t_{气}$ 增加，故最终 $t_{料缸}$可能变化不大。

富氧鼓风使炉缸煤气量减少，$W_{气}/W_{料}$ 下降，但 $t_{气缸}$升高大于 $W_{气}/W_{料}$ 下降的影响，故炉缸温度仍有很大的提高。

提高风温与富氧鼓风，不仅可以提高炉缸温度，同时由于 $W_{气}/W_{料}$比值下降，使高温区下移，因而扩大了间接还原区，改善了还原过程。在一定的条件下，保持焦比不变，增大风量也可以提高炉缸温度，这主要是由于单位时间内燃烧焦炭量增加，炉缸的热收入增加，使热损失相对减少，因而有利于炉缸温度的升高，例如小高炉即是如此。

炉内热交换与煤气分布存在着很密切的关系，因此生产中如何使煤气分布合理，对于炉况的顺行及焦比的降低等都有重要意义。

3.2.3.5　水当量变化特点

高炉内不单纯有物理热交换，而且还包括化学反应中的放热与吸热，因此炉内的炉料与水当量就不是一个定值，而是随高度变化。在高炉上部，$W_{料} < W_{气}$；在高炉下部，$W_{料} > W_{气}$；在空区，$W_{料} \approx W_{气}$。例如炉料刚进入高炉时，由于本身温度低，需要吸收热来加热本身，但是发生间接还原反应时，其中有些反应又是放热的，因而它又将降低要求其升高1℃所需的热量，以致使这些水当量就少些。在炉料中的$CaCO_3$大量分解和直接还原大量进行的地方，矿石也及时开始熔化生成铁与炉渣，此时又需要吸收大量的热来满足反应的需要，同时还要提供熔化潜热与过热，这样提高1℃时还要提供熔化潜热与过热。这样提高1℃所需热量又大大增加，所以炉料水当量又大了。因此，炉料水当量变化的特点是下部大，上部小，上下部水当量可差几倍，又例如用热的自熔性烧结矿时，由于炉料是热的，而且又比较容易还原，因此它的水当量要比它难还原的磁铁矿小。

煤气水当量在煤气上升过程中，由于其成分与煤气量的变化，因而也随着变化，但是与炉料水当量的变化相比较则是很少的，可以忽略不计。根据以上分析可以看出，在高炉下部由于炉料水当量增加很多，因此这部分就产生强烈的热交换，使煤气温度迅速降低，但炉料温度升高却是缓慢的。在煤气向上运动时遇到的炉料已在上部被加热，而且还有间接还原放出热量，所以炉料水当量是逐渐减少的，在某一高度上炉料与煤气水当量达到相接近，而这一段的热交换则显得很缓慢，在这一段内煤气与炉料之间的温差也小，一般为50℃左右，因而出现了一个所谓热交换空区，根据我们在包钢试验高炉测定的结果，空区的温度约在900～1050℃的范围内，当煤气再上升时遇到刚加入的冷料，温度很低，温差很大，因此热交换很强烈。但是由于$W_{气} > W_{料}$，故煤气温度下降很慢，炉料温度上升较快，上述煤气与炉料温度变化的规律见图3-25。炉料水当量$W_{料}$与煤气水当量$W_{气}$沿高炉高度变化规律示于图3-28。

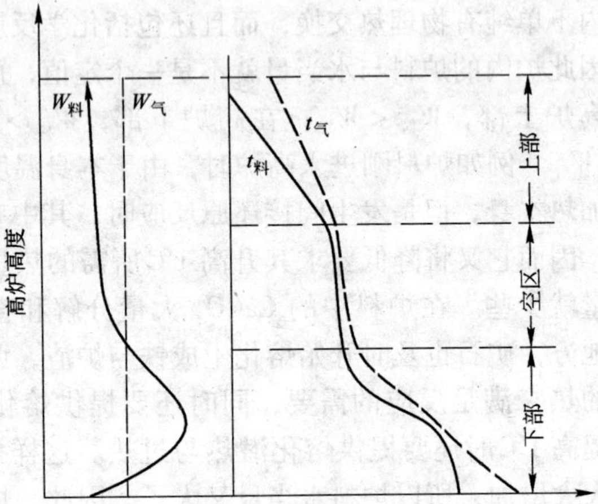

图 3-28　水当量变化示意图

4 高炉冶炼工艺计算

4.1 高炉冶炼能量利用分析

4.1.1 高炉冶炼过程的能量

到目前为止，燃料的品种主要是焦炭，尽管已对几十种补充燃料（煤粉、油、天然气等）进行了试验和使用以代替焦炭，但是能够代替的数量还是有限的，焦炭在高炉内的作用主要是提供热量和作还原剂，以及保证料柱的透气性。

因此，在分析高炉冶炼的能量利用时，应当在这三个方面全面研究其降低的途径。目前在焦炭的第一、第二两个作用上研究得较多，而在第三个作用方面的研究还有待深入，主要是随着原燃料冶金性能的改善，高炉冶炼焦比的最低限度是由骨架作用决定的。

这样从燃料角度分析节约能量有两个方面，一是节约焦炭消耗；二是改善燃料（焦炭和喷吹补充燃料）作为热量和还原剂提供者放出的能量利用。

高炉冶炼的另一个重要能源是鼓风，它具有两种能量：一种是风机提供给它的压力能（以风压形式显示）；另一种是以风温形式表现的热能。在过去以风温形式表现的热能的利用有了较多的分析研究，而鼓风的压力能在经过高炉料柱损耗一部分后到达炉顶，以炉顶煤气压力形式表现出的能量的利用就研究得较少，近年来国外利用炉顶煤气压力进行余压发电取得了相当大的进展，我国也开始试验利用这部分能量。

高炉冶炼节能的重要方面是二次能量的利用。炉顶煤气作为气体燃料使用已久，炉顶煤气压力发电已开始，还有许多像冷却水的压头及带走的热量，渣铁水的显热等等的利用均在试验。

从热能和还原剂利用角度衡量，常用来表示高炉冶炼能量利用的指标有：

(1) 燃料比。冶炼单位生铁消耗的焦炭和喷吹燃料量，kg/t；

(2) 焦比。冶炼单位生铁消耗的干焦量，kg/t；

(3) 直接还原度或间接还原度。

4.1.2 能量利用分析方法

在生产中常用的方法是观察炉顶煤气的 CO_2 曲线，混合煤气中的 CO、CO_2 含量，计算实际中的燃料比和焦比，这些方法很直观，但是不能较全面地反映能量利用的好坏，也不能从中分析出进一步改善能量利用的途径。

目前比较深入地分析高炉能量利用的方法是计算和图解两种，前者通过物料平衡和热平衡、直接还原度、理论焦比等等的计算来分析；后者则通过巴甫洛夫直接还原度图解，里斯特(Rist) 操作线图解和区域热平衡图解等等来分析。

4.1.3 物料平衡和热平衡分析法

这种方法是根据生产高炉的技术经济指标，进行原料消耗量验算，确定实际渣量、风量、煤气量，计算直接还原度，编制出物料平衡和热平衡来分析高炉操作的好坏，能量消耗是否合理。尽管这种分析方法属经典类型，但它是近代其他分析方法的基础，作为炼铁工作者必须掌握。

4.2 高炉配料计算

4.2.1 配料计算目的

配料计算是高炉操作的重要依据，也是检查能量利用状况的计算基础。

高炉配料计算有开炉配料、正常配料与日常变料等几种。前者是用于点火开炉，由于当时炉子较凉，下部又无渣铁，是转变到正常冶炼状态的一种过渡性配料，故正常配料是最基本的配料计算。

配料的计算方法有多种，本节介绍的是一种简单而适用的配料计算。配料计算的目的是根据已知的原料成分、生铁品种等条件来确定入炉料中的矿石、焦炭和熔剂的比例，焦炭加入量一般根据生产经验和设计指标（给定焦比）确定，这样配料计算的任务就主要是计算矿石与石灰石用量及有关验算。

计算过程均以单位生铁（每吨）的原料消耗量为依据。

4.2.2 配料计算过程实例

4.2.2.1 需要确定的已知条件

（1）要求冶炼的生铁成分（%）：

Fe	Si	Mn	P	S	C
94.6	0.49	0.46	0.038	0.03	4.35

（2）要求的炉渣碱度：$CaO/SiO_2 = 1.04$

（3）给定焦比：焦比386kg/t，煤比125kg/t，油比23kg/t。

（4）原料成分：见表4-1。

表4-1 原料成分表

成分	TFe	Fe_2O_3	FeO	SiO_2	CaO
混合矿	58.08	65.66	15.75	7.20	7.52
石灰石				0.26	43.80
焦炭灰分	5.19			47.04	5.05
煤的灰分				45.67	20.65
炉尘	49.91			1.40	6.45
成分	**MgO**	**Al_2O_3**	**MnO**	**S**	**P_2O_5**
混合矿	2.20	1.80	0.465	0.055	0.055
石灰石	7.98	0.65			烧损43.1
焦炭灰分	0.19	33.12	5.912	0.55	0.16
煤的灰分	2.44	15.07		0.70	0.114
炉尘					C22.40

（5）焦炭的工业分析（%）：

灰分	挥发分	S	C	$H_{2有机}$	$N_{2有机}$
11.98	0.8	0.55	85.67	0.5	0.55

焦炭挥发分分析（%）：

CO_2 35.0　　CO 37.0　　CH_4 4.0　　H_2 6.0　　N_2 18.0

（6）喷吹物元素分析：

成分	C	H	O	N	S	灰分	H_2O
煤	77.8	0.82	5.15	0.44	0.70	14.84	1.50
油	84.8	11.70	1.12	0.40	0.55	0.10	1.40

（7）其他：

炉尘量　　18 kg/t

废铁量　　61 kg/t

废铁中 Fe = 80%，SiO_2 = 10%，CaO = 5%，C = 4%。

4.2.2.2　要求计算的内容

（1）矿石用量计算；

（2）石灰石用量计算；

（3）生铁成分验算；

（4）渣量及渣成分计算；

（5）炉渣性能验算。

4.2.2.3　计算步骤

（1）矿石用量计算。根据 Fe 平衡计算每吨生铁的矿石需要量：

由于　　$\Sigma Fe_{(\text{入炉})} = \Sigma Fe_{(\text{出炉})}$

设：每吨生铁矿石消耗量为 $x$kg，则：

$$Fe\%_{\text{矿}}\ x + Fe_{\text{焦炭}} + Fe_{\text{废铁}} = Fe_{\text{生铁}} + Fe_{\text{渣}} + Fe_{\text{炉尘}}$$

$$Fe_{\text{矿}}\ x = Fe_{\text{生铁}} + Fe_{\text{渣}} + Fe_{\text{粉尘}} - Fe_{\text{焦}} - Fe_{\text{废铁}}$$

$$x = \frac{Fe_{\text{生铁}} + Fe_{\text{渣}} + Fe_{\text{炉尘}} - Fe_{\text{焦}} - Fe_{\text{废铁}}}{Fe\%_{\text{矿石}}}$$

分别计算各项的铁量：

1）焦炭带入的　　$Fe = 386 \times 0.1198 \times 0.0519 = 2.40$kg

2）废铁带入的　　$Fe = 61 \times 0.80 = 48.8$kg

3）进入渣中的　　$Fe = 946/99.75 \times 0.25 = 2.37$kg

设总铁量的 99.75% 入生铁，0.25% 入炉渣。

4）炉尘带走的　　$Fe = 18 \times 0.4991 = 9.0kg$

5）矿石消耗量　　$x = \frac{946 + 2.37 + 9.0 - 2.4 - 48.8}{0.5808} = 1560kg$

（2）石灰石用量计算。根据 CaO 平衡计算石灰石用量，并设石灰石用量为 y，由于

$$\Sigma CaO = R\Sigma SiO_2$$

则

$$yCaO_{石灰石} + CaO_{焦炭} + CaO_{矿石} + CaO_{煤粉} + CaO_{废铁} - CaO_{炉尘}$$
$$= R(SiO_{2焦炭} + SiO_{2矿石} + SiO_{2煤粉} + SiO_{2废铁}$$
$$- ySiO_{2(石灰石)} - SiO_{2还原} - SiO_{2炉尘})$$

则：

$$y = \frac{R(SiO_{2焦} + SiO_{2矿} + SiO_{2废} - SiO_{2还原} - SiO_{2炉尘})}{CaO_{石灰石} - RSiO_{2石灰石}}$$
$$- \frac{(CaO_{焦} + CaO_{矿} + CaO_{煤} + CaO_{废} - CaO_{尘})}{CaO_{石灰石} - RSiO_{2石灰石}}$$

分母 $CaO_{石灰石} - RSiO_{2石灰石}$ 称为有效熔剂性，式中 R 为炉渣碱度。

以下分别计算各项的 CaO 与 SiO_2 量：

1）焦炭带入的　　$SiO_2 = 386 \times 0.1198 \times 0.47 = 21.73kg$

2）煤粉带入的　　$SiO_2 = 125 \times 0.1487 \times 0.4567 = 8.49kg$

3）矿石带入的　　$SiO_2 = 1560 \times 0.072 = 112.32kg$

4）废铁带入的　　$SiO_2 = 61.0 \times 0.10 = 6.10kg$

5）炉尘带走的　　$SiO_2 = 18.0 \times 0.014 = 0.25kg$

6）还原入生铁的 Si 消耗的　$SiO_2 = 4.90 \times 2.14 = 10.50kg$

故进入渣中的 $\Sigma SiO_2 = 137.89kg$。

1）焦炭带入的　　$CaO = 386 \times 0.1198 \times 0.0505 = 2.33kg$

2）煤粉带入的　　$CaO = 125 \times 0.1487 \times 0.2065 = 3.83kg$

3）矿石代入的　　$CaO = 1560 \times 0.0752 = 117.31kg$

4）废铁带入的　　$CaO = 61.0 \times 0.05 = 3.05kg$

5）炉尘带走的　　$CaO = 18 \times 0.0645 = 1.16kg$

故由以上炉料带入渣中的$\Sigma CaO = 125.36kg$。

即 $$\gamma = \frac{R(\Sigma SiO_2) - \Sigma CaO}{CaO_{石灰石} - RSiO_{2石灰石}}（已知 R = 1.04）$$

$$= \frac{1.04 \times 137.89 - 125.36}{0.438 - 1.04 \times 0.0236} \approx 43.5kg$$

（3）生铁成分验算。根据计算出的原料用量及已知成分，参考各元素在渣铁中的分配率来验算生铁成分：

1）Fe 含量。上面已知 Fe 有 99.75% 入生铁，0.25% 入炉渣，故

$$生铁 Fe 含量 = 1560 \times 0.5808 + 386 \times 0.0519 \times 0.1198 + 61 \times 0.8 - 18 \times 0.4991 - \frac{946}{99.75} \times 0.25 = 945.89 \approx 946kg$$

2）P 含量。P 全部进入生铁，故

$$生铁 P 含量 = 1560 \times 0.00022 + 386 \times 0.1198 \times 0.0007 = 0.375kg$$

3）Mn 含量：一般情况下 Mn 60% 入铁，40% 入渣，故

$$生铁 Mn 含量 = (1560 \times 0.00465 + 386 \times 0.1198 \times 0.091) \times 55/71 \times 0.6 = 4.62kg$$

4）入生铁的［Si］、［S］，按要求计算，而［C］则采用差值计算。生铁核算的成分列于表 4-2。

表 4-2 生铁成分验算结果表

生铁中元素	Fe	Si	Mn	P	S	C
要求成分/%	94.60	0.49	0.46	0.038	0.03	4.35
实际重量/kg	946.0	4.90	4.62	0.375	0.30	43.5
实际成分/%	94.6	0.49	0.46	0.038	0.03	4.35

从计算结果可以看出，实际成分基本上符合要求成分，能满足生铁品种要求。

（4）炉渣量及其成分计算。未还原的元素氧化物都进入炉

渣中，计算如下：

1）入渣的 SiO_2：

$$SiO_2 = SiO_{2焦} + SiO_{2煤} + SiO_{2矿} + SiO_{2废} + SiO_{2石灰石} - SiO_{2还原} - SiO_{2炉尘}$$
$$= 21.73 + 8.49 + 112.32 + 6.10 + 0.11 - 10.5 - 0.25$$
$$= 138.00kg$$

2）入渣的 S：

由于 $$S_{总} = S_{矿} + S_{焦} + S_{煤} + S_{油}$$

设3.7%的 $S_{总}$ 入煤气，生铁中 S 为0.30kg，其余均入炉渣，则

$$S = 1560 \times 0.00055 + 386 \times 0.0055 + 125 \times 0.007 + 23 \times 0.0055 = 3.9825kg$$

入渣的 S = 3.9825 − 0.3 − 3.9825 × 0.037 = 3.535kg

3）入渣的

$$Al_2O_3 = Al_2O_{3矿石} + Al_2O_{3焦炭} + Al_2O_{3煤} + Al_2O_{3石灰石}$$
$$= 1560 \times 0.018 + 386 \times 0.1198 \times 0.3312 + 125 \times 0.1484 \times 0.1507 + 43.5 \times 0.0065 = 46.29kg$$

4）入渣的

$$CaO = CaO_{矿} + CaO_{焦} + CaO_{煤} + CaO_{石灰石} + CaO_{废} - CaO_{炉尘}$$
$$= 117.31 + 2.33 + 3.83 + 19.05 + 3.05 - 1.16 = 144.41kg$$

5）入渣的 $MnO = \frac{4.62}{0.60} \times 0.4 \times \frac{71}{55} = 3.98kg$

6）入渣的 $FeO = 2.37 \times \frac{72}{56} = 3.05kg$

7）入渣的

$$MgO = MgO_{矿} + MgO_{焦} + MgO_{煤} + MgO_{石灰石}$$
$$= 1560 \times 0.022 + 386 \times 0.1198 \times 0.0217 + 125 \times 0.1487 \times 0.0244 + 43.5 \times 0.0698 = 38.81kg$$

上述1）~7）项之和，即为冶炼1t生铁的炉渣量，列于表4-3。

表 4-3　炉渣成分计算结果

炉渣成分	CaO	SiO_2	MgO	Al_2O_3	MnO	FeO	S/2	总计
kg	144.41	138.00	38.81	46.29	3.98	3.05	1.76	376.30
%	38.37	36.67	10.32	12.32	1.05	0.81	0.46	100.00

（5）炉渣性能验算。将 CaO、SiO_2、Al_2O_3 换算成 100%，然后用三元相图检验炉渣黏度与熔化温度。成分换算：将多元炉渣中的 CaO、SiO_2、Al_2O_3 换算成三元组成，即：

$$CaO + SiO_2 + Al_2O_3 = 38.37 + 36.67 + 12.32 = 87.36$$

$$CaO = 43.92\% \qquad SiO_2 = 41.97\% \qquad Al_2O_3 = 14.11\%$$

从 1500℃时的 CaO-SiO_2-Al_2O_3 三元系黏度曲线上查得，η = 0.4 ~ 0.5Pa · s，见图 3-12。

又从 CaO-SiO_2-Al_2O_3 三元系熔化温度相图上查出此成分时的熔化温度约为 1350 ~ 1400℃，见图 4-1。据此，上述配料计算基本可用，能满足高炉冶炼的要求，如原料中含有其他特别氧化

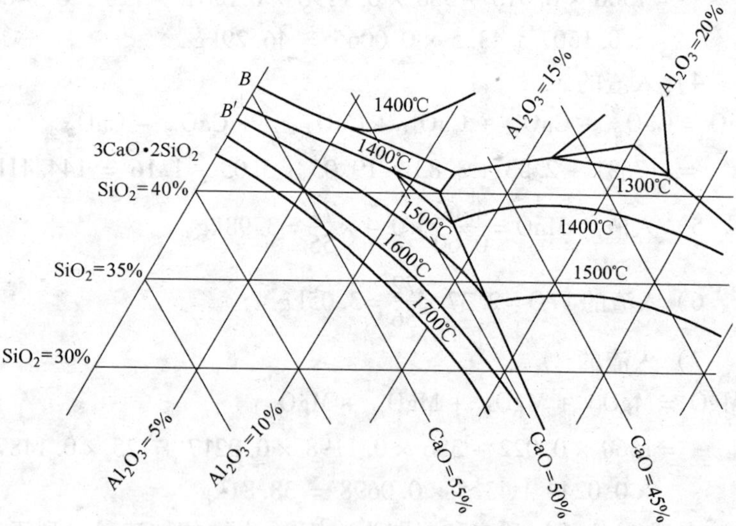

图 4-1　CaO-SiO_2-Al_2O_3 三元系熔化温度图（局部）

物，如 TiO_2、CaF_2、BaO、Re_xO_y，K_2O 及 Na_2O 等，则要根据实际情况，需另外考虑。

（6）配料结果。每冶炼 1t 生铁需下列原料（kg）：

混合矿石	石灰石	焦炭	煤粉	重油	废铁
1560	43.5	386	125	23	61

4.3 物料平衡与热平衡计算

物料平衡建立在物质不灭定律的基础上，即加入高炉的各种物料的总量应与生产的产品和副产品的总重量相等。而且由各种物料带入高炉的某种化学成分如 CaO、SiO_2、Fe、S 等也应和产品副产品带出的这种化学成分的重量相等。物料平衡是定量分析高炉冶炼过程的依据，也是编算热平衡及计算燃料消耗的基础。在配料计算的基础上进行物料平衡的编算并不复杂，但如果采用现场数据，则要事先进行校正与整理。

现以上述配料为基础进行物料平衡计算，已给数据不再重复，所缺数据按计算步骤依次给出。

4.3.1 物料平衡计算

4.3.1.1 收集原始资料

（1）各种原料的全分析（已给出）。对现场化学成分分析数据，应将总和调整为 100%，并删去不合理数据。

（2）生铁、炉渣全分析。见配料计算。

（3）炉尘全分析。见配料计算。

（4）煤气温度与成分。炉顶温度为 378℃，煤气成分（%）如下：

CO	CO_2	H_2	CH_4	N_2
27.91	17.60	1.92	0.90	51.67

（5）鼓风参数。湿度 0.22%，风温 1077℃，含氧 23.27%。

（6）各种原料消耗量。产品与副产品产量，均以 1t 生铁为计算单位，见配料计算。在配料计算的基础上进行物料平衡计算，只需计算煤气量与风量即可。

4.3.1.2 煤气量计算

计算煤气量方法很多，本处采用碳平衡计算法，即入炉的总碳（C）量应等于出炉的总碳量：

$$C_{料} + C_{喷} = \frac{12}{22.4}(CO_2 + CO + CH_4)V_{煤气}$$

$$C_{料} = C_{焦炭} + C_{熔剂} + C_{废铁} + C_{挥发} - C_{生铁} - C_{炉尘}$$

式中 $C_{料}$——炉料带入的总碳（C）量，kg/t；

$C_{喷}$——喷吹物带入总碳（C）量，kg/t；

$V_{煤气}$——每吨生铁的炉顶煤气量，m^3/t；

CO_2, CO, CH_4——炉顶煤气中这三种含碳成分的百分含量，%；

$\frac{12}{22.4}$——每 $1m^3$ CO_2, CO, CH_4 中的碳含量，kg/m^3。

而且 $C_{汽化} = C_{料} + C_{喷}$

故 $$V_{煤气} = \frac{C_{汽化}}{\frac{12}{22.4}(CO_2 + CO + CH_4)} = \frac{1.867(C_{料} + C_{喷})}{CO_2 + CO + CH_4}$$

上式中煤气成分为已知，因此只要计算出 $C_{料}$、$C_{喷}$即可求出 $V_{煤气}$。

$C_{料}$的计算：

$$C_{焦炭} = 焦比 \times C_{固} + 焦比 \times 挥发分\left(CO_2\frac{12}{44} + CO\frac{12}{28} + CH_4\frac{12}{16}\right)$$

$$= 386 \times 0.8567 + 386 \times 0.008\left(0.35\frac{12}{44} + 0.37\frac{12}{28} + 0.04\frac{12}{16}\right)$$

$$= 331.55kg$$

$$C_{废铁} = 61 \times 0.004 = 2.44kg$$

$$C_{熔剂} = 43.5 \times 0.431 \times \frac{12}{44} = 5.12kg$$

$$C_{炉尘} = 18 \times 0.2244 = 4.0kg$$

$$C_{生铁} = 43.5kg$$

因此　$C_{料} = 331.55 + 2.44 + 5.12 - 4.0 - 43.5 = 291.61kg$

$$C_{喷} = C_{煤粉} + C_{油} = 12 \times 0.778 + 23 \times 0.848$$

$$= 116.75kg$$

以 $C_{料}$、$C_{喷}$代入上式：

$$V_{煤气} = 1.867 \frac{291.61 + 116.75}{0.176 + 0.2791 + 0.009} = 1643m^3$$

即冶炼 1t 生铁产生的炉顶煤气量为 $1661m^3$。

4.3.1.3　根据 N_2 平衡计算风量

N_2 是惰性气体，进、出炉内的 N_2 应该是平衡的，随着煤气逸出高炉的 N_2 量应等于所有炉料带入的 N_2 量，即

$$V_{煤气} N_{2煤气}\% = \frac{22.4}{28}(N_{料} + N_{喷}) + V_{风}(1 - \omega)$$

式中　$N_{2煤气}\%$——煤气 N_2 含量，%；

$N_{料}$——炉料带入的 N_2 量；

$N_{喷}$——喷吹物带入的 N_2 量；

$V_{风}$——每吨生铁所需鼓风量；

ω——鼓风中氧含量。

根据上式：

$$V_{风} = \frac{1}{1 - \omega}\left[N_2 \cdot V_{煤气} - \frac{22.4}{28}(N_{料} + N_{喷})\right]$$

而且已知　　$\omega = 0.2327$

$N_{料}$ = 焦炭中有机氮 + 焦炭挥发物中氮

$= 386 \times 0.0055 + 386 \times 0.008 \times 0.18 = 2.678kg$

$N_{喷}$ = 煤粉中 N_2 + 油中 N_2 $= 125 \times 0.0044 + 23 \times 0.004$

$= 0.64kg$

故 $V_{风} = \frac{1}{1 - 0.2397}\left[0.516 \times 1643 - \frac{22.4}{28}(2.678 + 0.64)\right]$

$= 1111m^3$

4.3.1.4 计算鼓风重量与煤气重量

（1）干风密度 $=\frac{16\times2}{22.4}\times0.2327+\frac{28}{22.4}\times0.7673=1.292$

（2）干风重量 $=1114\times1.292=1436\text{kg}$

（3）风中水重量 $=\frac{18}{22.4}\times V_{风}\times\varphi=\frac{18}{22.4}\times1111\times0.0022$

$=2.0\text{kg}$

（4）煤气密度 $=0.176\times\frac{44}{22.4}+(0.2791+0.5167)\times\frac{28}{22.4}$

$+0.009\frac{16}{22.4}+0.0192\times\frac{2}{22.4}=1.349$

（5）煤气重量 $=1643\times1.349=2217\text{kg}$

（6）还原生成的水量 $=\frac{22.4}{2}(H_{料}+H_{喷})+V_{风}\varphi-(H_2+2CH_4)V_{煤气}$

式中 $H_{料}=焦比\times H_{2有机}+焦比(H_{2挥发}+2\times CH_{4挥发})$

$=386\times0.005+386\times8\%\times(0.06+2\times0.04)$

$=1.95\text{kg}$

$H_{喷}=煤比\times H_2+油比\times H_2+(煤比\times H_2O+油比\times H_2O)\frac{2}{18}$

$=125\times0.0082+23\times0.117+(125\times0.015+23\times0.014)\frac{2}{18}=3.96\text{kg}$

$V_{风}\varphi=1111\times0.0022=2.45\text{m}^3$

$(H_2+2CH_4)V_{煤气}=(0.0192+2\times0.009)\times1643=61.08\text{m}^3$

因此 $H_2O_{煤气}=11.2(1.95+3.964)+2.45-61.08\text{m}^3$

$=7.60\text{m}^3$

故煤气中 H_2O 重量 $=\frac{18}{22.4}\times7.60=6.10\text{kg}$

物料平衡计算结果见表4-4。

表 4-4　物料平衡表/kg

收入	矿石 1560	焦炭 386	灰石 43.5	煤粉 125	重油 23	废铁 61	干风 1436	水分 2	共计 3636.5
支出	生铁 1000	炉渣 376	炉尘 18	煤气 2417	还原水 6.1				共计 3617.4

计算结果其绝对误差为 +19.1kg，相对误差为 0.52%。

从物料平衡看，误差较小，说明原始数据尚可，但是实际上很多误差往往被一些因素的正负影响所抵消。

4.3.2　直接还原度计算

根据铁的直接还原度的定义：

$$FeO + C = Fe + CO$$

$$r_d = \frac{56}{12} \times [C_{总} - (C_{风} + C_{Si,Mn,P,\cdots})]$$

当考虑到煤气成分不准时，改用下式计算比较合适：

由于 $r_i = 1 - r_d$

$$= \frac{C_{汽化}\dfrac{CO_2 + \beta H_2}{CO_2 + CO + CH_4} - \left(\dfrac{CO_{2熔剂}}{44} + \dfrac{Fe_2O_3}{160} + \dfrac{MnO_2}{87}\right) \times 12}{\dfrac{12}{56}(Fe_{生铁} - Fe_{废铁})}$$

式中，分子代表间接还原生成铁时的碳量，分母为全部 FeO 还原所需碳量。分子与分母的比值和还原度的定义相符。β 为系数（CO_2/CO 比）。其中：

$$C_{汽化} = C_{料} + C_{喷} = C_{焦炭} + C_{熔剂} + C_{废铁} - C_{生铁} - C_{炉尘} + C_{喷}$$

而本式中

$$C_{汽化} = 335.89 + 5.12 + 2.44 - 43.5 - 4.0 + 116.75 = 412.7\text{kg}$$

$$\frac{CO_2 + \beta H_2}{CO_2 + CO + CH_4} = \frac{17.62 + \dfrac{17.62}{27.91} \times 1.92}{17.62 + 27.91 + 0.9} = 0.405$$

$$\frac{CO_{2熔剂}}{44}=\frac{43.5\times0.431\times0.5}{44}=0.213$$

$$\frac{Fe_2O_3}{160}=\frac{1024}{160}=6.40$$

$$\frac{MnO_2}{87}=0$$

以上各项代入（$1-r_d$）的计算式中，则

$$1-r_d=\frac{412.7\times0.405-(0.23+6.4)\times12}{\frac{12}{56}(946-48.8)}=0.454=0.45$$

$r_d=1-0.45=0.55=55\%$

4.3.3 能量平衡计算

能量平衡计算的目的，在于确定高炉热量收支状况与热量分配，以便找出改善热能利用与节约燃料的途径，它有多种计算办法，本例题以提高炉内实际反应热效应来计算，故其收支情况比较符合实际，而且是全炉内的热平衡计算。

4.3.3.1 热量收入

（1）风口前碳的燃烧放热（Q_C），首先计算总碳量（C）：

1）焦炭带入的碳量 = 386 × 0.8567 = 330.5kg

2）煤粉带入的碳量 = 125 × 0.778 = 97.25kg

3）重油带入的碳量 = 23 × 0.848 = 19.5kg

其次计算风口前燃烧碳量（C）：

1）每 1kg 燃烧时需氧（O_2）：

根据 $$2C+O_2=2CO$$

则 $$\frac{22.4}{12\times2}=0.933m^3/kg\ C$$

2）已知风量为 $1111m^3$；

3）风口前燃烧的总碳量（$C_{风口总}$）：

$$C_{风口总}=风量\times风中氧量\times\frac{1}{0.933}$$

$$=1111\times 0.2327\times \frac{1}{0.933}=277.10\text{kg}$$

4）风口前燃烧的焦炭中的碳量（$C_{风口,焦炭}$）

$$C_{风口,焦炭}=277.1-(97.25+19.5)=160.35\text{kg}$$

由于

$$C_{焦炭}+\frac{1}{2}O_2=CO+117654.7\text{kJ}\quad 9797.5\text{kJ/kg C}$$

$$C_{煤}+\frac{1}{2}O_2=CO+125484.39\text{kJ}\quad 10174.41\text{kJ/kg C}$$

$$CH_4+\frac{3}{2}O_2=CO+2H_2O+49574\text{kJ}\quad 4128.38\text{kJ/kg C}$$

所以它们的发热量是：

$$q_{焦炭}=160.35\times 9737.58=1561420.9\text{kJ}$$

$$q_{煤}=97.25\times 10174.41=989461.37\text{kJ}$$

$$q_{油}=19.5\times 4128.38=80503.41\text{kJ}$$

$$Q_C=q_{焦}+q_{煤}+q_{油}=2631385.68\text{kJ}$$

（2）热风带入的热量 $Q_{风}$：

$$Q_{风}=V_{风}\,c_{风}\,t_{风}$$

式中，$V_{风}$、$c_{风}$、$t_{风}$分别为风量、风的比热容与风温，查热力学数据表可知 $t_{风}=1077℃$时的比热容 $c_0^t=0.366[1.523\text{kJ/(kg·K)}]$

故 $$Q_{风}=1111\times 0.366\times 4.187\times 1077=1833638.878\text{kJ}$$

$$Q_{收入}=Q_C+Q_{风}=4465024.558\text{kJ}$$

4.3.3.2 热量支出

（1）还原耗热（$Q_{还原}$）：

1）Fe 的直接还原耗热：

$$FeO+C=Fe+CO-152197.45\text{kJ}\quad (2717.81\text{kJ/kg Fe})$$

$$q_{Fe}=(946-61\times 0.8)\times r_d\times q$$

$$=897.3\times 0.55\times 2717.81=1240907.685\text{kJ}$$

2）Si 的还原耗热：

$$SiO_2+2C=Si+2CO-62955.732\text{kJ}\quad (22484.2\text{kJ/kg Si})$$

$q_{Si}=4.9\times22484.2=11072.531kJ$

3）Mn 的还原耗热：

$$MnO + C = Mn + CO \quad (5233.75kJ/kg\ Mn)$$

$$q_{Mn}=4.6\times5233.75=24113.00kJ$$

4）P 的还原耗热：

$$P_2O_5 + 5C = 2P + 5CO \quad (25624.44kJ/kg\ P)$$

$$q_P=0.38\times25624.44=9736.45kJ$$

$$Q_{还原}=q_{Fe}+q_{Si}+q_{Mn}+q_P=1484928.00kJ$$

（2）脱硫耗热（Q_S）：

$$[Fe_S]+(CaO)+C=[Fe]+(CaS)+CO-14122.50kJ$$

$(4488.464kJ/kg\ S)$

$$Q_S=渣量\times(S)\%\times q_S=376\times0.0092\times4488.464$$

$$=15525.40kJ$$

（3）石灰石分解与反应热 $Q_{石}$：

$$CaCO_3=CaO+CO_2-1781568.5kJ \quad (3182.12kJ/kg\ CaO)$$

$$q_{石分}=43.5\times0.438\times3182.12=60627.76kJ$$

$$CO_2+C=2CO-123935.2kJ \quad (3768.3kJ/kg\ CO_2)$$

$$q_{石反}=43.5\times0.438\times0.5\times\frac{44}{56}\times3768.3$$

$$=28203.63kJ$$

$$Q_{石}=q_{石分}+q_{石反}=88831.392kJ$$

（4）水分分解耗热 $Q_{水分}$

$$H_2O+C=H_2+CO-242050.47kJ \quad (13440.27kJ/kg\ H_2)$$

$$Q_{水分}=2\times13440.27=26880.54kJ$$

（5）炉渣带走热量 $Q_{渣}$、

查热焓表可知本计算例题中每 1kg 炉渣的焓为 1884.15kJ/kg 渣

$$q_{渣}=376\times1884.15=708840.40kJ$$

成渣时放热，根据 A. H. 拉姆数据定为：CaO × 113049kJ 即 1kg CaO 生成钙铝硅酸盐放热 1130.49kJ。

$$q_{成渣} = 43.5 \times 0.438 \times 270 \times 4.18 = 21503\text{kJ}$$

$$Q_{渣} = q_{渣} - q_{成渣} = 686902.472\text{kJ}$$

（6）铁水带走热量 $Q_{铁水}$：

一般 $t_{铁} = 1400℃$，$C_{铁水} = 1201.669\text{kJ/kg}$ 铁水

$$Q_{铁水} = 1000 \times 1201.67 = 1201669.0\text{kJ}$$

（7）煤气带走的热量 $Q_{煤气}$：

已知 $V_{煤气} = 1643\text{m}^3$，$t_{顶} = 378℃$，

$$c_0^t = 0.35 \times 4.187 = 1.465\text{kJ/(kg·K)}$$

（c_0^t 是根据煤气中不同成分在 378℃时的平均热容计算值，可以查表）

$$Q_{煤气} = V_{煤气} t_{顶} C_{煤} = 1643 \times 378 \times 0.35 \times 4.187 = 910123.58\text{kJ}$$

（8）冷却水带走及其他热损失 $Q_{损}$。可以通过热流计算或其他方法测定，本例题采用差值法计算：

$$Q_{损} = Q_{收入} - Q_{1\sim7} = 50164.174\text{kJ}$$

4.3.4 能量平衡表

根据收入与支出的各项计算结果，列成平衡表，计算出百分比，见表 4-5。

表 4-5　全炉热平衡表

热收入量 /kJ	占比例 /%	热支出量 /kJ	占比例 /%
1）Q_C = 2631385.68	58.93	1）$Q_{还原}$ = 1484928.000	33.25
2）$Q_{风}$ = 1833638.878	41.07	2）Q_S = 15525.400	0.34
		3）$Q_{石}$ = 88831.392	1.96
		4）$Q_{水}$ = 26880.540	0.59
		5）$Q_{渣}$ = 686902.472	15.38
		6）$Q_{铁}$ = 1201669.000	26.91
		7）$Q_{煤气}$ = 910123.58	20.38
		8）$Q_{损}$ = 50164.174	1.19
总计 4465024.558	100.00	4465024.558	100.00

热能利用率 = 100 - （$Q_7 + Q_3$） = 100 - （20.38 + 1.19） = 78.43%

4.3.5 高温区域热平衡计算

以上是对整个高炉范围内的能量平衡计算，一般称其为全炉热平衡，但是更具有实际意义的是高温区域热平衡，一般以 900~1000℃为温度分界线，高于此温度的区域称为高温区，计算此区的热量平衡称为高温区域热平衡（见表 4-6）。

表 4-6 高温区热平衡表

热收入量 /kJ	占比例 /%	热支出量 /kJ	占比例 /%
1）碳燃烧 2631385.68	58.93	1）$Q_{还原}$ = 1484928.000	33.25
2）热风带入 1833638.878	41.07	2）Q_S = 15525.400	0.34
		3）$Q_石$ = 88831.392	1.96
		4）$Q_水$ = 26880.540	0.59
		5）$Q_渣$ = 293324.472	6.56
		6）$Q_铁$ = 594554.000	13.31
		7）$Q_{煤气}$ = 1809822.700	40.53
		8）$Q_损$ = 151158.054	3.46
总计 4465024.558	100.00	4465024.558	100.00

4.3.5.1 计算特点

高温区热平衡与全炉热平衡计算的原则是相同的，而不同点是进入 1000℃以上区域的物料要按 100℃温差区别考虑，即煤气温度按 1000℃，而物料按 900℃计算。

4.3.5.2 计算过程

（1）热量收入。主要是风口前焦炭、煤粉、重油的燃烧以及热量带入的热量，与全炉热平衡计算方法相同。

故 $$Q_{收入} = Q_C + Q_风 = 4514800.230\text{kJ}$$

（2）热量支出。铁等元素的还原，脱硫，石灰石分解，水分分解等均与全炉热平衡相同，故：

1）$Q_{还原}$ = 1484928.000kJ

2）Q_S = 15525.400kJ

3）$Q_{石}=88831.392\text{kJ}$

4）$Q_{水}=26880.540\text{kJ}$

而以下各项要分别计算：

5）$Q_{渣}$：进入高温区时按900℃计算，而离开高炉时按1450℃考虑，炉渣从900℃加热到1450℃，焓按增加837.4kJ/kg渣计算，另外也要扣除成渣热。因此

$$Q_{渣}=376\times200-43.5\times0.438\times270\times4.187$$
$$=293324.472\text{kJ}$$

6）$Q_{铁水}$：与$Q_{渣}$计算相同，进入高温区按900℃考虑，此温度下的焓为607.115kJ/kg计算，而离开高炉则按1400℃时约为1201.669kJ/kg来计算，故

$$Q_{铁水}=1000(1201.669-607.115)=594554.00\text{kJ}$$

7）$Q_{煤气}$：当温度为1000℃时，煤气中各成分的焓可查热力学数据表。

$CO=1.411$，$N_2=1.411$，$H_2=1.318$

要计算煤气从高温区带走的热，必须知道高温区煤气量及其成分，现计算如下：

已知风口前燃烧碳 $C_{风口}=277.1\text{kg}$

故风口前碳燃烧的煤气成分与煤气量为：

$$V_{CO}=\frac{22.4}{12}\times C_{风口}=\frac{22.4}{12}\times278.2=517.3\text{m}^3$$

$$V_{H_2}=V\times\varphi\%+\frac{22.4}{2}\times H_{喷}$$

已知　$V=1111\text{m}^3,\varphi=0.0022,H_{2喷}=3.964$

因此 $V_{H_2}=1111\times0.22\%+\dfrac{22.4}{2}\times3.964=46.85\text{m}^3$

$$V_{N_2}=V_{风}(1-\omega)+\frac{22.4}{28}\times N_{喷}$$

$$=1111(1-0.2327)+\frac{22.4}{28}\times0.64=852.98\text{m}^3$$

则炉缸煤气量 $=517.3+46.85+855.28=1417.13\text{m}^3$

其成分为

$$CO = 36.9\%, N_2 = 60.10\%, H_2 = 3.3\%$$

炉缸煤气在上升过程中，由于直接还原的原因，使CO量不断增加，H_2和CO含量不断升高，直到1000℃进入间接还原区时：

$$V'_{CO} = 517.3m^3 + \frac{22.4}{12} \times (C_{Fe,r_d} + C_{Si} + C_{Mn} + C_P$$

$$+ C_{熔CO_2}) + \frac{1}{2}CO_{熔} \times \frac{22.4}{44} + CO_{焦}$$

$$= 517.3 + \frac{22.4}{12} \times (11.56 + 0.5 \times 43.5 \times 0.431)\frac{22.4}{44}$$

$$+ 386 \times 0.008 \times 0.37\frac{22.4}{28} = 735.52m^3$$

$$V'_{H_2} = 46.85 + \frac{22.4}{2}H_{焦}$$

$$= 46.85 + \frac{22.4}{2} \times 386(0.008 \times 0.06 + 0.005)$$

$$= 70.54m^3$$

$$V'_{N_2} = 852.98 + \frac{22.4}{28}N_{2焦}$$

$$= 852.98 + \frac{22.4}{28} \times 386(0.008 \times 0.18 + 0.005) = 854.6m^3$$

进入间接还原区时煤气总量 $= V'_{CO} + V'_{N_2} + V'_{H_2} = 1660.62m^3$

其中：CO% =44.3%，H_2% =4.23%，N_2% =51.47%

在1000℃，煤气中各成分具有的热容：

CO = 1.411kJ/（kg · K），H_2 = 1.318kJ/（kg · K），

N_2 = 1.411kJ/（kg · K）

则

$$q_{CO} = 735.52 \times 1000 \times 1.411 = 1037818.72kJ$$

$$q_{N_2} = 854.60 \times 1000 \times 1.411 = 1205840.60kJ$$

$$q_{H_2} = 70.54 \times 1000 \times 1.318 = 92971.22kJ$$

$$\Sigma q_{CO,N_2,H_2} = 2336631.04\text{kJ}$$

而且

焦炭进入高温区时的焓为 1339.84kJ/kg 渣

$$Q_{焦炭} = 386 \times 1339.84 = 526808.34\text{kJ}$$

应减去焦炭本身进入高温区所带的热量：

$$Q_{煤气} = \Sigma Q - Q_{焦炭} = 2336631.04 - 526808.340$$
$$= 1809822.700\text{kJ}$$

8）冷却水及其他热损失 $Q_{损}$。本例题应用差值法计算：

$$Q_{损} = Q_{收入} - Q_{1\sim7} = 4465024.558 - 4313866.504$$
$$= 151158.054\text{kJ}$$

4.4 高炉内各种耗碳量的计算

4.4.1 还原耗碳量计算

4.4.1.1 已知条件

根据配料计算、物料平衡及热平衡数据可知：

（1）生铁成分（%）：

Fe	Si	Mn	P	S	C
94.60	0.49	0.46	0.038	0.03	4.35

（2）每吨生铁加废铁量 61kg，其中 Fe = 80%；每吨生铁加石灰石 43.5kg，其中 CO_2 = 43.1%。

（3）每吨生铁需从矿石中还原的铁量 = 897.18kg。

4.4.1.2 计算内容

（1）铁的直接还原耗碳 $C_{Fe,r_d} = 897.18 \times 0.214 \times r_d = 191.998 r_d$，kg

（2）铁中渗碳量 $C_{生铁} = 43.5\text{kg}$

（3）形成甲烷耗碳量 $C_{CH_4} = 6.0\text{kg}$（大约是焦炭碳量的 1% ~5%）

（4）石灰石有大约一半在高温区分解，它形成的 CO_2 被碳（C）还原成 CO，因而消耗碳（$C_{熔剂}$）。

$$CaCO_3 \xlongequal{\quad} CaO + CO_2$$

$$CO_2 + C \xlongequal{\quad} 2CO$$

$$C_{熔剂} = 43.5 \times 0.431 \times 0.5 \times \frac{12}{44} = 2.505\text{kg}$$

（5）Si，Mn，P 还原耗碳（$C_{Si,Mn,P}$）

$$C_{Si,Mn,P} = 4.9 \times \frac{24}{28} + 4.6 \times \frac{12}{55} + 0.38 \times \frac{60}{62} = 5.56\text{kg}$$

当生铁成分一定，而

$$r_d = 1.0 \text{ 时}, \Sigma C_{1\sim5} = 249.563\text{kg}$$

$$r_d = 0 \text{ 时}, \Sigma C_{1\sim5} = 57.565\text{kg}$$

根据 $r_d = 1.0$ 和 $r_d = 0$ 时的两点在图上作 *AB* 线。

当考虑间接还原耗碳时（r_i），而生铁成分又为一定，则

（1）间接还原铁耗碳 $C_{r_i,Fe} = \frac{12}{56} \times n \times (1 - r_d)$ 897.19，取最低 n 值 = 2.73（685℃时）

$$C_{r_i,Fe} = 455.612(1 - r_d)\text{kg}$$

（2）生铁中渗碳耗碳量 $C_{生铁} = 43.5\text{kg}$

（3）形成甲烷耗碳量 $C_{CH_4} = 6.0\text{kg}$

（4）$C_{熔剂} = 43.5 \times 0.431 \times 0.5 \times \frac{12}{24} = 2.505\text{kg}$

（5）$C_{Si,Mn,P} = 4.9\frac{24}{28} + 4.6\frac{12}{55} + 0.38\frac{60}{62} = 5.56\text{kg}$

当生铁成分不变，原料条件、操作条件都稳定时，

$$r_i = 1(\text{即 } r_d = 0), C_{r_i} = \Sigma C_{1\sim5} = 513.77\text{kg}$$

$$r_i = 0(\text{即 } r_d = 1), C_{r_i} = \Sigma C_{1\sim5} = 57.565\text{kg}$$

根据 $r_i = 1$，$r_i = 0$ 时的两点在图 4-2 上作 *CD* 线，*AB* 线与 *CD* 线相交于 *O* 点，在 *O* 点直接还原耗碳与间接还原耗碳量相等，因此在 *O* 点由于还原耗碳量是最省的。图上的 *COB* 折线是用于还原的总耗碳量的变化线，现分析如下：

如果只考虑 FeO 的还原：

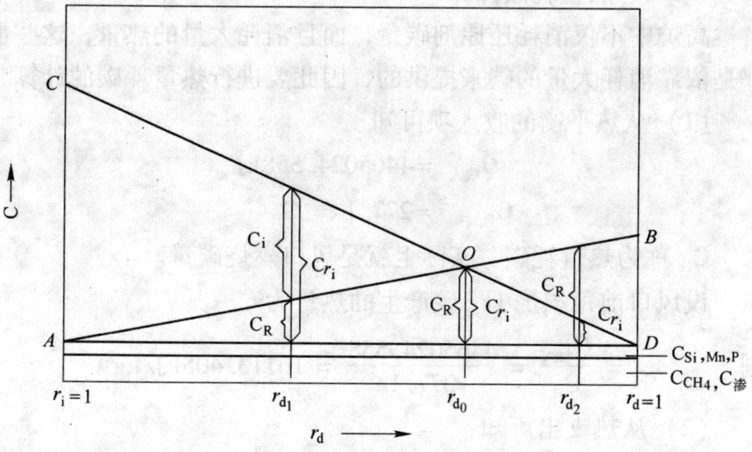

图 4-2　还原耗碳与还原度关系图解

（1）当直接还原度 = r_{d_1} 时，直接还原耗碳为 C_R，间接还原耗碳为 C_{r_i}，由于 $C_{r_i} > C_R$，即直接还原耗碳产生的 CO 量，供间接还原不够，还需另外再补充 C_i 来产生 CO 去满足间接还原用，故还原总耗碳为 $C_{r_i} = C_R + C_i$。

（2）当直接还原度 = r_{d_2} 时，由于 $C_R > C_{r_i}$，说明由于直接还原产生的 CO 量供间接还原用后还有剩余，但还原总耗碳量仍为 C_R，如图 5-2 所示。

（3）当直接还原度 = r_{d_0} 时，$C_R = C_{r_i}$，表示直接还原耗碳 C_R 产生的 CO，刚好能满足间接还原所需的 CO。

图 4-2 还表明，还原总耗碳量最经济点既不在 100% 的直接还原处，也不在 100% 间接还原处，而是二者均有一定的合适的比例时的 r_{d_0}，在 *O* 点还原总耗碳量最省。

图中 *AD* 线表示生铁渗碳，形成甲烷耗碳，熔剂中 CO_2 还原耗碳以及少量元素 Si、Mn、P 等还原耗碳，这些部分的总碳量当生铁品种一定时，它们都是常数，故 *AD* 为一直线，其中也可以再分为几条直线，如图 4-2 所示。

4.4.2 热量耗碳计算

高炉中不仅消耗还原剂碳量，而且消耗大量的热量，这些也都是依靠消耗大量的碳来提供的，因此要进行热量耗碳的计算。

（1）从热平衡的收入项可知

$$Q_{收入} = 4465024.558\text{kJ}$$

$$C_{风口碳} = 277.1 = C_H$$

C_H 称为热量耗碳，实际上就是风口燃烧碳量。

设风口前每燃烧 1kg 碳产生的热量为 q_C

则 $$q_C = \frac{Q_{收入}}{C_H} = \frac{4465024.558}{277.1} = 16113.405\text{kJ/kg C}$$

（2）从热支出可知：

$$Q_{支出} = \Sigma q_{1\sim8}$$

其中 $$q_1 = q_{Fe,r_d} + q_{Si} + q_{Mn} + q_P$$

而且 q_{Fe,r_d} = 直接还原的铁量 × q

其中 直接还原的 Fe 量 = 897.18 × r_d

而 直接还原 1kg 铁耗热量 2717.363kJ

所以 $$q_{Fe,r_d} = 897.18 \times r_d \times 2717.363 = 2437963.653r_d$$

代入后 $$q_1 = (582269.8r_d + 26313 + 5759 + 2325.4) \times (4.187\text{kJ})$$

$$Q_{支出} = q_1 + q_{2\sim8} = (754279.4 + 582269.8r_d) \times (4.187\text{kJ})$$

当高炉冶炼条件不变，而生铁品种也一定时，q_{Si}，q_{Mn}，q_P 及 $q_{2\sim8}$ 各项均为常数。

而且 $$Q_{收入} = Q_{支出}$$

即 $$4514800.230\text{kJ} = (754279.4 + 582269.8r_d) \times (4.18\text{kJ})$$

又由于 $$q_C = \frac{Q_{收入}}{C_H}, 则\ C_H = \frac{Q_{收入}}{q_C}$$

现已知 $$q_C = 3877.784 \times (4.187\text{kJ})$$

$$Q_{收入} = (754279.4 + 582269.8r_d) \times (4.187\text{kJ})$$

即
$$C_H = \frac{Q_{收入}}{q_C} = \left(\frac{754279.4 + 5822690.8r_d}{3877.784}\right)$$
$$= 194.512 + 150.15r_d$$

与 $C_H = A + Br_d$ 相似，C_H 与 r_d 成直线关系，可以叠加在图4-2 中 AB 线上构成图 4-3，根据 $r_d = 0$，$r_d = 1.0$ 时的二点在图 4-3 上作 EF 线，即得热量耗碳线 Q。

4.4.3 理论最低焦比计算

本计算已知 $r_d = 55\%$，即图 4-3 上的 r_{d_1} 点，与 Q 线相交于 O_1 点，O_1 与纵坐标相对应的耗碳量，即可折算成工作点的焦比。

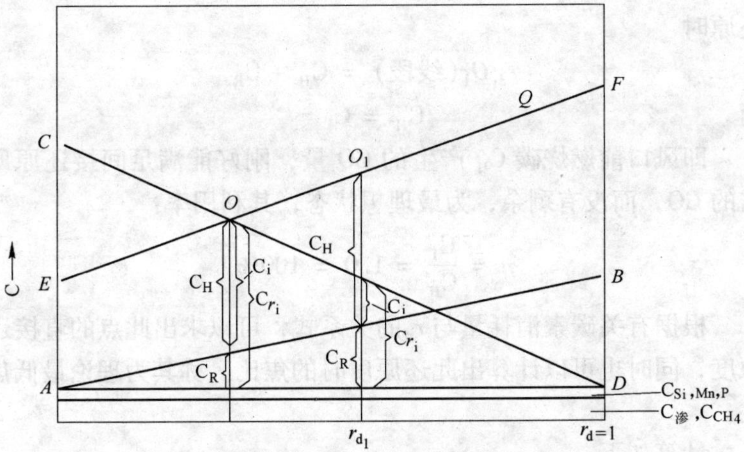

图 4-3　高炉中各种耗碳（焦比）量与 r_d 的关系

4.4.3.1 操作中焦比计算

在 r_{d_2} 时的总耗碳量，从图 4-3 上可知

$$C_{总} = C_H + C_R + C_{生铁} + C_{CH_4} + C_{Si,Mn,P,CO_2}$$

$$焦比 = \frac{C_{总}}{C_{固}\%}$$

从图 4-3 可知，C_{r_i}为间接还原耗碳量，也是还原 Fe 的总耗碳量，它的来源有两部分，一部分由直接还原耗碳产生 CO 供给，另一部分由风口燃烧碳 C_H 中的一部分碳来供给。

4.4.3.2　碳素利用率

当直接还原度为 r_{d_2}时（即 55%），$C_H < C_{r_i}$

风口前燃烧碳 C_H，产生 CO 供间接还原后还有剩余，其利用率为 η，称为碳素利用率：

$$\eta = \frac{C_i}{C_H}$$

4.4.3.3　理论最低焦比计算

在 $r_d = 55\%$ 的操作条件下，如果改善操作，降低直接还原度，由 r_{d_1}降到 r_{d_0}，其他条件不变的话，而且如果只考虑 FeO 的还原时

$$r_{d_1}O_1(\text{线段}) = C_H + C_R$$

而

$$C_H = C_1$$

即风口前燃烧碳 C_H 产生的 CO 量，刚好能满足间接还原所需的 CO，而没有剩余，为最理想状态，其利用率：

$$\eta = \frac{C_1}{C_H} = 1.0 = 100\%$$

根据有关碳素消耗量与 r_d的关系式，可以求出此点的直接还原度，同时也可以计算出此还原度时的焦比，称其为理论最低焦比。

计算如下：

在图 4-4 上的 η_1 点时，

$$C_H + C_{R(\text{Fe})} + C_{\text{Si,Mn,P,CO}_2} + C_{\text{生铁}} + C_{\text{CH}_4}$$
$$= C_{r_i(\text{Fe})} + C_{\text{Si,Mn,P,CO}_2} + C_{\text{生铁}} + C_{\text{CH}_4}$$

将本计算例题中有关数据代入可得

$$194.51 + 150.15r_d + 191.998r_d + 8.06 + 49.6$$
$$= 455.612(1 - r_d) + 8.06 + 49.5$$

$$797.76r_d = 261.102$$

$$r_d = 0.327$$

如以 $r_d = 0.327$ 代入，可得

$$C_{总} = 363.952\text{kg}$$

理想焦比 $$K = \frac{C_{总}}{C_{固}\%}$$

式中由于有焦、煤、油，如取 $C_{固} = 0.84$

则 $$K = \frac{363.952}{0.84} \approx 434\text{kg}$$

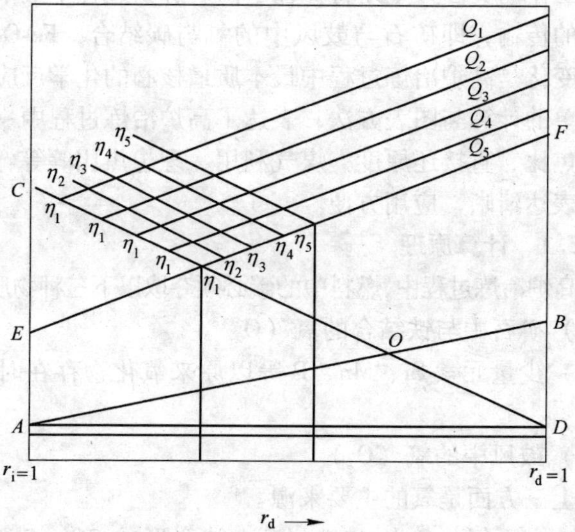

图 4-4 碳素利用率示意图

K 值为 440kg，即为本题条件下的理论最低焦比。

在实际生产中，以 Q 表示的热量线是不断降低的，以 Q_1、Q_2、Q_3、Q_4 等表示，在图 4-4 上每条热量线上都有相应的 η_1、η_2、η_3…等点。再将每条热量线上的 η_1、η_2、η_3…等分别相连，可以得到很多的等效率线。在热量线上，随着 r_d 的降低，碳素

利用率升高，在不同的热量线 Q 上，η_1 点的利用都最理想，均为100%，故 CO 线上每一点都是理想焦比点，如 η_1 代表100%，则 η_2、η_3、η_4…可代表90%、80%、70%…。

当其他条件改变时，如风温，也可以根据变化的范围做出很多相应的其他曲线。

4.5 里斯特图解

里斯特（A. Rist）图解又称为高炉操作线。从以上一系列计算可知，物料平衡、热平衡及直接还原度等计算过程非常繁杂。在法国工作的美国人里斯特抓住了高炉炼铁过程中最本质的反应——氧的传输，即矿石与鼓风中的氧与碳结合，Fe-O-C 三元系的反应变化是高炉冶炼过程中最本质最核心的化学反应体系，他应用简单的计算与图表方法，表达了高炉冶炼过程中一系列的参数，如焦比、直接还原度、煤气利用、理想焦比等等，整个计算简单，表达清晰，应用方便。

4.5.1 计算原理

在高炉冶炼过程中,燃料中的碳必须夺取以下三种物质中的氧：

（1）矿石中与铁结合的氧（O_2）。

（2）少量元素 Si、Mn、P 等以原来氧化物存在时具有的氧（O_2）。

（3）鼓风中的氧（O_2）。

以上三方面是氧的主要来源。

这三方面氧（O_2）与碳（C）结合形成 CO、CO_2，这表示氧的去向。

在平面坐标系中以纵坐标代表冶炼单位铁（Fe）夺取的三种氧量，用 O/Fe 表示，并以氧铁原子数之比为单位，即表示氧的来源。横坐标一个 C 原子结合的氧原子数，用 O/C 表示，体现了氧的去向，如图 4-5。

冶炼每个原子铁所夺取的 O_2 原子愈多，煤气中与 C 结合的氧原子也愈多，显然二者是一直线关系。从图 4-5 可知：

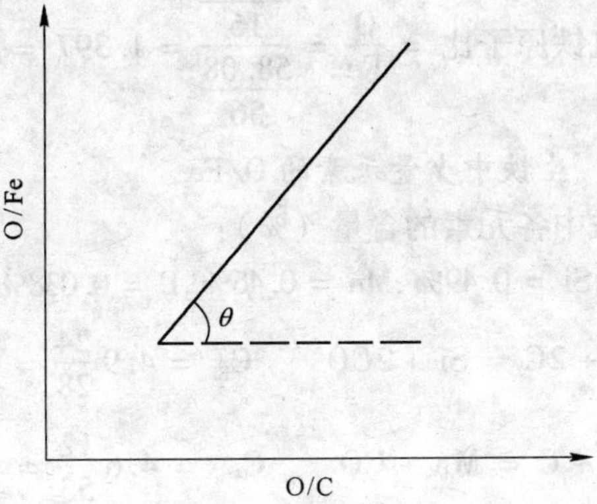

图 4-5　操作线坐标示意图

$$\tan\theta = u = \frac{\frac{O}{Fe}}{\frac{O}{C}} = \frac{C}{Fe}$$

C/Fe 代表冶炼一个铁原子所消耗的碳原子数，它具有与焦比相同的意义。

C/Fe 还代表冶炼一个 Fe 原子所产生的煤气量，因而明显地说明，还原过程就是氧的传输过程。

4.5.2　氧的传输计算

下面结合本例题来介绍操作线的计算过程。

4.5.2.1　还原氧化铁中的 O/Fe 原子比

已知混合矿中的 Fe = 15.75%，Fe_2O_3 = 65.66%

则 FeO 中的 $O_2 = 15.5 \times \frac{16}{72} = 3.5\%$

Fe_2O_3 中的 $O_2 = 65.66 \times \frac{48}{160} = 19.69\%$

混合矿中全部氧（O_2）= 3.5 + 19.69 = 23.19%

又已知混合矿中全铁量 TFe = 58.08%

矿石中氧原子与铁原子之比为

$$氧铁原子比 = \frac{O}{Fe} = \frac{\frac{23.19}{16}}{\frac{58.08}{56}} = 1.397 = Y_A$$

4.5.2.2 生铁中少量元素的 O/Fe

已知生铁中各元素的含量（%）：

C = 4.35%，Si = 0.49%，Mn = 0.46%，P = 0.038%，S = 0.03%

$$SiO_2 + 2C = Si + 2CO \qquad C_{Si} = 4.9\frac{24}{28} = 4.2kg$$

$$MnO + C = Mn + CO \qquad C_{Mn} = 4.6\frac{12}{55} = 1.0kg$$

$$P_2O_5 + 5C = 2P + 5CO \qquad C_P = 0.38\frac{60}{62} = 0.37kg$$

$$FeS + CaO + C = Fe + CaS + CO$$

$$C_S = 376 \times 0.0092\frac{12}{32} = 1.30kg$$

$$C = C_{Si} + C_{Mn} + C_P + C_S = 6.86kg$$

还原过程中，由于一个碳原子与一个氧原子相结合，所以知道碳原子数之后，就可以知道氧原子数。而冶炼 1t 生铁还原的 Fe 量为 897.18kg，则

$$\frac{O}{Fe} = \frac{\frac{6.86}{12}}{\frac{897.18}{56}} = 0.0356 = Y_u$$

4.5.2.3 鼓风中氧与碳结合成氧化碳的 O/Fe

前面已经计算出风口前燃烧碳量为

$$1111 \times 0.2327/0.933 = 277.1kg$$

$$O/Fe = \frac{\frac{277.1}{12}}{\frac{897.18}{56}} = 1.441 = Y_b$$

4.5.2.4 煤气中的 O/C

由于石灰石量很少，因此不考虑石灰石分解后的 CO_2 对煤气成分的影响，如果石灰石量多时，应折算后扣除。

$$O/C = \frac{2CO_2 + CO}{CO_2 + CO} = 1 + \frac{CO_2}{CO_2 + CO}$$

已知煤气中 CO＝27.9%，CO_2＝17.6%

因此 $O/C = 1 + \frac{17.6}{17.6 + 27.91} = 1.386 = X_A$

4.5.3 绘制操作线

以纵坐标为 O/Fe，横坐标为 O/C，如图 4-6 所示，操作线图的做法如下：

（1）纵坐标上取 $Y_A = 1.397\left(矿石中的\frac{O}{Fe}\right)$。

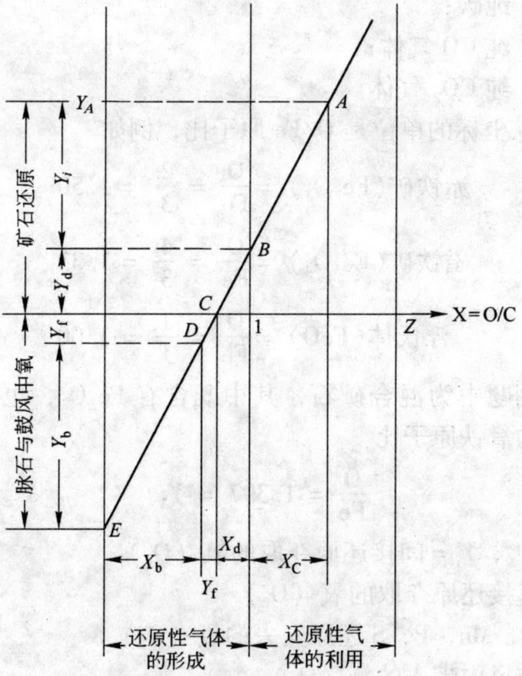

图 4-6 操作线示意图

（2）横坐标上取 $X_A = 1.386$（煤气中的 O/C）。

X_A 与 Y_A 相交于 A 点，A 点为操作线的一个端点。

（3）在纵坐标负的方向取 $Y_u = 0.0356$，即 u 点。

（4）从 u 点开始，继续往负的方向取 $Y_b = 1.441$ 得 E 点，E 点即为操作线的另一端点。

（5）联 AE 线，即为所求的操作线。

4.5.4　操作线说明

（1）图 4-6 是根据本例题做出的操作线图，数据是以还原 1kg 铁原子为单位计算的，采用平面坐标体系。

横坐标的单位是 O/C 原子比，左半部 O/C 原子比小于 1，表示高炉下部高温区碳氧化成 CO 的直接还原区，右半部 O/C 原子比大于 1，代表 CO 变为 CO_2 的间接还原区。

$X = 0$，纯碳；

$X = 1$，纯 CO 气体；

$X = 2$，纯 CO_2 气体。

（2）纵坐标的单位是 O/Fe 原子比，例如

$$\text{赤铁矿}(Fe_2O_3) = \frac{O}{Fe} = \frac{2}{3} = 1.50$$

$$\text{磁铁矿}(Fe_3O_4) = \frac{O}{Fe} = \frac{4}{3} = 1.33$$

$$\text{浮氏体}(FeO) = \frac{O}{Fe} = \frac{1}{1} = 1.00$$

在本例题中为混合矿石，其中既含有 Fe_2O_3，也含有 FeO，故按综合的氧铁原子比

$$\frac{O}{Fe} = 1.397 = Y_A$$

在图中，Y_i = 间接还原夺取的氧（O_2）

Y_d = 直接还原夺取的氧（O_2）

Y_u = Si，Mn，P，S 还原失去的氧（O_2）

Y_b = 鼓风中带入的氧（O_2）

$Y_{总} = Y_i + Y_d + Y_u + Y_b$，表示冶炼一个铁原子时，燃料中的 C

能得到的总氧量。

（3）横坐标上有关各点的解释如下。

1）E 点，$XE=0$，表明风口前焦炭的燃烧是高炉冶炼过程的起点，E 点表示鼓风提供的氧量是 Y_b，还没有同碳反应，故 $XE=0$。

2）D 点，$XD=X_b$，表示鼓风中氧产生的 CO 量。

3）C 点，是表示从铁的氧化物中来的氧，和其他来源氧生成的 CO 的分界点，也是铁氧化物还原的起点。

当 $Y_C=0$ 时，则 $X_C=X_b+X_u$

4）B 点，是直接还原与间接还原的理论分界点，此点气相中不含 CO_2。

$$X_B = X_b + X_u + X_d = 1.0$$

5）A 点，描述炉内矿石与炉顶煤气情况：

X_A——炉顶煤气中的 C 的氧化度，

$$X_A = 1 + X_i = 1 + \frac{CO_2\%}{CO\% + CO_2\%}$$

当 $X_A=0$ 时，则 $Y_A=Y_i+Y_d$，即炉料中铁的原始氧化度，也是通过直接还原与间接还原从矿石内铁的氧化物中夺取的氧量。

（4）操作线还说明以下内容。

1）B 点的纵坐标 Y_d，表示铁的直接还原度。

2）AE 为斜率，实际上就是焦比，斜率不同，焦比不同。

3）操作线对炼铁工艺理论的发展上可给予很高的评价，它把工艺指标与基础理论结合起来，如矿石成分（氧化度），生铁成分（D 点坐标），吨铁风量消耗（E 点），炉顶煤气利用（A 点坐标），高炉焦比（AE 的斜率）等等用一条直线一目了然地表达出来。

4.5.5 操作线的极限范围

4.5.5.1 物料平衡的限制

A 点：高炉内 Fe 基本上是100%还原的，因而炉料中铁的氧化度决定了 A 点的纵坐标，而且高炉内 C 的氧化度又必然在 CO

与 CO_2 之间，因此 A 点横坐标必然在 1 与 2 之间。

C 点：高炉冶炼的特点决定了一定有相当部分的碳（C）进入高温区后氧化成 CO，而且理论与实践都证明，当 $r_d = 0$ 时，并不是焦比最低，故操作线与横坐标的交点 C，必然在 0 与 1 之间。

4.5.5.2　化学平衡的限制

（1）主要确定轮廓线，即 W 点，一般取

$$X_W = 1.31$$

$$Y_W = 1.05$$

（2）W 点确定原理。从煤气化学能的利用看来，FeO 被 CO 还原的平衡气相成分，是煤气利用程度的限制性环节，从各种 Fe 的氧化物被 CO 还原时的平衡气相成分可知，Fe_2O_3、Fe_3O_4 还原到 FeO 比较容易，见图 4-7，而 FeO 还原到 Fe 则比较困难，要求煤气中有过量的 CO，由于 FeO 被 CO 还原是放热反应，所以随温度升高时平衡气相成分中 CO 也增高。但是由于 C 的汽化反应，即 $C + CO_2 = 2CO$ 反应的影响，高炉炉身间接还原区与直接还原区一般以 900 ~ 1000℃分界，其具体温度，还取决于焦炭

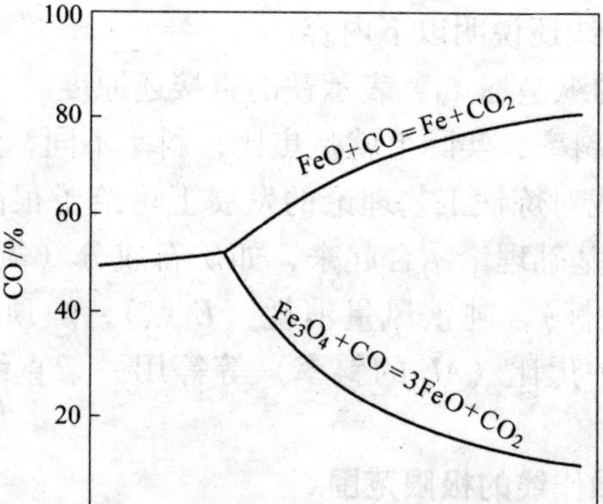

图 4-7　氧化铁还原 CO-t 平衡图

的反应性，反应性好的取低值，反应差的取高值。当高于此温度时 CO_2 将快速变为 CO，而无间接还原区存在，因此该温度与间接还原利用的极限温度，也是最高的温度界线，一般取 900℃，故必须保证在 900℃之下，CO 能将 FeO 还原为 Fe。

根据图 4-7 可知，900℃时煤气中 CO 的平衡值为 69%（CO_2 = 31%），即煤气中至少应保证 69% CO，否则 Fe 不能完全还原出来，也就是使煤气中 CO_2 最多只能有 31%。

因此
$$X_W = 1 + \frac{31}{100} = 1.31$$

但是，在同一温度下，铁的氧化物的氧化程度则由 Fe-O 系相图决定，见图 4-8。从相图可知，在此温度时，对 FeO 来说氧含量不是一个定值，故以 Fe_xO 表示，这是由于 Fe 原子常常缺位

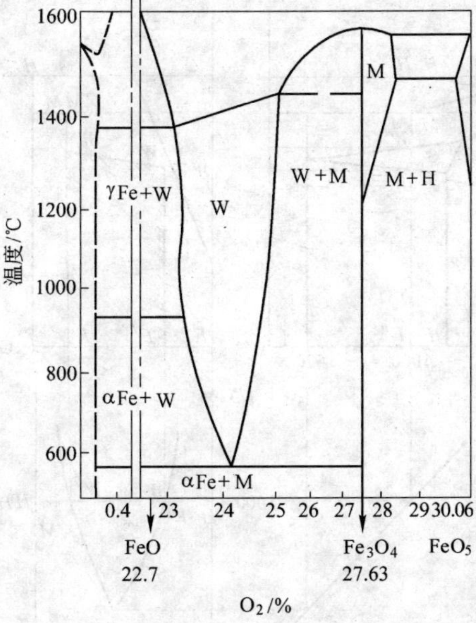

图 4-8　Fe-O 相图

的原因，即 $x \neq 1$，而是 $x = 0.95$

故 $$\frac{O}{Fe} = \frac{1}{0.95} = 1.05 \quad (\text{最高可达 } 1.09)$$

$$Y_W = \frac{O}{Fe} = 1.05$$

由上述两个密切相关的平衡图，在操作线的平面坐标上，构成了一条轮廓线，见图4-9，操作线与轮廓线相切，切点为 W。

（3）炉身工作效率（η）。当操作线通过 W 点时，从作图原理可知，说明还原反应达到了平衡，在这一点，CO 的利用率最高，能被利用的 CO 全部被应用，此时炉身工作效率最为理想，达到100%，当操作线远离 W 点，说明能利用的 CO 没有充分利用，即炉身工作效率差。

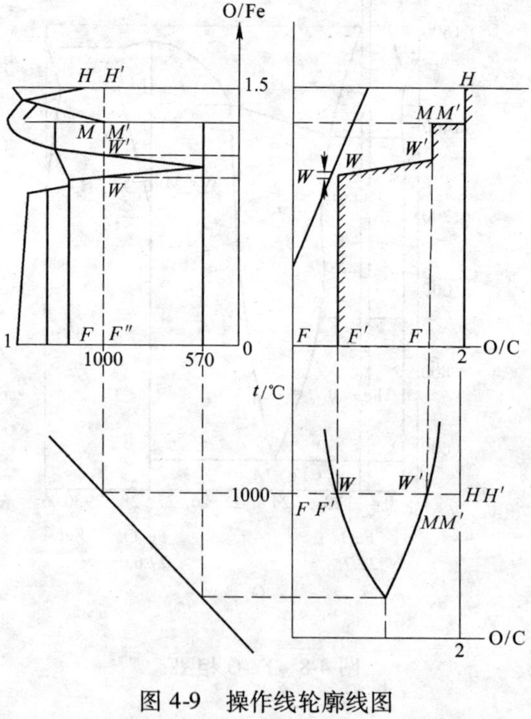

图 4-9　操作线轮廓线图

从图 4-9 可知，当操作线通过 G 点时，离 W 点最远，煤气中无 CO_2，说明煤气利用最差，由于煤气中全是 CO，故炉身工作效率为零，即图 4-10 中的$\frac{GZ}{GW}$之比值，代表炉身工作效率。

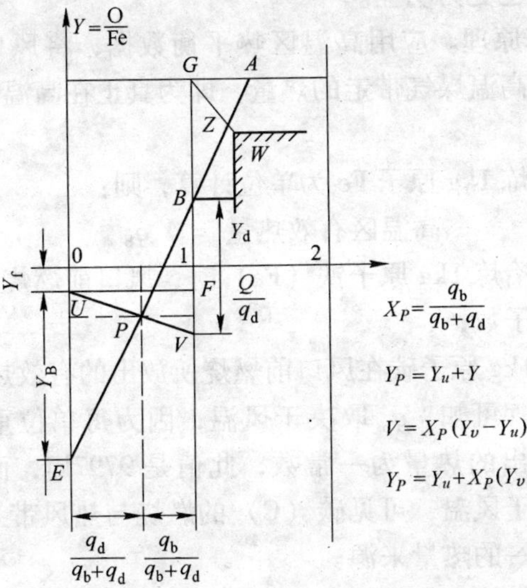

图 4-10　热平衡限制点的确定示意图

4.5.5.3　能量平衡的限制（P 点确定）

冶炼单位生铁热量消耗过大，绝大多数高炉主要由于焦比过高，炉顶煤气中 CO 远远大于 FeO 达到平衡时所要求的含量，说明煤气化学能没有被充分利用。

(1) 煤气利用的潜力到底有多大，在热平衡基础上，也可以用操作线分析出来，这就是确定图 4-10 上的 P 点坐标。

通过操作线图可知，如果给定了 Y_u，Y_b 与 Y_d 三个参数，则联 BE 两点后就可以确定操作线，当生铁成分一定时，Y_u 是一常数，则操作线取决于 Y_b 与 Y_d 这两个参数，而这两个参数中的任何一个都与高炉冶炼热支出密切相关，其中 Y_b 是风口前 1kg 原子 C 的放出热量，Y_d 是冶炼 1kg 原子 Fe 时直接还原吸收的热量，任何热平衡中都包括这两项，而且二者成线性关系，这就预示着，由于热平衡的限制，操作线要通过某一确定的点，为了找出此点，应用高温区热平衡结果，因为高温区热平衡对焦比的影响更为直接，也更为明显。

（2）计算原理。应用高温区热平衡数据，将风口前碳燃烧的总热量减去高温煤气带走的热量，即为真正在高温区所消耗的热量。

若以每冶炼 1kg 原子 Fe 为单位计算，则：

$$高温区有效热量 = Y_b q_b$$

式中 Y_b——冶炼 1kg 原子铁（Fe）时，风口前燃烧（C）的原子数；

q_b——1kg 原子碳在风口前燃烧所放出的有效热量。

由冶炼原理可知，q_b 取决于风温，因为每单位重量 C 在风口前燃烧所放出的热量为一常数，此值是 9797kJ，而热风带入的热量又取决于风温，可见碳（C）的燃烧与热风带入的热量是高炉冶炼时唯一的热量来源。

而高温区的热支出中，可以把它分为两大类。其一，铁的直接还原消耗的热量，在冶炼 1kg 原子 Fe 为计算单位时，这部分消耗的热量为 $r_d q_d$，其中 r_d 为 Fe 的直接还原度，q_d 为每还原 1kg 原子 Fe 消耗的热量，一般为常数，等于 152197kJ。

$$FeO + C = Fe + CO - 152197kJ$$

其二，高温区其他各项消耗的总和，以 Q 表示，它包括 Mn，P，Si，S 等的还原，石灰石分解，水分分解，炉渣与铁水、冷却水等带走的热损失。

根据热平衡原理可知

$$Y_b q_b = r_d q_d + Q,由于\ r_d = Y_d$$

上式可变为

$$Y_b q_b = q_d\left(Y_d + \frac{Q}{q_d}\right)$$

$$\frac{Y_b}{Y_d + \frac{Q}{q_d}} = \frac{q_d}{q_b}$$

式中，$\frac{Q}{q_d}$的物理意义，是其他各项热量消耗的总和相当于直接还原多少千克原子铁所消耗的热量，它的量纲与 Y_d 相似，在操作线的平面图上用 FV 代表，见图 4-10。

在图 4-10 中，

$$VB = BF + VF = \frac{Q}{q_d} + Y_d$$

由于$\triangle UEP$ 与$\triangle BFV$ 相似，

所以 $$\frac{UE}{VB} = \frac{Y_b}{Y_d + \frac{Q}{q_d}} = \frac{q_d}{q_b}$$

则 $$\frac{UE}{VB} = \frac{q_d}{q_b}$$

从两个相似直角三角形可知，UV 线上一固定点 P，将 UV 分成为如下比值：

$$\frac{PU}{PV} = \frac{X_P}{1 - X_P} = \frac{UE}{VB} = \frac{q_d}{q_b}$$

即 $$\frac{X_P}{1 - X_P} = \frac{q_d}{q_b} \quad X_P = \frac{q_d}{q_d + q_b}$$

而且 $$\frac{PU}{VP} = \frac{(Y_P - Y_u)}{(Y_V - Y_P)} = \frac{X_P}{1 - X_P}$$

可得 $$Y_P = Y_f + X_P\left(\frac{Q}{q_d} - Y_f\right)$$

X_P、Y_P 即为 P 点坐标，因此只要知道$\frac{Q}{q_d}$，就可以求出 P 点坐标。

结合本例题，继续计算如下：

已知高温区有效热 $=4465024.558-1809822.700$

$=2655201.858\text{kJ}$

由于 $$Y_bq_b=\frac{2655201.858}{897.18}=165732.592\text{kJ}$$

则 $$q_b=\frac{165732.592}{Y_b}=\frac{165732.592}{1.441}$$

$$=115012.208\text{kJ/kg 原子铁}$$

$$Y_dq_d=r_dq_d=0.55\times36350\times4.187$$

$$=83708.598$$

则 $$Q=Y_bq_b-Y_dq_d=165732.592-83708.598$$

$$=82023.994$$

因此 $$\frac{Q}{q_d}=\frac{82023.994}{152197.450}\approx0.539$$

即 $$Y_V=0.539$$

在 $X=1$ 的垂线上，从负的方向取 0.539 得 FV，再与 UV 与操作线相交于 P 点，P 点即为所求结果。

因 $$X_P=\frac{q_d}{q_d+q_b}=\frac{152197.450}{152197.45+115012.208}$$

$$=\frac{152197.450}{267209.658}\approx0.569$$

$$Y_P=Y_f+X_P\left(\frac{Q}{q_d}-Y_f\right)$$

$$=0.0356+0.569(0.539-0.0356)=0.322$$

计算结果得 $X_P=0.569$，$Y_P=0.322$，在操作线上按比例绘制的平面图上，也可以量得

$$X_P=0.57,Y_P=0.33$$

计算结果与直接量得的数值基本相符，此即为 P 点坐标，也即是受到热平衡所限制的 P 点。

4.5.6 理想操作线

P 点确定之后，根据定义，与轮廓线 W 相切的操作线 PW，

代表理想操作线，其斜率为

$$U_{理} = \frac{Y_W - Y_P}{X_W - X_P}(原子\ C/\ 原子\ Fe)$$

任一非理想操作线由 PH 代表，其斜率大于理想操作线，见图 4-11。

$$U - U_{理} = \frac{Y_H - Y_W}{X_W - X_P} = \frac{H}{X_W - X_P}$$

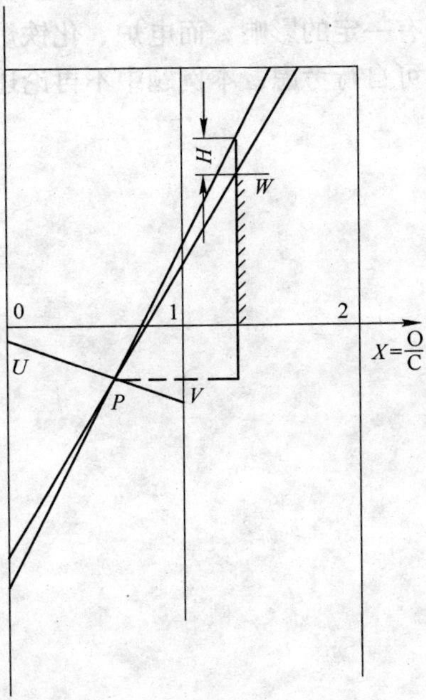

图 4-11　理想操作线示意图

$U - U_{理}$ = 可望节约的焦炭量，计算时要将 kg 原子 Fe 换算成每吨生铁，但还要乘以一个系数，其系数值 $= \frac{12}{56} \times 1000 = 215$

即

$$\Delta K = \frac{215}{\%C}\frac{H}{X_W - X_P}, kg/t$$

在本例题中还可以从图上直接量得，$H=0.14$

又已知 $X_W=1.31$，$X_P=0.563$

并已知 C% =0.8567

$$\Delta K=\frac{215\times 0.14}{0.8567(1.31-0.57)}=47\approx 50\text{kg/t}$$

在本例题的条件下，进一步改善操作，节约焦比的潜力为50kg/t左右。

关于风温的影响，喷吹煤粉及重油，以及大量使用石灰石的高炉，对操作线有一定的影响，而电炉、化铁炉与高炉操作线相比也各有不同，可自行考虑，本例题中不再论述。

5 高炉冶炼操作技术

5.1 高炉冶炼的特点

5.1.1 高炉冶炼的任务

把铁矿石冶炼成合格生铁是高炉冶炼的根本任务。

高炉冶炼过程是在密闭的竖炉内进行，经历一个极为复杂的物理化学的反应过程，实质上冶炼过程基本上是氧的传输与热的交换过程。铁矿石在炉内不断下降，随着温度的升高氧化铁逐渐失氧而被还原、熔化，其他元素的还原，最终冶炼成合格铁，根据冶炼任务需要做好以下各项工作：

(1) 国内外生产实践与理论研究均早已证明，做好精料工作是高炉冶炼的基础。

(2) 合理的高炉内型，良好的高炉本体结构与性能良好的高炉附属设备，是搞好高炉冶炼的基本条件。

(3) 处理好炉料与煤气流的合理分布与运动，是搞好高炉冶炼的基本方法，也是维持高炉顺行的主要手段。

(4) 炉料经过很好的加热，还原，渗碳，熔化，造渣，脱硫等一系列反应后，得到合格铁水，这是完成高炉冶炼任务的基本反应过程。

(5) 合理利用资源，充分利用能量，以便达到最佳冶炼效果，这是高炉冶炼的基本目标。

5.1.2 高炉冶炼的工艺特点

高炉生产工艺与其他冶金工艺过程比较，具有以下几大特点。在生产操作过程中，工长应很好地了解与掌握这些特点。

5.1.2.1 生产过程的连续性

(1) 高炉炼铁生产各个环节如送风，加料，出渣出铁（定时或连续）等操作是长期的连续的紧密配合，除了设备定期检修与处理事故之外，一座高炉一般要连续生产6~10年以上。

（2）由于送风与下料是连续的，因此炉内的物料与煤气温度的变化，炉内的物理化学反应，炉渣与铁水的形成过程均是连续的。

（3）日常炉况的波动与变化也是连续的。

（4）炉况的调剂与处理后的反应也是连续变化的。

5.1.2.2　生产过程中炉料与煤气相对运动

炉料下降与煤气流上升，二者逆流式进行相对运动，合格铁水与合适炉渣在这一运动中完成，并进行着一系列的物理化学反应。

（1）氧化铁中的氧与焦炭中的碳或煤气中的CO的传输反应；

（2）煤气与炉料中热的对流反应；

（3）从还原角度的化学反应上要求炉料与煤气间的分布愈均匀愈好。

（4）而从高炉顺行角度上要求时，煤气与炉料不应该均匀分布，炉墙边缘与中心煤气流多一些有利于顺行

5.1.2.3　高炉炼铁反应在密闭的容器中进行

高炉炼铁是在一个圆筒形的竖炉内进行和完成的，这一炉型特点适合于炉料与煤气的相对运动；由于冶炼过程是在高温高压下进行，因此必须用钢壳与耐火材料以及冷却设备等来维持竖炉的炉型；由于以上特点要求竖炉必须密闭后才能进行生产，故无法直接观察到炉内反应的变化。

为了能及时的准确的掌握炉内的反应，顺利完成生产任务，工长采用以下方法判断与调剂炉况：

（1）依靠实践经验。高炉炼铁生产是一门实践经验很强的工艺技术，每一座高炉都必须依靠一批富有经验的技术人员。工长与工人等进行正常的生产，主要是看风口，看渣，看铁水，对于反应变化复杂的大中型高炉来说，完全依靠经验是不十分确切的。

（2）依靠监测仪表。每一座高炉都安装有大量的监测仪表，

特别是大型或巨型高炉，仪表极多，这些仪表从高炉的不同部位为工长提供所需的操作参数。由于仪表是间接反应，因此依靠经验判断与仪表判断就能比较准确的掌握炉况的变化。

（3）局部的活体取样分析。由于炉内反应看不见，观察风口、渣、铁又十分有限，为了搞清炉内发生的反应与变化，在炉体的局部位置，打眼从炉内取样分析，这为了解炉内变化与状态提供了可靠信息，因而大大地丰富了高炉操作技术的内容。

（4）高炉解剖。局部取样得到了丰富的成果，但仍然是局部的，为了比较彻底的了解炉内状态与改进高炉操作，因而进行了大规模高炉整体的解剖研究，取得了巨大成果，它将高炉生产实践与理论研究发展到了一个新的阶段。

5.1.2.4 庞大的生产体系与巨大的生产能力

一般高炉都具有庞大的主体和辅助系统，主要有：

（1）复杂的原、燃料系统；

（2）繁忙的运输系统；

（3）准确可靠的上料系统；

（4）安全畅通的煤气系统；

（5）高风温的热风炉系统；

（6）灵活及时的渣铁处理系统；

（7）可靠合理的高炉本体。

在冶金工厂，上述体系最为庞大，也最为复杂，各个体系互相牵制，互相配合才能形成巨大的生产能力。例如我国宝钢1号高炉1988年1月份的主要参数：

炉体容积4063m^3，36个风口，4个铁口

月产生铁283000t，平均日产9400～10000t

利用系数2.24t/（m^3·d），焦比435kg/t，油比48.5kg/t

综合焦比493.0kg/t

风量约7000m^3/min，风温1250℃

日耗焦炭4500t，日耗重油48.0t

日耗矿石15500t

5.1.3 软熔带与高炉操作的关系

5.1.3.1 高炉内炉料状态

根据炉料状态，可分五个带（见图 5-1）：散料带、软熔带、滴落带、风口带、渣铁带。

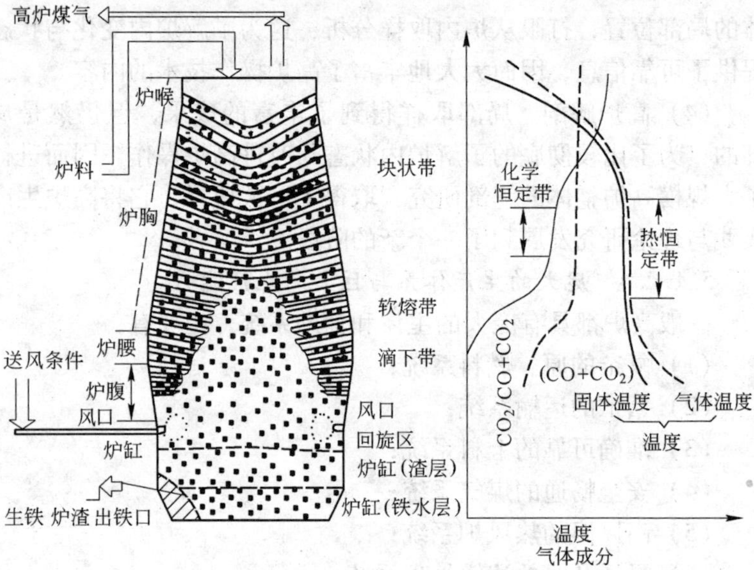

图 5-1　炉内状态图

5.1.3.2 软熔带结构与作用

矿焦层装的高炉，软熔带结构也是层状的。一层矿石一层焦炭，矿焦相间，其形状受等温线分布的影响。矿石层透气性不好；焦炭层透气性良好，又称焦窗。其结构有以下名称（见图 5-2）：

焦窗、矿石软熔层、软化线（或固相线）、熔化线（或液相线）、顶部、根部、位置。

高炉内软熔带起煤气分布器作用。从目前研究结果看，炉内煤气流的分布状态受下列因素影响而变化：

（1）风口数量与直径，决定煤气流的原始分布；

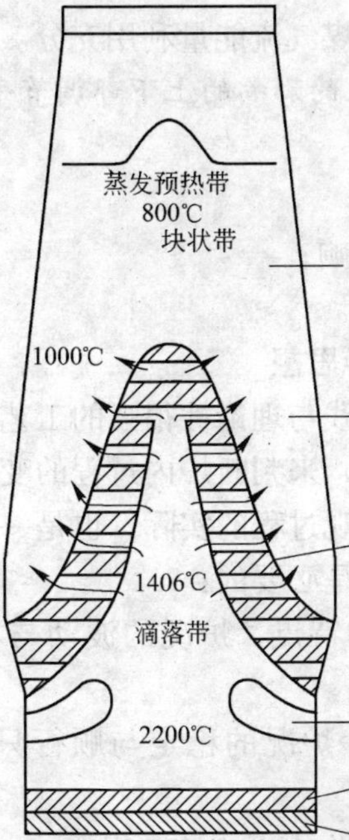

图 5-2 软熔带结构图

（2）软熔带结构与形状改变了煤气流的原始分布；

（3）炉顶布料，矿石与焦炭的物理性能与堆尖位置，改变煤气分布。

5.1.3.3 软熔带形状对高炉冶炼的影响

（1）影响铁矿石的预还原，其中倒“V”形效果最好；

（2）倒“V”形软熔带，中心温度高，煤气流活跃，炉缸工作均匀；

（3）由于倒“V”形软熔带中心温度高，炉缸工作均匀，铁水硅含量高；

（4）倒“V”形软熔带铁水脱硫效果好；

（5）倒“V”形软熔带边缘温度低有利于保护炉墙，但也需要适当地控制边缘煤气流，以防炉墙结厚；

（6）倒“V”形软熔带煤气流能量利用充分。

5.1.3.4 对软熔带产生的影响的上下部调节手段

（1）装料制度影响；

（2）鼓风动能的影响；

（3）矿石软熔性能的影响；

（4）炉缸热制度的影响。

5.1.4 高炉操作的指导思想

高炉操作是一项生产实践与理论性很强的工艺过程，通过炉外直接的与间接的现象观察，来判断炉内过程的变化，要做到主观的判断与分析符合炉内客观过程的实际，也是一件不十分容易的技术；掌握以下几点认识是必要的：

（1）由于原料与设备的特点，炉况的波动与不稳定是不可避免的；

（2）也由于上述原因，炉况的稳定与顺行只能是相对的，暂时的。

（3）高炉工长的技术操作水平应该表现在：

1）能及时掌握炉况波动的因素；

2）能尽早知道炉况不稳定的原因；

3）具有对待炉况波动的方法与手段；

4）能控制炉况变化的规律。

上述水平来源于长期的生产实践，日常细心与准确的观察，只有对炉况变化的情况明白，才能处理正确，效果显著。

（4）工长的主观判断要符合炉况的实际变化，并且要虚心的不断地修正自己的误判。

（5）实际的冶炼效果，良好的技术经济指标是检验工长技术水平的标准。

（6）统一三班操作人员的思想与调节方法以及精心操作与调动工长的积极性，对于搞好高炉操作是至关重要的。

根据一些工长的实践经验，要当好工长的关键是：

（1）掌握高炉冶炼的基本规律；

（2）选择合理的操作制度；

（3）运用不同的操作手段进行判断、调剂；

（4）保持炉况的稳定与顺行；

（5）争取优良的操作技术指标。

5.1.5 中小高炉冶炼特点

与大型或巨型的现代化装备的先进高炉冶炼相比较，中小高炉冶炼具有以下特点：

（1）原料成分波动大，质量差，往往缺少成分分析，原料品种变化频繁。

（2）检测手段不多，主要依靠经验判断与直接观察。

（3）中小高炉炉缸小，热容量小，散热快，炉况变化快，炉温易凉也易热。

（4）工长的实践经验比较丰富，但理论基础偏低。

（5）在生产指导上，一些中小厂比较重产量轻原料。

（6）在具体操作上，受大风口，全倒装，高炉温，高碱度的影响较大。

5.2 高炉操作基本内容

为了操作好高炉，我国总结了一套比较成熟的技术方针，即以精料为基础，以顺行为手段（或为前提），提高冶炼强度与降低焦比同时并重。与此方针相适应的也有一整套具体的操作制度。

5.2.1 高炉操作基本制度

通常确定四个方面的操作制度：

炉缸热制度；造渣制度；装料制度；送风制度。

5.2.2 热制度的选择

5.2.2.1 表示热制度的参数

（1）铁水温度。1350～1500℃，以铁水温度表示，又称为物理热。

（2）铁水[Si]含量。[Si]高表示温度高，又叫化学热。因为：

$FeO + C = Fe + CO$　　-152197.45 kJ　2717.36kJ/kg Fe

$SiO_2 + C = Si + CO_2$　　628426.83 kJ　22484.19kJ/kg Si

还原 1kg Si 的耗热量是还原 1kg Fe 的 8 倍，铁水含［Si］高表示炉缸温度高，反之亦然。

（3）［Si］高时，铁水温度高，通常情况均如此。

（4）［Si］低，温度也高，例如在冶炼低硅铁时，二者并不一致。

5.2.2.2　热制度选择的依据

确定高炉热制度时，一般要考虑以下诸因素与相应的条件：

（1）冶炼生铁的品种。是冶炼铸造铁还是冶炼制钢铁。

（2）本厂的原料条件。所用矿石如果含 Ti、V、F 时，一般选择低硅冶炼。

（3）高炉本体与设备状态：新开炉的或设备好的高炉，特别是炉缸完整的高炉宜多冶炼炼钢铁。旧的高炉，设备不好的高炉或炉缸侵蚀严重的高炉宜多冶炼铸造铁。

（4）技术与管理水平：

原料条件好，工长操作水平高时，［Si］含量可尽量取下限。

原料条件不好，工长操作水平不高时，［Si］含量可偏高一些。

5.2.2.3　影响热制度的因素（定性方面）

（1）原燃料质量变化，如矿石含 Fe；矿石粒度；矿石还原性；矿石含粉率；焦炭灰分；熟料比例；焦炭含硫量；熔剂用量；焦炭强度；金属附加量等。

（2）冶炼参数变化，如风温变化；湿度变化；富氧量；顶压高低；喷吹量；炉喉煤气中 CO_2 含量；透气性指数变化等。

（3）设备条件变化，如冷却器漏水；布料器工作失灵；亏料线作业；称量误差；阴雨天气；槽下过筛情况变化。

5.2.2.4 矿石性能变化

（1）Fe 含量。矿石 Fe 含量高，脉石含量少，造渣过程耗热少，渣量少，透气性好，炉况顺行，一般经验数据是：

Fe 含量增加 1%；焦比降低 2%；产量增加 3%。

（2）粒度与含粉率。炉料粒度小，比表面大，对煤气阻力大，但有利于煤气与矿石接触，还原快，有利于降低焦比。但粉末多时，透气性不好，不利于煤气合理的分布，影响高炉顺行，焦比升高。

中小高炉矿石粒度为 10 ~ 30mm；

大型高炉矿石粒度为 15 ~ 50mm；

粒度小于 5mm 粉末入炉每增加 10%，燃料增加 0.5%。

（3）烧结矿中 FeO 含量。FeO 含量高时，强度好但 $FeSiO_3$ 含量高，还原性差故消耗热量多。FeO 含量每降低 1%，焦比则降低 1% ~ 1.5%。

（4）矿石的软熔温度。矿石的软熔温度高一些，炉渣难熔一些，炉缸温度可能高一些，软熔带位置比较低一点，有利于炉况顺行。

5.2.2.5 焦炭性能

（1）灰分。由于灰分上升，$C_{固}$ 下降而发热值降低；由于灰分上升，渣量上升，耗热量增加。一般情况下，灰分上升 1%，焦比上升 2%。

（2）硫含量。焦炭带入的硫量，一般占硫负荷的 70% 以上。硫含量超过 0.8% 时一般称高硫焦，硫含量为 0.5% ~0.8% 称一般焦炭，硫含量小于 0.5% 的称低硫焦。用高硫焦冶炼时，为了保证铁水合格，通常采用提高炉温与碱度操作，焦炭含硫每提高 0.1%，焦比将上升 1.0% ~1.5%。

（3）转鼓指数。一般以转鼓指数如 M_{40} 来表示焦炭的强度指标，通常要求大于 72%。50kg 大于 50mm 粒度的焦炭，转 100 转后，以大于 40mm 的百分数为 M_{40}，此数越大表示强度越好。同时以粒度小于 10mm 的百分数为 M_{10}，此比例越小表示磨损强度指标越好。根据生产经验数据，焦炭强度的转鼓指数每提高10kg，焦比将下降2%。

5.2.2.6 影响焦比的经验参数

原燃料方面的影响因素见表5-1；操作参数方面的影响因素见表5-2。

表5-1 原、燃料因素影响燃料比的经验值

影响因素	变动量	影响燃料比的数量
矿石含Fe量	±1.0%	∓1.3%~2.1%
烧结矿FeO量	±10%	±1.0%~1.5%
熟料率	±10%	∓4%~5%
含粉率	±10%	±0.5%
焦炭灰分	±1.0%	±2.0%
焦炭含S	±0.1%	±1.0%~1.5%
焦炭转鼓	±10%	∓2.0%
石灰石量	±100kg/t	±40kg/t
废铁量	±100kg/t	∓30kg/t
烧结矿碱度	±0.1	∓2.5%

表5-2 操作参数的变化影响燃料比的经验值

影响因素	变动量	影响燃料比数量
炉渣量	±100kg/t	±40kg/t
炉顶CO_2	±1.0%	∓22kg/t
直接还原度	±10%	±8%~9%
冶炼强度	±10%	±1.0%
铁水含［Si］	±1.0%	±40~60kg/t
铁水含［Mn］	±1.0%	±20kg/t
热风温度	±100℃	∓3%~6%
鼓风湿度	±1g/m^3	±1.0kg/t
铁水含［P］	±0.1%	±3~10kg/t
炉顶温度	±100℃	±20~30kg/t

5.2.3 造渣制度的选择

5.2.3.1 造渣制度选择的原则

一般应满足以下各项要求：

（1）初成渣形成要晚一些，软熔区间要窄一点。

（2）要有良好的流动性，可以将成分换算后查黏度图求得。

（3）脱硫能力要强，即

$$L_S = \frac{(S)}{[S]}$$

值要大，一般为30～50。

（4）要利于选择还原。

（5）要具有良好的稳定性，查温度成分关系表。

5.2.3.2 碱度的确定

碱度的定义，即渣中碱性氧化物与酸性氧化物的比值。

$\frac{碱性氧化物}{酸性氧化物} = 1.0$ 时，黏度较小。

二元碱度 = CaO/SiO_2，一般为1.0～1.15

三元碱度 = $\frac{CaO + MgO}{SiO_2}$，一般为1.25～1.40

四元碱度 = $\frac{CaO + MgO}{SiO_2 + Al_2O_3}$，一般为0.8～1.0

5.2.3.3 炉渣成分与生产操作的关系

（1）处理由于碱度过高而形成的炉缸堆积时，一般宜采用低碱度高炉温操作。

（2）当炉缸有堆积或凝结物时，一般宜采用高炉温，用 CaF_2 炉渣或 MnO 炉渣洗炉。

（3）不同铁种需采用不同炉渣成分：

对于炼钢铁、低硅铁，宜用高碱度以降低 a_{SiO_2}；

对于硅铁、铸造铁，宜用酸性渣提高 a_{SiO_2}；

对于锰铁，宜用高 CaO 炉渣。

冶炼不同铁种时采用的二元碱度如下：

硅铁	铸造铁	炼钢铁	低硅铁	锰铁
0.6~0.9	0.9~1.05	1.05~1.20	1.10~1.25	1.20~1.50

5.2.3.4 利用炉渣去除有害杂质

(1) 利用高温高碱度炉渣脱硫；

(2) 利用中温低碱度炉渣排碱（K、Na）；

(3) 利用 MgO 代替 CaO，考虑三元碱度，对于脱硫排碱冶炼低硅铁均有明显效果，MgO 含量以 7%~12% 为宜。

5.2.4 送风制度的选择

5.2.4.1 送风制度的作用

高炉风口前焦炭的燃烧是炉内诸反应的核心，是影响各个反应的关键反应，风口循环区的分布与大小以及状态直接关系到炉缸工作与炉况顺行，对送风制度的要求是：

(1) 煤气分布合理；

(2) 炉缸工作均匀；

(3) 热量充足，煤气利用好；

(4) 工作活跃，铁水质量合格；

(5) 炉况顺行；

(6) 有利于炉型与设备的维护。

因此，合理的送风制度是维持高炉顺行，高产、优质及低耗的主要因素。

5.2.4.2 送风制度的指标

(1) 送风参数：

标态风速：
$$V_{标} = \frac{Q}{n\frac{\pi d^2}{4}}$$

式中，Q 为每秒风量；n 为风口个数；d 为风口直径（m），一般：

$>2000\text{m}^3$ 高炉　$V_{标} > 220\text{m/s}$

$>1000\text{m}^3$ 高炉　$V_{标} > 160\text{m/s}$

$255\sim300\text{m}^3$ 高炉　$V_{标} > 140\text{m/s}$

100m^3 高炉　$V_{标} > 80\text{m/s}$

如换算成实际风速 $V_{实}$：

$$V_{实} = V_{标}\left[\frac{1}{(1+P)} \times \frac{t+273}{273}\right]$$

式中，P 为热风表压力；t 为热风温度。

鼓风功能 E：

$$E = \frac{1}{2}mV^2$$

按送风参数换算后：

$$E = \frac{1}{2} \times \frac{1.293}{9.8} \times \frac{Q}{n}\left(\frac{Q}{nf} \times \frac{t+273}{273} \times \frac{1}{P}\right)^2$$

式中，9.8 为重力加速度；1.293 为风的密度；f 为风口面积；其他同上。

计算举例：已知风量 $210\text{m}^3/\text{min}$，6 个风口，$d_{风口} = 100\text{mm}$，风温为 850℃，$P = 700\text{kPa}$，求鼓风动能 E 是多少？

$$E = \frac{1}{2}mV^2 = \frac{1}{2} \times \frac{1.293}{9.8} \times \frac{3.5}{6}\left(\frac{3.5}{6 \times 0.00785} \times \frac{273+850}{273} \times \frac{1010}{1010+700}\right)^2$$

$$= \frac{1}{2} \times \frac{4.525}{58.8}\left(\frac{3.5}{0.0471} \times 2.419\right)^2$$

$$= 0.0384(74.3 \times 2.419)^2$$

$$= 0.384 \times 179.79^2$$

$$= 12415\text{J/s}$$

（根据已知条件，风量为 $\frac{210}{60} = 3.5\text{m}^3/\text{s}$，风口截面积为 $\pi d^2/4 = 0.00785\text{m}^2$）

影响鼓风动能的因素分析：

冶炼强度增加时，E 值增加；

风温提高时，E 值增加；

煤粉量提高时，E 值增加；

风压提高时，E 值减小；

风口直径增大，E 值减小；

堵风口时，E 值增加。

根据理论计算与生产经验数据，不同炉容的合适的鼓风动能如下：

$20 \sim 40m^3$ 高炉，鼓风动能为10000J/s；

$55 \sim 80m^3$ 高炉，鼓风动能为10000～20000J/s；

$100m^3$ 左右的高炉，鼓风动能为20000～30000J/s；

$255m^3$ 的高炉，鼓风动能为30000～40000J/s；

$500 \sim 1000m^3$ 高炉，鼓风动能为60000～70000J/s；

$1000 \sim 1200m^3$ 高炉，鼓风动能为70000～85000J/s。

（2）煤气参数：

估计煤气量，根据计算：

$$炉缸煤气量 = 1.2 \times 风量$$

$$炉顶煤气量 = 1.3 \times 风量$$

风口理论燃烧温度：首钢高炉计算公式为：

$$t_{理} = 1563 + 0.7938t + 4.30O_2 - 2.0W_{煤}$$

式中 $t_{理}$——风口理论燃烧温度，℃；

t——热风温度，℃；

O_2——富氧率，%；

$W_{煤}$——喷煤量，kg/t。

计算举例：已知 $t = 1000℃$，富氧率 $O_2\% = 2.0\%$，$W_{煤} = 100kg/t$。

则
$$\begin{aligned} t_{理} &= 1563 + 0.7938 \times 1000 \\ &\quad + 4.3 \times 2.0 - 2.0 \times 100 \\ &= 2244℃ \end{aligned}$$

日本君津高炉计算公式：

$$T_{理} = 1559 + 0.839t_{风} + 4.972O_2 - 4.92M - 6.033WH_2O$$

（式中，M 为煤比，W 为水分）

5.2.4.3 风口循环区与深度

根据日本高炉解剖研究，风口循环区为“干区”，因此希望风口数目多一些，风口循环区截面积大一些，这样有利于炉缸工作均匀与炉况顺行；风口循环区深一些，有利于炉缸中心活跃，有利于改善生铁质量及煤气利用。

5.2.4.4 风口圆周工作均匀性

根据高炉冶炼特点，要求圆周方向工作均匀，因此要求风口的进风量、风口直径和长度及斜度等参数基本一致。

5.2.5 装料制度的选择

5.2.5.1 装料制度作用

根据高炉设备的特点，原燃料的物化性能，利用不同的装料方法改变炉料在炉喉分布，以达到控制煤气流，充分利用热能与化学能。

5.2.5.2 上料方式及装料设备参数

上料方式一般有三种：

(1) 料罐式高炉。这是一种旧式上料方法，其优点是布料均匀，炉顶结构简单，我国鞍钢高炉一半以上仍然采用它，但其缺点是上料速度慢，调剂不灵活。

(2) 料车式高炉。一般通用，中小高炉单料车上料，大型高炉双料车上料，优点是速度快，调剂灵活，缺点是炉顶结构复杂。

(3) 皮带上料。先进的巨型高炉一般采用高架皮带走廊上料，配合无钟炉顶。

布料设备及参数：

(1) 钟式炉顶，可分单钟、双钟与三钟式。

(2) 无钟炉顶。

(3) 布料器，可分为旋转六点布料器；快速布料器；变径炉喉（活动炉喉）。

(4) 大钟间隙：指大料钟下沿与炉墙间距离，间隙越大，堆尖离炉墙越远，边缘煤气流将越发展；间隙越小，炉料堆尖离炉墙距离越近，边缘煤气流发展受到抑制，叫边缘过重。

（5）大钟倾角：一般为53°左右，其角度越小，炉料离炉墙越近，边缘煤气愈不发展。

（6）变径炉喉：宝钢1号高炉上又叫推料板，根据高炉需要，可分别将矿石或焦炭推向中心，以达到煤气合理分布。

5.2.5.3　高炉料线

料线是指大料钟放下后与料面之间的距离，距离越小则称料线越高，距离越大称料线越低。高料线发展边缘气流，低料线抑制边缘气流。

炉料从料钟下落时与炉墙的碰撞位置称为碰撞点。一般正常操作时，料线均在碰撞点之上。

5.2.5.4　料批

根据料车容积与炉喉料层厚度要求确定料批大小，然后考虑冶炼效果再进行调剂。

小料批，一般加重边缘，布料不够均匀。

大料批，料层厚，软熔带焦窗大，高炉透气性好，但原料质量差时，其优点受到限制，效果更差。

5.2.5.5　装料顺序

同装，每批料开启一次大料钟。

分装，矿石与焦炭分别开启一次大料钟。

正装，先加矿石后加焦炭，发展中心。

倒装，先加焦炭后加矿石，发展边缘。

加小焦丁，在矿石料中加入一定粒度（5～10mm）的小焦块，大量实践与理论证明具有良好的冶炼效果。

混装，矿石与焦炭不分车而彻底互相混合后加入高炉，根据现场与实验室研究，具有一定的效果。

5.3　炉况的波动与判断

原燃料的物理化学性能的波动，炉体及其设备性能的变化，炉内渣铁数量的改变以及人为的判断与调剂失误、称量的误差，炉况的变化与波动是经常的，也是不可避免的。所谓稳定与顺行都是相对的暂时的。炉况变化时，要求工长的主观判断能符合客观变化的实际，才能主动控制高炉冶炼过程，达到比较理想的优良的技术经济指标以及良好的经济效益。

5.3.1 经验判断

5.3.1.1 观看风口

对于庞大的高炉来说，这是能看到炉内唯一的微小窗口，因此看风口状态十分重要，工长一定要极其重视此小小窗口的作用。主要观察下列情况：

（1）炉缸温度。炉热时，风口明亮，无大块料，无生降，焦炭跳动活跃，但过热时，焦炭呆滞，风口耀眼，俗称风口“发死”。

炉凉时，风口暗红，有生降，挂渣，涌渣，焦炭呈直线式下落而少跳动，炉温极低时，风口严重挂渣，并且发暗。

（2）下料速度。

（3）循环区大小。

（4）炉缸圆周工作均匀性，其中包括各个风口的温度均匀性，煤气分布均匀性，下料状态均匀性。

（5）风口冷却器漏水情况。

5.3.1.2 看炉渣

每出一次铁，一般放两次渣，没有渣口的高炉铁后来渣。

（1）炉热时，渣流动性好，光亮耀眼，流出时渣面上有火焰，硫磺味浓，冷却后渣成白色或灰白色。

（2）炉凉时，渣流动性差，发暗发红，流出时渣面上无火焰，但有小火星，冷凝后或水渣颜色发灰或发黑。

炉渣由热变冷时，其颜色变化过程如下：

白色→灰白→灰色→褐色→深褐→灰黑→黑色→深黑→油黑或漆黑

（3）炉渣成分不同时其颜色不同，断面状态不同，具体表示如下：

CaO 含量高时，断口粗糙呈石头状；

SiO_2 含量高时，断口光滑呈玻璃状；

Al_2O_3 含量高时，断口晶粒细呈瓦蓝色；

MgO 含量高时，断口呈水泡后的黄豆皮颜色或形状；

MnO 含量高时，呈绿色，随 MnO 增加绿色加深；

FeO 含量高时，呈黑色，FeO 越高，颜色愈黑。

（4）看炉渣碱度：

液态炉渣时，酸性渣可拉丝，碱性渣成滴状滴下，因此前者叫长渣后者叫短渣。

固态炉渣时，玻璃渣为酸性渣；石头渣为碱性渣。

5.3.1.3 看铁水

每次出铁，工长必须观看铁水变化，其内容主要看以下几方面：

（1）看炉温；铁水明亮，炉温适中，铁水耀眼，炉温高；铁水暗红，炉温低。

（2）看［Si］含量，也是看炉温。

［Si］含量高时，火星少而跳跃高，流动性不好，断口灰色，晶粒粗，［Si］>3.0%后基本上无火星，［Si］含量高表示炉温高。

［Si］含量低时，火星多而跳动矮，流动性较好，断口白色，晶粒小，炉温极低时，火星十分密集而低矮。

（3）看铁水［S］含量，铁水是否要炉外脱硫或是否符合要求，一般在炉前可以判断出来：

［S］含量高时，铁水表面有一层红黄色膜，又称“油皮”。油皮越多越厚时铁水［S］含量越高，凝固后，小样块的表面凹下，断口有白色结晶状，打样时难以钻动。

［S］含量低时，铁水表面油皮薄而稀少，铁水明亮，小块试样取样时，用木棒刮表面时，油皮薄而成竹叶状，凝固后表面凸起，断口呈灰色，打样时容易钻动。

5.3.2 观察仪表

目前不少高炉值班室，配备了计算机操作，使用计算机显示与仪表相结合，很多高炉完全使用计算机操作画面显示代替了仪表的功能，但是在我国中小钢铁厂高炉都有以下基本仪表，成为判断炉况的主要参数：

5.3.2.1　压力表系统

（1）冷风压力表，分为水银压力计与圆盘式自动记录仪；炉热时压力升高，炉凉时压力降低；料柱透气性好时压力降低，透气性恶化时压力升高。

（2）热风压力表，变化状态同上。

（3）炉顶煤气压力，一般也有水柱压力计与圆盘式自动记录仪两种，炉凉时压力计数值比正常炉况高，炉热时比正常炉况时低。

（4）静压力计，有时高炉安装有炉身静压力计，能反映局部煤气压力变化，用来判断炉况变化或用来测试软熔带。

5.3.2.2　温度表系统

（1）热风温度表，一般安装在围管前的热风总管上。

（2）炉顶温度表。一般安装在4个煤气上升管下部，为了保护炉顶设备，顶温一般不超过500℃，用热烧结矿的高炉顶温高一些，冷矿或生矿高炉，顶温低一些。

（3）炉喉温度。除了测定炉喉炉墙温度外，我国现有高炉有的安装了十字形测温装置，一般在料面下0.5～1m处，国外高炉一般不用炉喉CO_2曲线。

（4）炉身温度。

（5）炉身温度与煤气成分探测器。我国宝钢高炉装有炉身探测器，同时可以测温取气。每班探测一次，可以估算软熔带形状与煤气利用状态。

（6）炉基炉底温度。

（7）冷却水测温。

（8）炉前铁水连续测温。

5.3.2.3　流量系统

流量系统有风量表、氧量表、水量表、热流表等。此外，一般高炉还安装有料面探料尺，炉喉煤气取样及 CO_2 曲线仪表和透气性指数 $Q/\Delta P$ 测试仪表。

5.3.3 炉身活体取样与探测

根据生产与科研的需要，在炉体局部取样与探测，例如在包钢为了解决碱金属结瘤问题，进行了系统的炉身取样与探测工作。

5.3.4 正常炉况的标志

衡量正常炉况的参数虽较多，但一般可以用下面四句话加以概括：

炉缸工作全面均匀活跃；炉温充沛稳定；煤气分布合理；下料均匀稳定。

具体标志有如下一些参数。（见图 5-3）：

（1）风口明亮活跃：观察风口时，明亮，焦炭活跃，圆周工作均匀，无生降、无挂渣现象。

（2）炉渣流动性好，上下渣口冷热相近，渣中带铁少，FeO 含量一般小于 0.5%，渣口破损少。

（3）铁水含［Si］、［S］符合规定，物理热充足。

（4）下料均匀，料速相近，料尺无停滞、无陷落、无时慢时快现象，两个料尺加料前后基本一致。

（5）风量与风压微微波动，风量风压曲线圆形微微起伏，但不是锯齿形，风压与风量水平相适应。

（6）CO_2 曲线，东西南北四个方向基本稳定而吻合。

（7）炉顶温度升高与下降的变化有规律，4 点或 2 点形成一定的点阵带。

（8）炉顶压力变化平稳无明显尖峰。

（9）炉顶、炉喉、炉身与炉基等温度变化正常，同层温度与往常相一致。

（10）各部位冷却水温差正常。

（11）各点静压力正常，同层各方向基本上一致。

（12）上下部煤气压差稳定在正常范围。

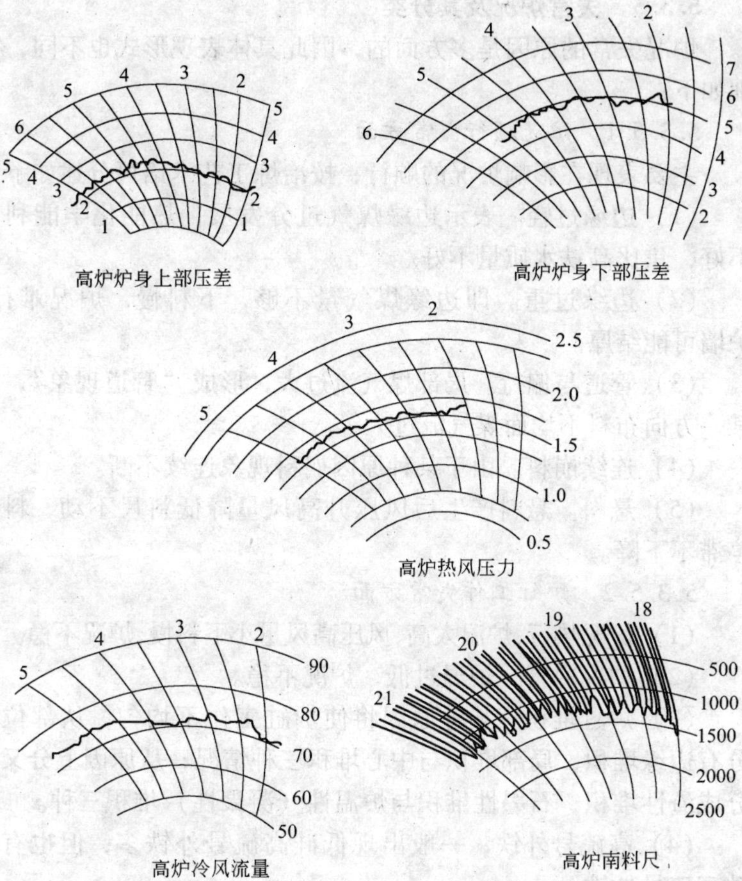

图 5-3　正常炉况的仪表记录

（13）透气性指数正常。例如，已知 $Q=400\text{m}^3/\text{min}$，$\Delta P=0.6$，透气性指数 $n=400/0.6=666$。也有用其他公式表示的。

（14）瓦斯灰（炉尘）量正常，一般在每吨铁 10～30kg 范围内。

（15）有炉身探测器的高炉，煤气温度与成分在正常范围。

（16）出渣出铁量在常规范围内。

（17）铁口深度正常，风渣口破损率无明显的增加。

5.3.5 失常炉况及其分类

炉况失常的原因是多方面的，因此具体表现形式也不同，类别如下：

5.3.5.1 炉况顺行失常方面

主要表现在影响炉况的顺行，按冶炼工艺术语可分述如下：

（1）边缘过轻。表示边缘煤气过分发展，热能化学能利用不好，焦比高铁水质量不好。

（2）边缘过重。即边缘煤气量不够，下料慢，炉况难行，炉墙可能结厚。

（3）管道与偏行。局部煤气流过大，形成“管道现象”，或某一方向布料不均而煤气流过大等。

（4）连续崩料。由于某种原因崩料现象连续不断。

（5）悬料。悬料产生后风压升高风量降低料尺不动，料柱停滞不下降。

5.3.5.2 炉缸工作失常方面

（1）炉况热行,炉温太高,风压高风量小下料慢,炉况不稳。

（2）炉况冷行，炉温过低，炉况不稳。

（3）炉缸堆积。某种原因将使炉缸工作不均匀，从部位上分有边缘堆积，局部堆积与中心堆积三种情况；从原因上分又可分成渣性堆积，石墨性堆积与炉温性（凝聚性）堆积三种。

（4）高硫号外铁，一般出现低硅高硫号外铁多，但也有高硅高硫号外铁。

5.3.5.3 炉型失常方面

某种原因将使炉型变化炉况失常，基本上分为两种：

（1）炉墙结厚。局部部位炉墙变厚，影响炉料与煤气正常分布，使炉况受到影响而失常。

（2）炉墙结瘤。从实质上看结厚与结瘤无本质区别，结厚部位局部突出后形成所谓炉瘤。

5.3.5.4 设备失常方面

（1）风口大量烧坏。由于原料（如焦炭）强度差，炉缸堆积以及原料成分（如用包头矿等）等原因可能导致高炉风口大量破损，以致使炉况失常。

（2）渣口大量烧坏。造渣制度不当等原因，也将使渣口严重破损而使炉况失常。

（3）炉底严重侵蚀，炉缸烧穿等原因也能导致炉况失常。

5.4 失常炉况征兆及其处理

5.4.1 边缘过轻

由于上下部调节不当，边缘气流过分发展，热能化学能利用不好，同时也导致中心气流过重。

5.4.1.1 主要征兆

（1）炉喉煤气 CO_2 曲线呈馒头形，而煤气利用率（CO_2/CO）降低；

（2）料尺有停滞，滑落，料速不均，如图 5-4 所示；

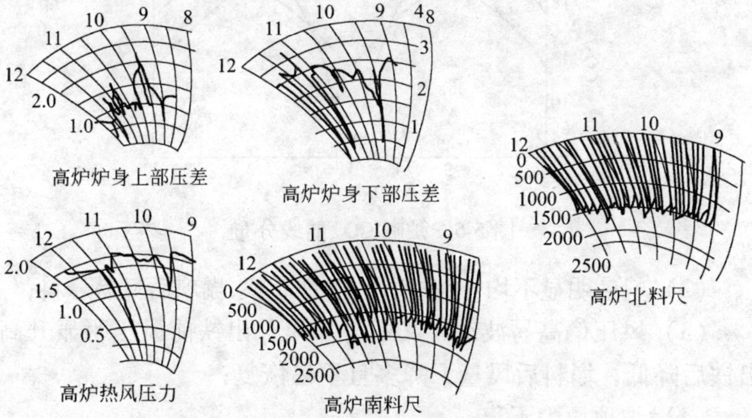

图 5-4 煤气流分布不均时的仪表记录

（3）风压曲线呆死，易上升而形成悬料；

（4）炉喉炉顶温度升高，变宽而且波动大；

（5）炉身温度升高，水温差升高；

（6）风口明亮但不活跃；

(7) 渣铁水物理热低，上下渣及两个渣口温差大；

(8) 铁水［S］含量升高；

(9) 炉尘量增加；

(10) 风口小套上沿烧坏多。

5.4.1.2　处理方法

(1) 改变装料制度，采用加重边缘的方法；

(2) 先减轻负荷,再下部调节,提高风口风速,增加鼓风动能；

(3) 煤气分布正常后，调回负荷，扩大料批。

5.4.2　边缘过重、中心过轻

5.4.2.1　炉况征兆

(1) 炉喉 CO_2 曲线呈漏斗形，中心 CO_2 值过低，如图 5-5 所示；

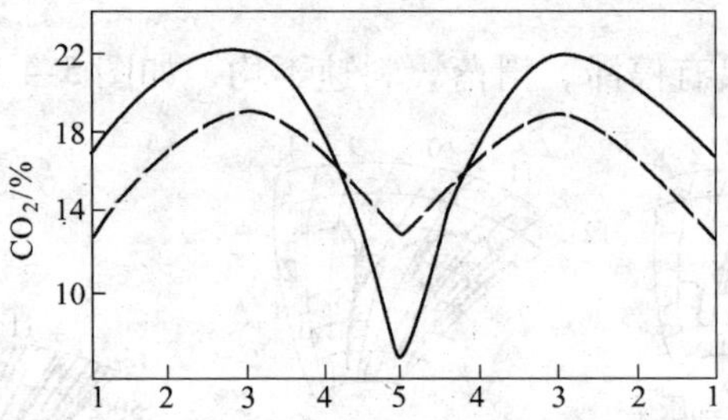

图 5-5　炉喉 CO_2 曲线分布

(2) 料速明显不均,出铁前慢,出铁后快,塌料后又易悬料；

(3) 风压偏高易波动，又不易加风，出铁前风压明显升高，出铁后降低，塌料后风量下降多且不易恢复；

(4) 炉顶压力不稳；

(5) 炉体与冷却水温差降低；

(6) 风口发暗，有的涌渣但不易灌渣；

(7) 上下渣温差大，上渣凉、下渣热；

(8) 渣中易带铁，放渣较难；

(9) 严重时易烧坏风口下沿。

5.4.2.2　处理方法

（1）需要疏松边缘，采用改变装料制度的方法；

（2）可临时采用慢风操作；

（3）上部调节效果不显著时，可改用扩大风口直径的办法；

（4）在边缘过重未减轻之前，不宜过分堵塞中心气流，以防炉况难行。

5.4.3　炉冷

5.4.3.1　初期炉冷

（1）风口向凉；

（2）风压下降，风量增加；

（3）在不增加风量情况下，料速自动加快；

（4）炉渣中 FeO 含量增加，渣温降低；

（5）高炉易接受风温；

（6）炉顶温度降低；

（7）铁水［Si］含量降低，［S］含量升高；

（8）静压力压差降低，特别是下部压差明显降低；

（9）炉身温度降低；

（10）有炉身探测器与炉喉十字架测温的高炉，所测温度降低；

（11）铁水面火星多。

5.4.3.2　严重炉凉

（1）风压风量不稳，并且剧烈波动；

（2）炉况难行，下料时有停滞或陷落；

（3）炉顶压力波动，装料后顶压下降；

（4）风口发红，有涌渣；

（5）炉渣变黑；

（6）铁水［Si］含量明显下降，［S］含量明显上升；

（7）下部静压力降低；

（8）铁水面火星多而密集，跳跃低。

5.4.3.3　处理方法

（1）初期炉冷，可增加喷煤量，提高风温，减风量控制料速。

（2）如果是长期性炉冷，可以减焦炭负荷；
（3）剧烈炉冷时，风量应减小到不灌渣为准；
（4）为了防止冷悬，可按风压操作；
（5）炉冷严重时，下部调节可加风温，加富氧等；
（6）必要时还可以适当地加净焦，减负荷；
（7）风口窝渣时，要及时放渣放铁；
（8）组织专人看风口，以防风口自动灌渣；
（9）当炉况急冷又悬料时，应以处理炉冷为主；
（10）炉冷状态一直缓不过来时，应考虑风口及冷却器有无漏水，若无漏水应堵此部位风口，或缩小风口。

上部悬料时的仪表记录见图 5-6。

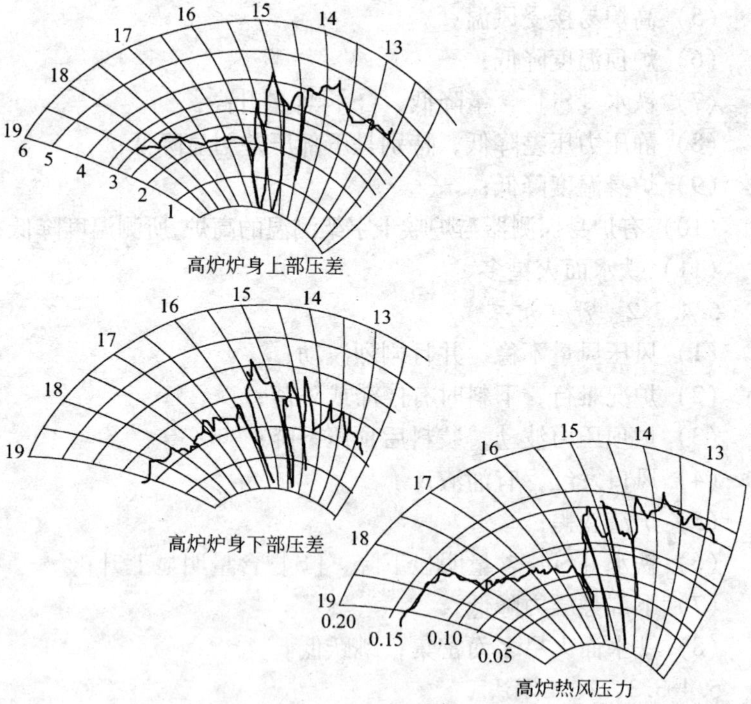

图 5-6　上部悬料仪表记录

5.4.4 炉况热行

5.4.4.1 主要征兆

（1）风压升高，接受风量困难；

（2）风量下降；

（3）料速减慢；

（4）顶温升高；

（5）静压差升高；

（6）风口亮度高于正常；

（7）渣铁温度升高；

（8）铁水［Si］含量升高，［S］下降；

（9）炉渣冷凝后为灰白色或白色；

（10）铁水面火星少，跳跃高；

（11）铁量少，流动性差。

炉况热行时的仪表记录见图5-7。

5.4.4.2 炉热处理

（1）初期炉热可减喷吹量；

（2）可适当地降风温；

（3）当炉况难行时可减少风温，停富氧；

（4）如热行是长期性因素引起的应加负荷；

（5）对于有加湿设备的高炉也可增加湿分；

（6）炉热往往存在惯性作用，需要考虑热行的惯性作用。

5.4.5 高炉管道行程

由于风口进风不均，炉料下降不均或煤气分布不均，可能引起局部煤气量集中，形成所谓管道现象。由于所产生的部位不同，可分为中心管道、边缘管道或局部管道。

5.4.5.1 管道的主要征兆

（1）顶压波动大；

（2）煤气曲线不规律；

（3）风口不均匀，管道方向忽明忽暗，有时有升降；

（4）炉顶与炉墙温度出现固定方向的偏离；

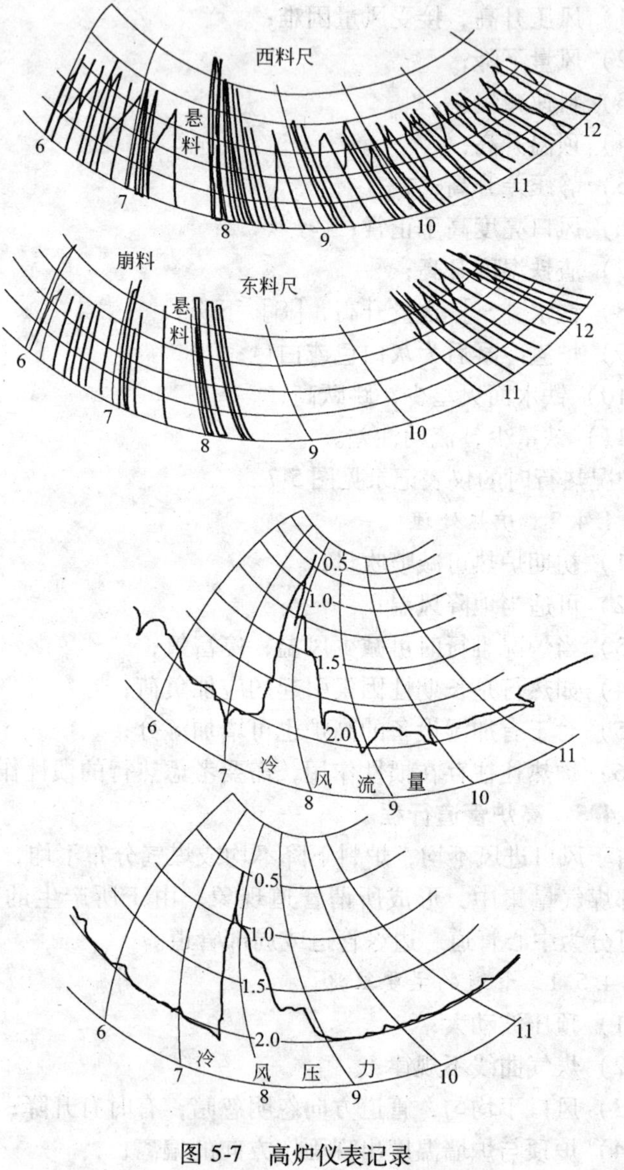
西料尺
悬料
6
7
8
9
10
11
12
崩料
东料尺
悬料
6
7
8
9
10
11
12
0.5
1.0
1.5
2.0
6
7
8
9
10
11
冷风流量
0.5
1.0
1.5
2.0
6
7
8
9
10
11
冷风压力

图 5-7　高炉仪表记录

(5) 中心管道产生时，炉顶温度集中上升，炉墙温度下降；

(6) 风压下降，风量自动上升；

(7) 边缘方向产生管道时，此方向的炉墙、炉顶温度升高，静压力上升；

(8) 中心管道时，四个方向的静压力差别不大；

(9) 除尘器炉尘量增加；

(10) 管道严重时，小块焦炭被吹出。

5.4.5.2 处理方法

(1) 适当减少风量；

(2) 如是由炉热引起的，可适当减风温；

(3) 加双装料，控制煤气分布；

(4) 如管道方向明确，可定点布料；

(5) 上述措施不见明显效果时，可采用减风、放风坐料方法以破坏管道。

对于下部管道，由于成渣带透气性不好而引起的较难处理，判断要准确，措施要有力：

(1) 狠减入炉风量；

(2) 发展边缘气流；

(3) 减负荷或加轻料；

(4) 减风以后，风量又不大时，而管道仍然存在时可堵风口；

(5) 处理时既要破坏管道行程，又要保持一定的动能，保持煤气合理分布。

5.4.6 连续崩料

操作过程中因某种原因，出现崩料现象不止，导致炉况急剧波动，见图5-8。

5.4.6.1 主要征兆

(1) 料尺连续停滞或陷落；

(2) 风压、风量剧烈波动，接受风量难；

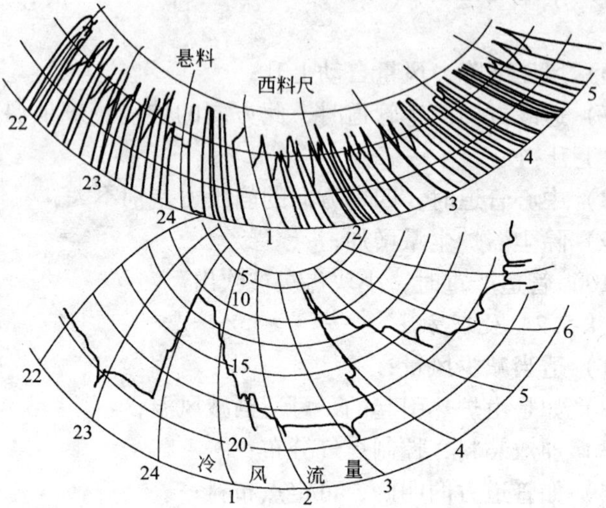

图 5-8　炉况波动剧烈时的仪表记录

(3) 炉顶压力连续波动而降低；

(4) 风口亮度不均匀，有涌渣、灌渣发生；

(5) 渣铁温度变凉，放渣比较困难。

5.4.6.2　处理措施

(1) 应立即减风量；

(2) 加轻料加净焦；

(3) 加倒装疏松边缘；

(4) 严重时出铁后放风坐料；

(5) 炉况转好后，不要急于恢复风量；

(6) 连续崩料又炉凉时，要注意炉缸温度的变化；

(7) 注意风口变化，以防大量灌渣。

5.4.7　炉缸堆积

高炉炉缸是冶炼过程最为关键的部位，而且反应条件最为复杂，要求渣铁畅通无阻，炉缸工作均匀活跃，由于温度与碱度等原因，可能导致局部呆滞，称为堆积。

5.4.7.1 中心堆积

(1) 主要原因：

1) 中心煤气流长期过重；

2) 炉料粉末过多；

3) 风口风速小，鼓风动能小，循环区也不大；

4) 由于渣碱度过高，中心部分流动性差；

5) 由于炉缸温度低，中心部位凝结；

6) 由于操作失误，例如用大风口与全倒装操作。

(2) 主要征兆：

1) 中心堆积初期现象与边缘过轻相似；

2) 有边缘管道；

3) 上渣率较高，温度高；

4) 下渣中 FeO 含量高；

5) 风口易烧坏；

6) 风口前焦炭不活跃，易涌渣。

(3) 主要处理措施：

1) 上部采取疏松中心的装料制度；

2) 改善原燃料质量；

3) 提高风速与鼓风动能；

4) 改善炉渣流动性；

5) 提高炉温，适当洗炉。

5.4.7.2 边缘堆积

(1) 主要原因：

1) 炉渣性能不好造成渣性堆积；

2) 炉温过高形成石墨性堆积；

3) 炉温偏低造成炉温性堆积。

(2) 主要征兆：

1) 初期与煤气边缘过重相似；

2) 渣口难开，上渣不好放；

3) 炉渣带铁喷火花；

4）铁口好维护；

5）风渣口损坏多；

6）炉缸水温差不高；

7）局部堆积时，此方向风渣口损坏增多。

5.4.7.3 主要处理措施

（1）渣性堆积的主要处理措施：

1）一般由于碱度过高造成，主要应改善炉渣性能；

2）用酸性渣洗炉；

3）用萤石（CaF_2）洗炉；

4）洗炉之后，不宜急于再提高碱度操作。

（2）石墨性堆积的主要处理措施：

1）主要原因由于长期冶炼铸造铁造成，应改变铁种；

2）改炼炼钢铁；

3）用锰矿洗炉。

（3）炉温性堆积的主要处理措施：

1）主要由于长期性偏行，长期休风以及炉况严重失常造成，因此应从改变温度方面考虑；

2）可能是冷却设备漏水造成；

3）热制度与造渣制度不适应，例如低炉温高碱度；

4）根据上述，具体应提高炉温，改善炉渣流动性。

5.4.8 炉墙结厚

5.4.8.1 上部炉墙结厚原因

（1）原燃料粉末多；

（2）亏料线作业；

（3）高温区上移；

（4）布料不匀；

（5）风口进风不均匀；

（6）原料中 K、Na、F 元素化合物影响。

5.4.8.2 下部炉墙结厚原因

（1）炉温大幅度波动；

（2）炉渣碱度的大幅度波动；
（3）软熔带根部的反复变化；
（4）冷却强度过大；
（5）冷却器漏水；
（6）炉渣中其他成分变化。

下部悬料时的仪表状态见图 5-9。

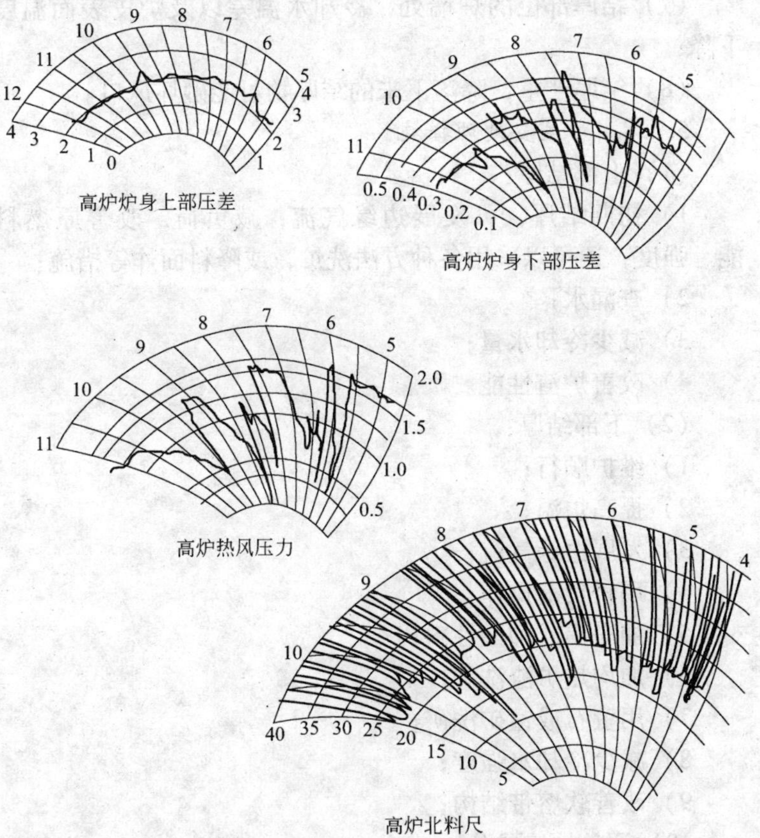

图 5-9　下部悬料时的仪表记录

5.4.8.3 主要征兆

（1）炉况不顺，难行；

（2）结厚部位出现偏料，管道，悬料；

（3）改变装料制度后，达不到预期效果；

（4）下部结厚时，常出现边缘自动加重现象；

（5）上部结厚后，结厚部位的 CO_2 值常高于第 2 点；

（6）风口风量不相应，应变能力弱，不易接受风量；

（7）结厚部位的炉墙处，冷却水温差以及炉皮表面温度均下降；

（8）结厚严重，降落下来的结厚物可能砸坏风口。

5.4.8.4 主要处理措施

（1）上部结厚：

1）初期结厚，可发展边缘气流，减负荷，改善原燃料性能、强度，还可以采用各种方法洗炉，或降料面炸等措施；

2）查漏水；

3）减少冷却水量；

4）改善炉渣性能。

（2）下部结厚：

1）维护顺行；

2）提高炉温；

3）发展边缘气流；

4）用轻负荷操作；

5）加净焦或加酸性料；

6）加均热炉渣洗炉；

7）用萤石或锰矿洗矿；

8）减少冷却水强度；

9）改善软熔带结构；

10）调整炉渣成分。

5.4.9 高炉结瘤

结瘤的部位有上部结瘤和下部结瘤（图 5-10）。

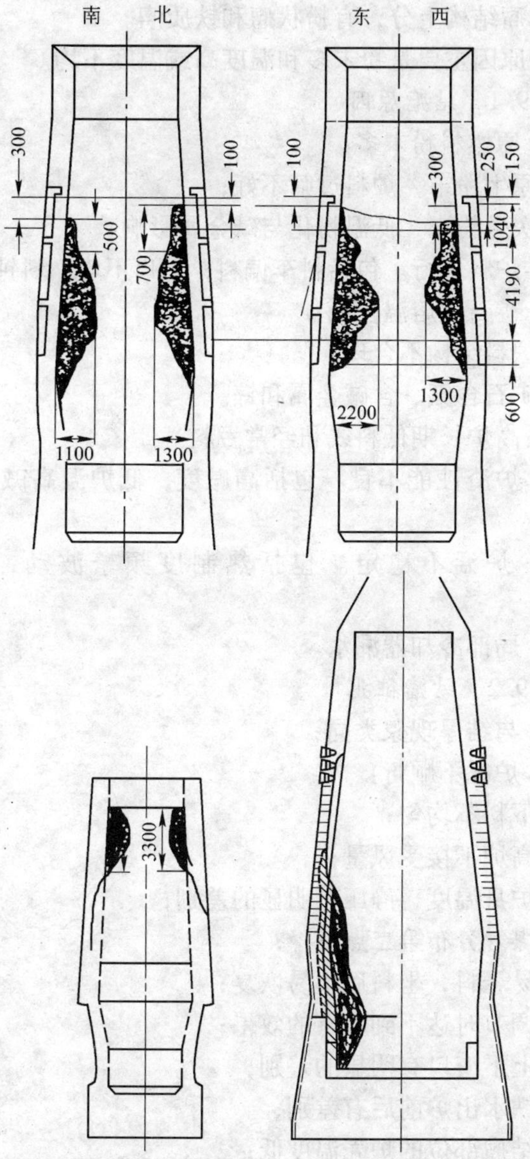

图 5-10　各种炉瘤状态示意图

炉瘤的形状有环形瘤；半月形瘤和长条形炉瘤。

从炉瘤结构上分，有粉状瘤和铁质瘤。

结瘤原因主要是粉末多和温度高或温度不均。

5.4.9.1 结瘤原因

（1）原燃料粉末多：

1）原生粉末，炉料过筛不好；

2）次生粉末，低温粉化与碱金属影响。

（2）炉料偏行。包括料车偏料；风口不均；料钟偏斜。

（3）矿石软熔温度低：

1）炉料结构不合理；

2）矿石含氟、含碱金属和锌。

（4）高炉长期低料线和经常亏料。

（5）炉渣性能不良。包括高碱度；低炉温高碱度；碱度波动大。

（6）炉温不稳定。包括热制度频繁波动，无计划休风。

（7）局部冷却器漏水。

5.4.9.2 结瘤征兆

（1）与结厚现象类同；

（2）炉况不顺行：

1）下料不均匀；

2）高炉不接受风量；

3）炉身温度，静压有明显的差别；

4）煤气分布第二点下降；

5）易悬料，坐料后不易恢复；

6）调节时达不到应有的效果；

7）上下渣口有明显的差别；

8）铁水出炉前后有差别；

9）结瘤部位的炉壳温度低；

10）冷却水温有差别。

5.4.9.3 炉瘤处理

（1）根据结瘤原因分别处理，并防止再次结瘤；

（2）轻度结瘤，采用各种手段洗炉：

1）倒装洗炉；

2）高温洗炉；

3）锰矿洗炉；

4）均热炉渣洗炉；

5）萤石洗炉；

（3）炉瘤严重时，应炸瘤。

5.4.10 高硫号外铁

一般是低硅高硫号外铁，但也有高硅高硫号外或中等含硅高硫号铁，使铁水成为废品而达不到应有的产品质量指标，产生高硫号外的原因主要有以下几点：

（1）煤气分布失常，如边缘过分发达，产生局部管道等；

（2）炉温控制失常，铁水温度过低；

（3）炉渣碱度失常，碱度的波动，石灰石过磅不准或计算错误等；

（4）上料失常，如亏料，低料线作业时间过长；

（5）原料含硫升高，如用高硫焦，高硫矿；

（6）炉缸堆积，工作不均匀；

（7）装料制度不合理；

（8）炉瘤或结厚物崩落；

（9）洗炉之后。

6 高炉强化冶炼技术及发展

众所周知，精料是高炉冶炼的基础，精料水平进一步提高是高炉强化冶炼极为重要的基础。纵观国内外强化冶炼的高炉，无不把精料放在首位，生产实践已反复说明，只有精料技术做得好的高炉才能取得稳定的先进的生产技术经济指标。

根据国外炼铁技术的发展和我国高炉冶炼五十多年的生产实践，我国总结并提出了高炉强化冶炼与降低焦比的主要技术措施其主要内容是：在精料的基础上，采用高风温、大风量、高富氧大喷煤量，高压操作高寿命炉衬，低硅冶炼与钛护炉等技术。

6.1 高风温操作

高风温是降低焦比与强化冶炼的有效措施，风温在 950 ~ 1350℃之间时，每提高 100℃风温可降低焦比 8 ~ 20kg/t，增产 2% ~ 3%。目前我国高炉平均风温 1050℃左右，宝钢风温为 1245 ~ 1250℃，早在 1987 年日本高炉平均风温已高达 1240℃，日本福山大分、君津、千叶厂等 8 座高炉则高达 1300 ~ 1350℃，在 1955 ~ 1979 年日本高炉燃料比降低 253kg/t，其中提高风温占 31%，风温由 1000℃提高到 1250℃，焦比降低 22.50kg/t，增产 12.5%。

6.1.1 风温对焦比的影响

凡是可以增加热量来源或减少高炉热量消耗的一切措施，都能降低炼铁焦比。使用高风温后由于鼓风带入炉缸的物理热代替了一部分由焦炭燃烧所产生的热量，故焦比降低；同时由于风温提高后单位生铁所产生的煤气量减少，炉顶煤气温度下降，由煤气带走的热量损失也减少；此外由于焦比低了，使生铁产量相应增加，故单位生铁的热损失相应减少；而且还由于风温提高后炉内高温区下移，间接还原区相应扩大，因而又有利于直接还原的降低；喷吹煤粉的高炉，由于风温的提高能够提供热量的补偿，而有利于加大喷吹量及提高喷吹的效果。总之高风温有利于降低焦比，这是毫无疑义的。但是不同的风温水平对于降低焦比的幅度是不同的，如表 6-1 所示。

表 6-1　提高风温与焦比的关系

风温水平/℃	600 ~ 700	700 ~ 800	800 ~ 900	900 ~ 1000	1000 ~ 1100
焦比/kg · t⁻¹	860 ~ 800	800 ~ 750	750 ~ 720	720 ~ 600	600 ~ 550
每提高风温 100℃ 能降低的焦比/kg · t⁻¹	15 ~ 35	15 ~ 30	10 ~ 25	8 ~ 20	8 ~ 20

6.1.2　高风温与喷吹燃料的关系

喷吹燃料需要有高风温相配合，特别是随着喷吹量的加大，对风温的要求也提高到一个新的水平。由于喷吹物是冷料，燃烧分解要吸热，而煤气量的增加又使燃烧带温度降低，当喷吹量加大时上述现象更为突出，因而影响了喷吹量的增加与效果。采用高风温相配合，既增加了热量的来源，使热量得到补偿，又可使燃烧带具有较高的温度水平，加速了燃料的裂化与燃烧，因而有利于喷吹燃料后热能与化学能的充分利用。

根据鞍钢资料，风温由 1053℃ 提高到 1201℃，在煤比变化不大的情况下，综合焦比由 571kg/t 降低到 532kg/t，产量由 1416t 增加到 1942t，增产 526t。首钢高炉喷煤量在 140 ~ 150kg/t，相当于总燃料量的 30% 左右，这是在风温 1000℃ 以上时的喷吹量。如果风温降至 900℃ 左右时，喷煤量大约只占燃料总量的 20% 左右，当风温再降低，在低于 900℃ 之后，喷吹量将会明显减少。

6.1.3　高风温与炉况顺行的关系

根据生产实践，当风温提高到一定水平时，高炉顺行将受到影响，其原因主要是：

（1）风温提高后，炉缸温度随之升高并使炉缸煤气体积膨胀，故煤气流速增大，特别是在高炉下部，压力损失增大。

（2）风口燃烧区 SiO 的挥发。根据作者研究，1500℃之后，高炉焦炭灰分中的 SiO_2 开始挥发为 SiO，在 1800℃时，大约有 10%的 SiO_2（灰分中）挥发为 SiO。另外根据计算，风口前面燃烧温度超过 2000℃后，SiO 将大量产生，它随煤气上升，在炉腹之上的较低温度部位又重新凝结为细小颗粒的 SiO 或 SiO_2 并沉积于炉料空隙之间，因而严重恶化料柱透气性，并导致炉况的不顺，造成崩料甚至悬料。

上述两方面的不良影响，一般可以采取改善炉料的透气性（例如整粒，筛去粉末），改善炉料高温冶金性能，喷吹燃料或蒸汽等措施来保护炉况的顺行，配合相应的冶炼制度，进行精心操作与炉况的调剂，仍可保持炉况的顺行。我国使用的高风温一般在 1150℃左右，个别高炉能维持 1250℃，与国外已达到的 1300～1350℃高风温相比较，仍有相当的差距。

6.1.4 高风温热风炉

我国高炉用热风炉结构形式比较多，有外燃式、内燃式、顶燃式，其中内燃式较多。国外大都用外燃式，使用硅砖，陶瓷燃烧器，燃烧富化煤气。我国宝钢 1 号高炉采用新日铁外燃式热风炉风温高于 1200℃，首钢采用顶燃式新结构，但风温未达 1200℃。我国一些小高炉采用布袋除尘，效果较好，一般可以达到 1000℃左右，或更高一些。

6.1.5 高风温对高炉冶炼的影响

在风温引起冶炼过程的变化和风温节焦效果的规律两方面，前苏联炼铁学者 A. H. 拉姆教授从理论计算上作了精辟的分析。其论点为：

（1）风口前燃烧碳量减少。在冶炼单位生铁的热收入不变的情况下，热风带入的显热替代了部分风口前焦炭的碳燃烧放出的热量，风温越高，替代的部分越大。由此导致压差会急剧地上升，这将使炉内（尤其是炉腹部位）炉料下降的条件明显变坏，如果高炉是在顺行的极限压差下操作，则风温的提高将迫使冶炼强度降低。据统计，风温每提高 100℃，炉内压差升高约 5kPa，冶炼强度下降2%～2.5%。炉内压差升高的原因是焦比降低，焦炭在料柱所占体积减少，使料柱透气性变坏；炉子下部温度升高，煤气实际流速增大；还有的学者认为炉子下部温度过高，会使SiO大量还原并挥发，煤气将它带往上部，并且在炉腹凝聚，在焦块间隙分解成固态，大大恶化了料柱的透气性。严重时造成炉子难行，并发展为恶性悬料。

（2）冶炼所需有效热消耗减少。由于风温提高以后，焦比降低，由焦炭带入炉内的灰分和硫量减少，减少了单位生铁的渣量和脱硫耗热，从而使冶炼所需的有效热消耗相应地减少了。

6.1.6 高炉接受高风温的条件

生产实践表明，有效地提高风温受到某一“极限”的限制，超过这一极限时，炉况开始不顺或难行，严重时引起悬料，这样不但不能节焦反而会造成产量下降。这就是生产上常说的炉子不接受高风温。但是这一“最高风温极限”是与冶炼条件有关的，随着冶炼条件的改变，它可以向更高的水平方向移动，世界各国风温水平不断提高，目前最高已达1350～1400℃。使高炉冶炼接受更高的风温的条件是：

（1）加强原料准备，提高矿石和焦炭的强度，特别是高温强度，筛除粒度小于5mm的粉末以改善料柱的透气性。应当重视品位的提高，使渣量减少，并采用高碱度烧结矿与酸性料配合的合理炉料结构以改善炉腹和软熔带的工作条件。

（2）提高炉顶煤气压力。对比高压和高风温对高炉冶炼的影响可以看出，高风温对高炉还原和顺行的不利因素可以被高压操作的有利影响所弥补。

（3）喷吹燃料和鼓风加湿。向风口喷吹补充燃料和加湿鼓风可降低风口前的理论燃烧温度，它可以解决由于风温提高使炉子下部温度升高造成炉况难行的问题。

（4）合理的操作制度。根据各个高炉的实际状况，来确定合理的炉缸热制度、造渣制度、送风制度以及装料制度，以保证炉况的稳定与顺行。

6.1.7 取得高风温的条件

实践表明，在现代高炉冶炼的条件下，不喷吹燃料的高炉可使用1150℃风温正常操作，湿度为1%～2%。在采用大喷吹量，尤其是喷吹含氢高的燃料时，“极限”风温完全取决于热风炉的能力。国外有些研究者在考虑加热鼓风的基建投资和生产费用后认为，在现代条件下，可能达到而且经济上合算的风温为1400～1500℃。为获取这样高的风温，需要经济地解决两个方面的问题：提供能达到火焰燃烧温度为1550～1650℃甚至1700℃以上的高温热量；热风炉结构能在这样的高温下稳定持久地工作和所有热风管道（包括直吹管和热风阀）能承受这样高的温度并维持这样高的温度送入炉内。

6.1.7.1 高温热量问题

从热工角度来分析，要获得高风温，重要的是将热风炉蓄热室拱顶温度提高到高于风温150～250℃，要获得这样高温的热量，单纯采用现有工艺燃烧高炉煤气是不行的，即使采用干式除尘，降低煤气含水量，利用净煤气显热（150～200℃时为210～270kJ/m^3）也还不能达到上述要求。目前广泛采用的措施是：用高热值煤气富化高炉煤气，例如加入焦炉煤气（热值为16300～17600kJ/m^3）、天然气（热值为33500～41900kJ/m^3）；使用热值较高的转炉煤气（热值8000～10500kJ/m^3）；顶热助燃空气和高炉煤气。

上述第一种措施取决于生产厂地区的煤气平衡和资源条件，在我国相当多的厂是难以实现的；第二种措施取决于转炉煤气的回收，而是用燃烧废热锅炉法回收其热量，这是落后的方法，应当回收这类中等热值的气体燃料供热风炉和加热炉使用；第三种措施是助燃空气预热温度要求高达800℃，预热设备投资庞大，目前广泛采用的热风炉烟道废气余热回收预热助燃空气可提高助燃空气温度到200℃，提高火焰燃烧温度70℃左右，可相应提高热风温度约50℃，但离1350℃高风温的要求还差相当距离，我国创造的热风炉自身预热助燃空气能将其温度提高到800℃，在济南铁厂使用此法试验时，热风炉拱顶温度达到1550℃以上，风温达到1300℃以上，是一种较好的预热方法。

6.1.7.2 热风炉结构问题

这是高炉附属设备中的专项问题。这里只简单地提几点：

（1）长期的实践表明，改良内燃式热风炉能稳定和持久地加热鼓风的温度可达1100～1150℃；超过1200℃风温宜采用气流分布均匀、结构稳定的马琴式或新日铁式外燃热风炉；顶燃式热风炉是发展方向，关键是解决燃烧器结构问题。

（2）高风温热风炉均应采用有效措施防止炉壳受到晶间腐蚀以延长热风炉寿命，这些措施有：采用抗腐蚀能力强的钢板；焊接后进行退火去除应力；钢壳内表面喷涂耐酸涂料或敷设一层铝箔防止冷凝水和形成的硝酸与炉壳接触等。

（3）耐火材料是保证热风炉内砌体结构稳定，实现热风炉高温长寿的基本条件，特别要重视耐火材料的抗蠕变性能，即高温长期荷重下的体积稳定性，这是我国目前热风炉耐火砖的薄弱环节，当前推广使用硅砖是一项重要的技术措施。

（4）加厚隔热保温层以降低炉壳、管道钢壳温度，减少热损失是保证高温热风送入高炉的有效措施，喷涂高铝质耐火纤维既耐热又绝热应普遍采用。

（5）热风阀是决定高风温水平的热风炉设备，应采用填注高铝质不定型耐火材料的耐热合金钢板焊接结构，使其寿命能达到2年以上。

6.2 富氧喷煤技术

6.2.1 高炉富氧

高炉富氧是强化高炉冶炼的一种措施，它不仅可以提高生产率，还是高炉加大燃料喷吹量的一种手段。据计算与实践统计，富氧率每增加1%，可增产5%，并提高风口燃烧温度46℃，每吨铁可相应地增喷9kg重油，或8m^3天然气或增加煤粉喷吹量

15kg。喷吹大量燃料的优点是由于炉内还原性气体增加，炉料在低温区被氢等气体还原的还原度增加，炉缸活跃而炉况稳定顺行。可以说高富氧量与燃料大喷吹量是相辅相成的，有时统称高富氧大喷吹。

6.2.1.1　国内外状况

日本在20世纪60年代高炉富氧只有0.2%～0.75%，70年代达到1.2%～2.1%，当时富氧的高炉超过一半。前苏联富氧的高炉超过一半，大约为52%以上。一般情况下，每吨铁用氧量为35m³，1970年时，每吨铁用氧量为40m³，天然气量为68m³，1990年时，富氧量为114m³，天然气量为100m³。美国在20世纪六七十年代也曾喷吹过天然气。我国一些高炉也进行富氧，例如20世纪60年代首钢1号高炉富氧大喷吹取得优异成绩，利用系数达3.114t/（m³·d），鞍钢2号高炉（900m³）利用系数达2.47t/（m³·d），煤比达170kg/t，富氧率约为28%，马钢二铁厂1号高炉也进行了富氧大喷煤，均取得明显效果，见表6-2与表6-3。

表6-2　富氧大喷吹效果

厂　名	富氧率/%	富氧率每增1%增产率/%	富氧率每增1%增加喷煤量/kg·t⁻¹	富氧率每增1%节焦量/kg·t⁻¹	适宜的$t_{理}$/℃
首钢1号高炉	23.4～25.2	4.75～5.0	30		2050
鞍钢9号高炉	23.4～27.5	3.28～3.82	12～14	0.4～1.0	2170～2380

表6-3　富氧增产比较

项　目	富氧率/%	富氧率每增加1%增产率/%	备　注
前苏联	<25	2.5～3.0	
首　钢	23.4～25.2	4.75～5.0	短期数据
鞍　钢	23.4～27.5	3.28～3.82	实际为2.54%

2000 年 9 ~ 10 月，安钢 1 号高炉在富氧喷煤的生产试验研究中，富氧率为 3.0%，风温为 1150℃，煤比高达 178kg/t，烧结矿入炉品位为 59.20% 左右，焦比下降到 330kg/t，高炉利用系数达 3.50t/（m^3·d）以上，说明富氧喷煤取得十分明显的经济效益。另外 2002 年涟钢 4 号高炉富氧喷煤也同样取得了明显的效果。

6.2.1.2　富氧鼓风对冶炼的影响

（1）提高冶炼强度。由于风中氧含量增加，因而每吨生铁需要的风量减少。若保持风量（包括富氧量的流量）不变，冶炼强度可以提高，在焦比不变时，即可获得相同的增产值，若焦比有所降低，可望增产更多。

（2）提高理论燃烧温度。由于燃烧产物体积减少，故能提高理论燃烧温度。富氧 1%，由计算知，$t_{风}$ = 1000℃时的风口前理论燃烧温度约能提高 46℃。这个因素是限制高炉富氧率过高的原因之一。因为 $t_{理}$ 过高，会引起 SiO 大量挥发，使高炉产生难行，一般富氧率只用到 3% ~ 4%。富氧后，能使热量集中于炉缸，有利于提高渣铁水的温度和冶炼低 Si 铁，与喷吹燃料相结合，则能克服喷吹时炉缸的冷化问题，为大量喷吹创造了有利的条件。

（3）增加煤气中的 CO 量，促进间接还原。富氧鼓风的结果，改变了煤气中 CO 和 N_2 的比例，CO 比升高，有利于间接还原的发展，当富氧与喷吹燃料相结合时，炉缸煤气中 CO 与 H_2 增加，对还原更有利。

（4）降低炉顶煤气温度。富氧后，单位生铁煤气量减少，上部热交换区扩大，炉顶煤气温度降低。高温区集中下部，这使高炉的竖向温度场发生变化，这个影响与喷吹燃料所产生的影响相反，故认为富氧与喷吹燃料相结合是很有前途的。

降低 r_d、减少热损失、降低炉顶温度等都是能降低焦比的，所以能节省冶炼所需的热量支出，从而降低焦比。

6.2.2 高炉喷吹煤粉

向高炉内喷吹固体、液体和气体燃料以代替资源贫乏、价格昂贵的冶金焦炭，可达到降低焦比、降低生铁成本的目的，我国高炉主要是喷吹煤粉。

高炉喷吹煤粉目前已成为大幅度地降低焦比的措施，这是近30年来重大技术发展之一，国内外高炉喷吹煤粉都取得了良好的效果。我国从1963年开始实验室研究与工业试验，1964年在首钢高炉进行喷吹无烟煤获得成功，然后大量推广，国外近十年来也开始喷吹煤粉。

目前我国高炉煤粉喷吹量一般在100～120kg/t，好的高炉约150～170kg/t，最好的是宝钢高炉，高达250～260kg/t以上，煤粉粒度也从0.074mm（－200目）的70%～80%放宽到50%左右之后，也取得了良好的实际效果。经检测，如安钢1号高炉除尘器炉尘与洗涤塔后的瓦斯泥中，未燃煤粉量并未增加。

我国高炉采用高风温、精料，高冶炼强度与富氧相结合，喷煤量已逐步增加到150～170kg/t甚至200kg/t以上时，置换比仍然保持在0.70～0.80的高水平，因此，我国高炉再进一步增加煤比的潜力还是较大的，但是如何提高煤粉燃烧率，研究加速煤粉燃烧技术仍然是一个十分重要的课题。

6.2.2.1 喷吹煤粉对冶炼的影响

（1）炉缸煤气量增加，煤气还原能力加强。在风口前不完全燃烧的条件下，若鼓入的是干风，每燃烧1.0kg燃料，在风口前生成的炉缸煤气体积（考虑置换比时），煤粉的煤气量为5.245m^3，重油为5.375m^3，均大于焦炭产生的煤气量，而还原气体的相对比例也发生变化（见本书表3-3）。

（2）中心气流明显发展。喷吹能使炉缸工作活跃，其原因主要是鼓风动能显著增大所致。由于喷吹物的一部分在直吹管和风口内与氧汇合而产生燃烧反应，结果极大地提高了鼓风动能，使中心气流发展。喷吹后，炉缸煤气体积增大，煤气中H_2含量增多，渗透能力增强。

(3) 喷吹燃料后，炉缸煤气中 H_2 浓度增大。从热力学来看，在高于810℃，H_2 的还原能力比 CO 强。假定 H_2 发挥还原作用主要在800～1000℃区域内，则大部分用于 FeO 还原，在低于810℃温度范围内，还原高价铁氧化物的作用较小。

H_2 的导热性好，是其他气体的7～10倍，黏度是其他气体的0.5倍，扩散速度是 CO 的3.7倍，所以 H_2 利于加热矿石，利于还原的扩散速度，所以有助于提高间接还原度，而还原生成产物 H_2O，也比 CO_2 具有较大的扩散速度（1.56倍），脱附进行也很迅速。

(4) 炉缸冷化，有热滞后现象。炉缸冷化系指风口前的理论燃烧温度降低，其产生的原因是：喷入的燃料是以冷态进入燃烧带，不似焦炭经预热已具有1500℃的高温；燃料中碳氧化合物在高温作用下，先分解再燃烧，分解反应吸收热量；燃烧生成的煤气体积大。因此，热滞后现象也是必然的，一般滞后3～5h。

6.2.2.2 喷吹燃料的置换比

喷吹1kg燃料代替焦炭的数量，称置换比。喷吹燃料能置换焦比的原因是：

(1) 煤粉中的碳取代焦炭中的碳，这是最基本的。它能取代焦炭的发热剂和还原剂的作用，但不能取代焦炭作为料柱骨架的作用，所以喷吹燃料取代焦炭有一个极限。

(2) 直接还原度的变化。由于单位生铁的煤气量增加，煤气富化，特别是煤气中 H_2 量增加，增加了间接还原，由此而降低焦比。所以，喷吹的燃料如果含 C 相同，某一物质含 H_2 又较高，则该物质的置换比就比较高。此外还与 H_2 的利用率、操作水平有关。

6.2.3 高炉富氧喷煤

6.2.3.1 富氧喷煤意义

我国高炉从1964年开始试验喷煤，是世界上采用喷煤技术较早的国家之一。用煤粉代替价格昂贵的焦炭，不仅可以改善高炉的行程，而且已经取得较好的经济与社会效益。大量喷煤之后如果不富氧，煤粉将会燃烧不完全，风口前理论燃烧温度下降，炉内料柱透气性恶化，炉况不顺，导致置换比低下，因而限制了喷煤量的增加。如果只富氧不喷煤，风口前理论燃烧温度又会过高，使炉缸温度梯度加剧，风压升高，导致炉况不稳定、难行甚至悬料。如果富氧与喷煤相结合，可以相辅相成。富氧可弥补由于大量喷煤带来的不足，既改善了炉况的顺行增加了高炉的产量，又节约了焦炭节省了投资和降低了成本，因而其成为我国钢铁工业的一项战略措施。

6.2.3.2 国内外高炉富氧喷煤简况

2002 年我国高炉总的喷煤量约为 1500 万 t 以上，比 1999 年增加 600 万 t 左右，煤比在 100kg/t 以上的共约有 20 个厂家的 97 座高炉，最高煤比的厂家平均为 207kg/t，最高煤比的宝钢 1 号高炉（$4063m^3$）年平均为 237kg/t，最高月平均为 268kg/t，我国高炉富氧喷煤已取得飞跃的进步。

英国、法国、德国、日本与美国等高炉煤比一般为 180kg/t，焦比为 250 ~ 270kg/t，具有代表性的高炉喷煤简况见表 6-4。

法国和英国等国还发展喷吹粒煤技术，煤粉粒度一般小于 3mm，磨煤电耗量可节省 50%，平均喷吹量为 125kg/t 左右，最高也达到过 200kg/t，英国还在做吨铁喷粒煤量 250kg 的大喷煤量试验。

6.2.3.3 我国高炉富氧喷煤的新进展

（1）富氧大喷煤工业试验取得成功。鞍钢 $900m^3$ 的 2 号高炉，于 1986 ~ 1987 年进行两次富氧大喷煤工业试验，最高含氧量达 28.59%，最大喷煤量为 170.02kg/t，各项技术指标明显改善。当煤比超过 150kg/t 的试验阶段，富氧率每增加 1.0% 时增产幅度为 2.0% ~ 3.0%，增加喷煤量为 12 ~ 15kg。在试验过程中随着富氧与喷煤量的增加，为了保持炉况的顺行，采取了缩小风口提高鼓风动量等措施，对于上部调剂采取了疏松边缘的装料制度，使二者相互对应。

表 6-4 国内外富氧喷煤先进高炉主要技术经济指标

指标 厂名	炉容/m^3	利用系数 /$t\cdot(m^3\cdot d)^{-1}$	置换比	煤比 /$kg\cdot t^{-1}$	焦比 /$kg\cdot t^{-1}$	富氧率 /%	风温 /℃	煤		说明
								挥发分 /%	灰分 /%	
宝钢 1 号高炉	4063	2.64	0.78~0.82	237	263.0	2.53	1245			1999 年平均 [Si]=0.33%
安钢 1 号高炉	320	3.52	0.78~0.80	178	350.0	2.82	1112		15.30	2000 年 10 月 [Si]=0.50%
包钢 1 号高炉	1513	1.70	0.78~0.85	153	597	3.90	1100			1992 年 6 月 [Si]=0.70%
鞍钢 3 号高炉	831	2.18	0.80~0.90	203	537	3.42	1035			1995 年 8 月 ~11 月烟煤: 无烟煤=7:3
美国 克利夫兰高炉	600	2.50	0.90~1.0	270	270	2.0~5.0	1150~1250	17~40	4.0~8.0	1991 年 [Si]=0.40%
德国 斯维尔根高炉	2128	2.36	0.90	180	350	3.0	1234	17~40	4.0~8.0	1992 年 [Si]=0.37%
荷兰 艾莫伊登	2128	2.42	0.90	192	298	3.30	1183	33.0	5.3	1992 年 [Si]=0.39%

为了探索在特殊矿石冶炼下的富氧喷煤，包钢1号高炉（1513m^3）于1990~1992年进行了富氧大喷煤的工业试验，最高煤比突破157kg/t，高炉利用系数在含氟含碱金属矿石冶炼条件下创最高记录达1.70t/（m^3·d)，富氧率每增加1.0%，煤比可增加18kg/t，增产2.8%~3.0%。当煤比超过120kg/t时炉况不顺行，将富氧喷煤与中心加焦的技术措施相结合，成为突破150kg/t煤比的关键手段。同时采用了单支管计量，用可调式混合器以及氧煤枪等喷煤技术。

(2）喷吹100%烟煤工业试验取得成功。为了就地选择高炉喷吹用煤与保证喷吹用煤的稳定供应，鞍钢于1989年9月~1990年9月喷吹100%烟煤工业试验取得成功。烟煤挥发分为28%~38%，工业试验采取了如下措施：

1）布袋面积增大，过滤速度不大于1m/s；

2）取消一次风机，使系统在全负压下运行；

3）喷吹罐由重叠式多管路直接喷吹改为单管路通过分配器进入高炉；

4）为了安全，采取了烟道废气惰化处理；在球磨机入口、仓式泵、喷吹罐组与粉仓等处用氮气（N_2）充压或流化；还采用增加水平管道的吹扫，防止结露，消除静电以及明火等措施。

(3）喷吹工艺技术水平大幅度提高。

1）单支管计量在包钢高炉试验成功。同时还开发了可调式煤粉给料器，基本上可维持均匀喷吹。

2）浓相输煤试验成功。在杭钢1号高炉（342m^3）试验成功后又应用到鞍钢2580m^3高炉上，用粉气比达50kg/kg，最小输煤速度达3m/s。

3）开发应用氧煤枪。它具有短焰燃烧，燃烧稳定，氧气与煤粉在枪前混合好，结构简单且寿命较长等特点。提高了煤粉在周围局部区域氧的浓度，改善了传质过程，因而提高了煤粉燃烧率。

(4）富氧喷煤量突破250kg/t。

宝钢高炉富氧喷煤取得突破性进展，1999年平均煤比已达207kg/t。其中1号高炉煤比为237kg/t，3号高炉206kg/t，月平均值超过250kg/t，焦比只有250kg/t左右，入炉矿石品位已超过60%，风温高达1246℃，富氧率为2.5%，渣量也只有250kg/t，铁水［Si］=0.31%~0.33%，炉顶煤气中CO_2含量高达22.70%，炉渣碱度为1.22。同时天津铁厂1号高炉富氧率为2.0%左右，煤比为168kg/t，该高炉2000年富氧率曾为3.5%，煤比也高达192kg/t。2000年安钢1号高炉富氧率为3.0%，煤比为178~180kg/t左右，邯钢高炉煤比也大幅度提高。为了提高喷煤量，在原燃料的质量，特别是焦炭质量与粒度、风温水平、煤粉燃烧率、未燃煤粉量及其作用、高炉的上下部调剂等方面都在进行大量的试验研究与探索，可望在今后的富氧喷煤水平将会有更大的提高。

6.3 高压操作

提高炉内煤气压力使其超过正常高炉煤气压力水平，以其强化高炉冶炼，这就是高压操作。提高炉内煤气压力的方法，是通过调节设在净煤气管道上的高压调节阀组来实现，高压的程度用炉顶压力值来标志。

6.3.1 高压操作的发展过程

20世纪50年代以前，高炉都是在炉顶煤气剩余压力低于30kPa的情况下生产的，通常称为常压操作。1944~1946年美国在克里夫兰厂的高炉上将炉顶煤气压力提高到70kPa试验获得成功（产量提高12.3%，焦比降低2.7%，炉尘量大幅度降低），从这时起将炉顶煤气压力超过30kPa的高炉操作称为高压操作。在此后的十年中，美国采用高压操作的高炉座数增加很多。1940年苏联开始在彼得罗夫斯基工厂进行提高炉顶煤气压力操作的试验，它比美国的试验稍早一点，但初次试验并未成功。后来改进了提高炉顶煤气压力的设施后才取得进展，但其发展速度却很快，到1977年高压操作高炉冶炼的生铁占全部产量的97.3%。

我国从50年代后期开始，也先后将1000m³级高炉改为高压操作，同样取得较好的效果，但是炉顶压力均维持在50～60kPa，只是到了70年代才逐步提高到100～150kPa，而宝钢1号高炉（4063m³）的炉顶压力已达到250kPa，进入世界先进行列。

6.3.2 高压操作工艺流程

6.3.2.1 高压操作系统

高炉炉顶煤气剩余压力的提高是由煤气系统中的高压调节阀组控制阀门的开闭度来实现的。前苏联最早试验时，曾将这一阀组设置在煤气导出管上，它很快被煤气所带炉尘所磨坏，因而试验未获成功。后来改进阀组结构并将其安装在洗涤塔之后，才取得成功（图6-1）。我国1000m³级高炉的调压阀组是由三个ϕ700mm电动蝶式调节阀，一个设有自动控制的ϕ400mm蝶阀和一个ϕ200mm常通管道所组成。高压操作时，ϕ700mm阀常闭，炉顶煤气压力由ϕ400mm阀自动控制在规定的剩余压力，这样自风机到调压阀组的整个管路和高炉炉内均处于高压之下，只有将所有阀门都打开，系统才转为常压。长期以来，由于炉顶装料设备系统中广泛使用着双钟马基式布料器，它既起着封闭炉顶，又起着旋转布料的作用，布料器旋转部位的密封一直阻碍着炉顶压力的进一步提高。只是到70年代实现了“布料与封顶分离”的原则，即采用双钟四阀、无钟炉顶等以后，炉顶煤气压力才大幅度提高到150kPa，甚至到200～300kPa。

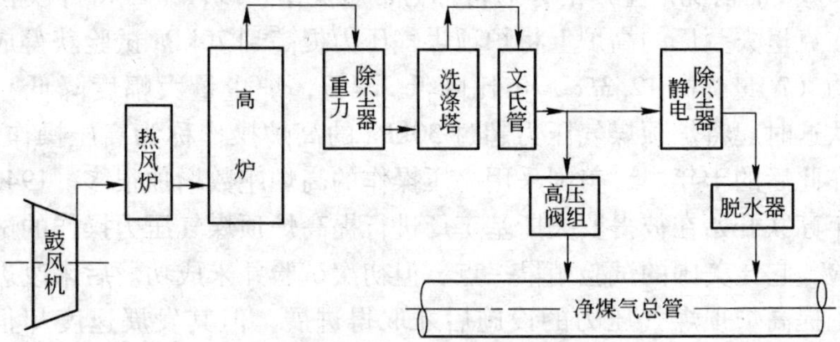

图6-1 高压操作工艺流程图

应当指出，消耗在调压阀组的剩余压力是由风机提供的，而风机为此提高了风压是消耗了大量能量的（由电动机或蒸汽透平提供）。为有效地利用这部分压力能，从20世纪60年代开始，试验高炉炉顶煤气余压发电，先后在苏联和法国取得成功。采用这种技术后，可回收风机用电的25%～30%，节省了高炉炼铁的能耗。

6.3.2.2 炉顶压力控制系统

高炉炉顶压力控制的主要设备是减压阀组和高炉煤气余压透平发电机组的调速阀。

炉顶煤气上升管上设置有两个取压点，一个点取高压（量程为 0～400kPa）信号；另一个点既取高压（量程为 0～400kPa）信号又取低压（量程为0～40kPa）信号。

两个高压信号通过1号和2号压力传送器由转换开关选择后输入调节器，然后通过调节器把压力变化信号传给炉顶余压透平发电机组的调速阀和减压阀组，进行炉顶煤气压力控制，如图6-2所示。

6.3.3 高压操作对高炉冶炼的影响

采用高压操作可以改善料柱透气性，降低炉内煤气流速，提高产量与降低焦比，特别是可以大幅度降低炉尘吹出量，有利于炉况的稳定与顺行，有利于高炉的进一步强化，其主要影响如下：

6.3.3.1 对燃烧带的影响

由于炉内压力提高，在同样鼓风量的情况下，鼓风体积变小，从而引起鼓风动能的下降。根据计算，由常压15kPa提到80kPa的高压后，鼓风动能降到原来的76%。同时，由于炉缸煤气压力的升高，煤气中 O_2 和 CO_2 的分压升高，这促使燃烧速度加快。鼓风动能降低和燃烧速度加快导致高压操作后的燃烧带缩小。为维持合理的燃烧带以利于煤气量分布，就可以增加鼓风量，这对增加产量起了积极的作用。

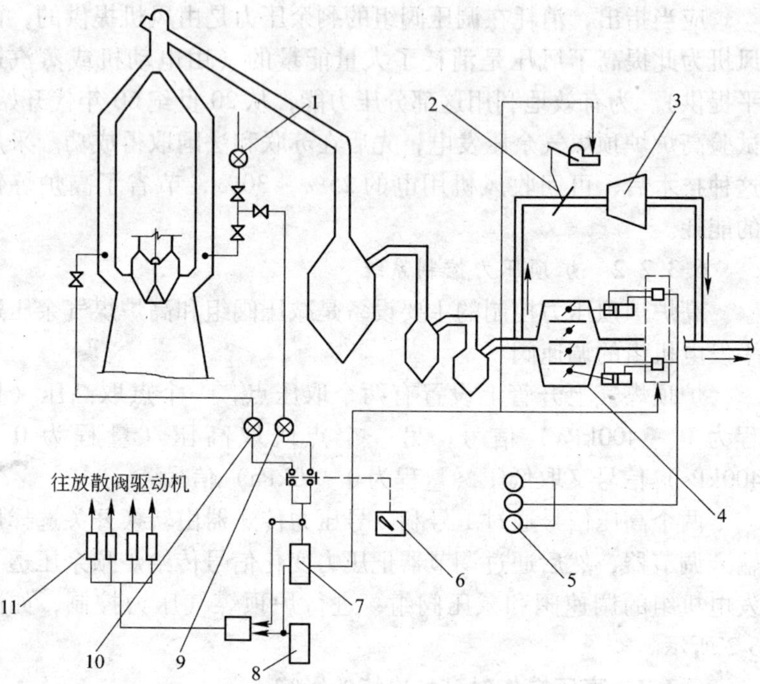

图 6-2　炉顶压力控制系统

1—低压传送器；2—调速阀；3—余压透平；4—减压阀组；5—油泵；
6—选择开关；7—调节器；8—手动给定器；9—2 号高压传送器；
10—1 号高压传送器；11—放散阀压力设定器

6.3.3.2　对还原的影响

从热力学上来说，压力对还原的影响是通过压力对反应 $CO_2+C=2CO$ 的影响体现的。由于反应前后有体积的变化，压力的增加有利于反应向左进行，即有利于 CO_2 的存在，这就有利于间接还原进行。同时高炉内直接还原发展程度取决于上述反应进行的程度，高压不利于此反应向右进行，从某种意义上讲是抑制了直接还原的发展，或者说将直接还原推向更高的温度区域进行，同样有利于 CO 还原铁氧化物而改善煤气化学能的利用。

从动力学上来说，压力的提高加快了气体的扩散和化学反应速度，有利于还原反应的进行。但是有的研究者认为压力的提高也加快了直接还原的速度，因此压力对铁的直接还原度不会产生明显的影响。单从压力对还原的影响分析，高压操作对焦比没有影响。

所有的研究者和实际操作者都肯定高压对 Si 的还原是不利的，这表明高压对低硅生铁的冶炼是有利的。

6.3.3.3 对料柱阻损的影响

这是高压操作对高炉冶炼影响的最重要的一个方面，从著名的卡门公式

$$\Delta p/H = \left[K_1 \frac{(1-\varepsilon)^2}{\varepsilon^3}\mu w_0 s^2 + K_2 \frac{1-\varepsilon}{\varepsilon^3}\rho_0 w_0^2 s\right]\frac{p_0}{p}\left(1+\frac{t}{273}\right) \tag{6-1}$$

不难看出，料层的阻力损失与气流的压力成反比。在其他条件不变的情况下，可写成：

$$\Delta p_{常} / \Delta p_{高} = p_{高} / p_{常} \tag{6-2}$$

高压操作以后，炉内的总压力 $p_{高}$ 较常压操作时的 $p_{常}$ 大，即 $p_{高}/p_{常}>1$，因而常压操作时煤气流通过料柱的阻力损失 $\Delta p_{常}$ 大于高压操作时的 $\Delta p_{高}$。研究者们用不同的方式对高压操作后 $\Delta p_{高}$ 下降值进行了测定和计算，所得结果不尽相同，但其平均值约为顶压每提高 10kPa，料柱阻损下降 0.3kPa，在常压提高到 10kPa 后，Δp 下降值略大于 0.3kPa。而顶压由 100kPa 进一步提高到 200～300kPa 时，此值降到 2～10kPa。

应当指出，高压操作以后，炉内料柱阻损的下降并不是上下部均相同的，研究表明，炉子上部的阻损下降多，下部的下降少。造成这种现象的原因是料柱上下部透气性不同，高炉下部由于被还原矿石的软熔，孔隙度急剧下降，压力对 Δp 的作用为孔隙度的下降所减弱。

众所周知，煤气通过料柱的阻力损失，相当于自下而上的浮力，它与炉料与炉墙之间的摩擦力、炉料与炉料之间的摩擦力等一起，阻碍着靠重力下降的炉料运动。高压操作后 Δp 的下降无疑减少了炉料下降的阻力，可使炉况顺行。如果 Δp 维持在原来低压时的水平，则可增加风量，即提高高炉的冶炼强度。但是随着压力进一步的提高，其效果不断降低。造成这种差别的原因在于：高炉内限制冶炼强度提高的是炉子下部，如前所述，下部 Δp 减少的数值较小；高压操作以后，焦比有所降低，炉尘量大幅度降低，在入炉炉料准备水平相同的情况下，上部块状带内料柱透气性也变差；高压操作以后，燃烧带和炉顶布料发生变化，上下部调剂跟不上也阻碍着高压操作作用的发挥。

为此，要充分发挥高压对增产的作用，需要改善炉料的性能，特别是焦炭的高温强度，矿石的高温冶金性能和品位（降低渣量），以及掌握燃烧带和布料变化规律，应用上下部调剂手段加以控制。随着这些工作进展的情况不同，各厂家每提高10kPa 的增产幅度波动在1.1% ~3.0%之间。

6.3.3.4　对炉顶布料的影响

高压操作降低了离开料柱和炉顶的煤气的动压头：

$$h_{动} = \frac{w^2\gamma}{2g} = w_0^2\gamma_0 t p_0/(2gt_0 p) \tag{6-3}$$

这首先影响到炉尘吹出量。在冶炼强度相同和炉料粒度结构相同的情况下，被吹出炉尘的粒径变小，数量减少。按斯托克斯定律进行计算，从常压提高到250kPa，炉顶煤气能带走的最大颗粒的直径缩小了一半，颗粒的重量减到原来的12.5%。要用计算方法确定炉尘吹出量是不可能的，因为炉喉煤气流速和温度分布不均匀，不同时间内的吹出量也不同（装料时吹出量最大）。根据统计，由常压改为高压操作后，炉尘吹出量降低20% ~50%。在炉顶煤气压力达到150 ~250kPa 的现代高炉上，炉尘吹出量常在 10kg/t 以下。

高压操作后动压头的减小，对炉料从装料设备（大钟或布料流槽）落到料面的运动有着一定的影响。根据测定和计算，这种影响表现为边缘料层加厚，料面漏斗加深，而影响的程度则取决于炉料准备情况（粒度小于 5mm 的含量和粒度的组成）和炉顶煤气压力提高的幅度。这种炉料在炉喉径向上分布的变化有可能恶化边缘区域的炉料透气性，从而使炉内压降增大，削弱了顶压提高的作用。

6.4 高炉中心加焦技术

6.4.1 高炉中心加焦的发展

6.4.1.1 炉顶布料对高炉冶炼行程的影响

高炉解剖与模型实验均早已证实，分层入炉的矿石与焦炭，直到矿石熔化滴落前，均以炉喉原始料面为初始条件而保持良好的层状分布。层状料柱径向的矿焦比，二者也大体相近，由于矿石与焦炭对上升煤气阻力不同，炉料分布对高炉上部煤气流及其能量利用有重大影响。

软熔带的厚薄取决于料批的大小，而软熔带的高度，根部位置及形状却受高炉径向矿焦比的影响。因此炉料分布极大地影响软熔带的形态和煤气流的分布，影响高炉冶炼的全过程。炉料分布主要取决于炉顶装料设备与装料制度，因此人们不断研制更佳的装料设备来实现灵活的布料，探寻合理的装料方法，改善煤气利用，以确保炉况的顺行，实现高炉的高产、低耗操作，争取更好的经济效益。

早在 20 世纪 70 年代，日本钢管公司曾策划过用调剂炉顶的手段来获得理想的径向矿焦比，以便形成合理的煤气分布。由于生产的需要，多年来作者也反复研究过宝钢、首钢、攀钢等高炉的煤气流分布与矿焦比的关系，如图 6-3 所示，因此对上述合理煤气流分布这一概念更加明确也更加具体，按这一概念布料时的特点，主要有三个内容：

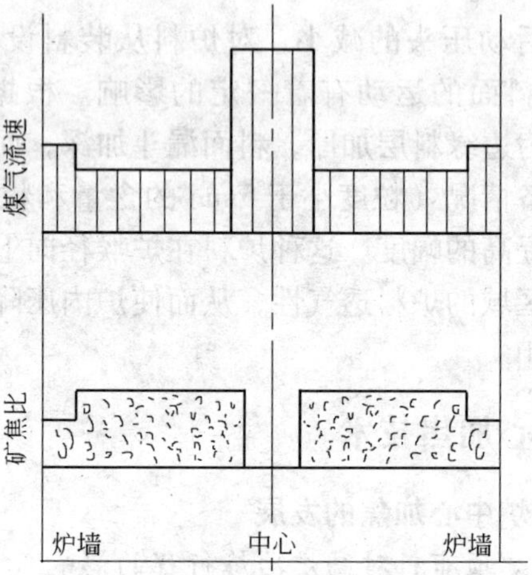

图 6-3　理想矿焦比及其煤气分布

（1）高炉料柱的大部分断面上，煤气与散料的接触趋向于比较均匀，以便最大限度地利用煤气的热能与化学能。

（2）维持强而稳定的狭窄的中心煤气流，达到活跃炉缸中心，以保持良好的透气性，并有利于改善炉缸反应，达到稳定操作。

（3）在十分关注限制炉墙热损失与延长高炉寿命的同时，也要适当地降低紧靠炉墙边缘这一点的矿焦比，以预防炉墙结厚，有利于炉况的顺行。

上述三点构成的炉喉 CO_2 曲线与软熔带形状如图 6-4 所示。

6.4.1.2　维持稳定与比较活跃的中心煤气流是实现高产稳产的重要手段

根据国内外众多高炉生产分析，活跃中心煤气流是现代高炉顺行及高产的重要手段，为达到此目标，需要使中心料柱处于疏松状态（即矿焦比很小），而疏松状态所形成的煤气通道面积，

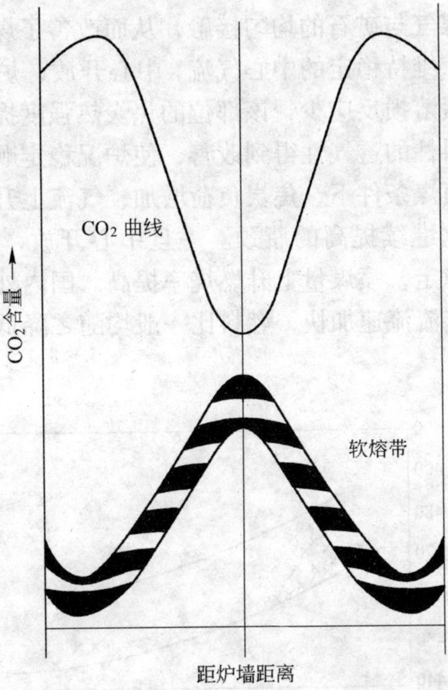

图 6-4　理想的 CO_2 曲线及软熔带

又取决于炉料质量、高炉容积、送风制度与布料情况，其疏松面积一般为该炉喉面积的 3% ~8%，但是疏松状态的中心料柱采用什么方法来实现？这是广大高炉工作者都十分关注的课题。正是由于生产高炉冶炼的这种客观需要，中心加焦技术便应运而生。

活跃中心是高炉稳定顺行的关键，为确保炉况顺行，不得不使料柱中心处于敞开状态，而敞开形成的煤气流通道面积，取决于炉料质量、高炉容积、装料制度及送风制度，其面积一般约为炉喉面积的 3% ~8%。从生产实践与上述理想的布料观点看，我们都强调中心气流的重要性，近年来，人们对此比以往更为重视。

狭窄稳定的中心煤气流，必然产生高而窄的倒“V”形软熔带，有利于煤气与矿石的均匀接触，从而改善了煤气的利用，降低了燃料比。维持稳定的中心气流，中心开放，炉子中心部分矿焦比小，碳素溶损反应少，该部位的焦炭热强度提高，破碎粉化受抑，中心料柱的透气性得到改善，使炉况稳定顺行。

在富氧喷煤条件下，焦炭负荷增加，气流上升阻力大，往往成为限制煤比继续提高的瓶颈。一旦中心开放，透气性指数上升，则炉况稳定，喷煤量上升燃烧率提高。国内外生产实践都表明，中心煤气流流速加快，燃料比一般均随之降低，如图 6-5 所示。

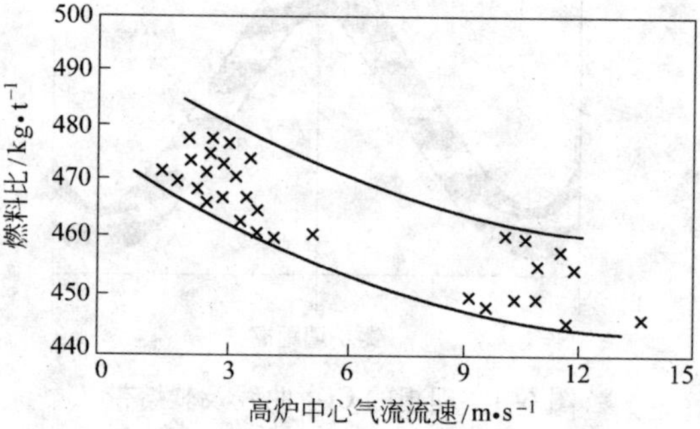

图 6-5 中心气流对燃料比的影响

我国高炉尽管容积不一，原料条件也各不相同，近年来通过上下部调剂，以确保高炉中心煤气流的畅通，均已获得了较为满意的冶炼效果。如首钢高炉不断强化后，不断地探求上下部调剂的合理化，使煤气分布更加合理，得出了展翅形的炉喉 CO_2 分布曲线，中心气流十分明显。正是由于高炉冶炼的客观要求和迫切需要，中心加焦技术便应运而生。

6.4.2 中心加焦技术

高炉中心加焦是近年来发展起来的一种新型装料技术。其基本点与最终目的是改变传统的布料方式，使其能将少量的焦炭布于高炉中心，形成细长的中心焦柱，从而可以确保强而稳定的狭窄的中心煤气流的形成，达到高产、稳产低耗的目的。

6.4.2.1　中心加焦技术的发展情况

乌克兰于1986年在查波罗什3号高炉率先采用大钟开孔式中心加焦方法，使煤气利用改善，炉况稳定顺行，增产2%，节焦20kg/t，加古川2号高炉1988年安装了锥台溜管式中心加焦装置，效果理想，软熔带呈典型的倒“V”形，喷煤量从80kg增加到115kg/t，焦比降至320kg/t以下，1990年4月又降至298kg/t。

武钢1号高炉于1989年8月开始采用中心加焦，加焦量约为批重的3%，炉况顺行状况明显改善，但是未达到增产节焦的预期目的。

包钢1号高炉（$1513m^3$）于1992年进行富氧大喷煤工业试验，喷煤量达到120kg/t后，由于中心透气性变差，炉况不顺，喷煤量无法突破150kg/t的大关。后来采取了中心加焦技术，把大约10%的焦炭利用无钟布料，加到高炉的炉喉中心，炉况很快改善，喷煤量最高达157kg/t，使富氧大喷煤顺利完成。

湘钢2号高炉（$750m^3$）于1993～1994年，采用了中心加焦的操作技术。在原燃料含粉末较多的条件下，与其他两座高炉未采用中心加焦相比，炉况稳定，产量上升，焦比下降。

关于中心加焦量对炉况的影响，有的实验研究表明，随着加焦量的增加，软熔带形状从“M”形→“W”形→倒“V”形依次转变，加古川2号高炉试验中心加焦30kg/批时，对炉况无明显影响，但大于100kg/批后，中心气流强烈发展，总压下降，崩料次数减少，炉缸活跃、物理热充沛。

中心加焦量太少，对疏松中心作用难以发挥，中心加焦过多，又有可能导致中心过吹。因此对一座具体的高炉来说，存在一个冶炼效果最佳或较佳的适宜的“中心加焦量”范围。中心加焦法示意图如图6-6所示。

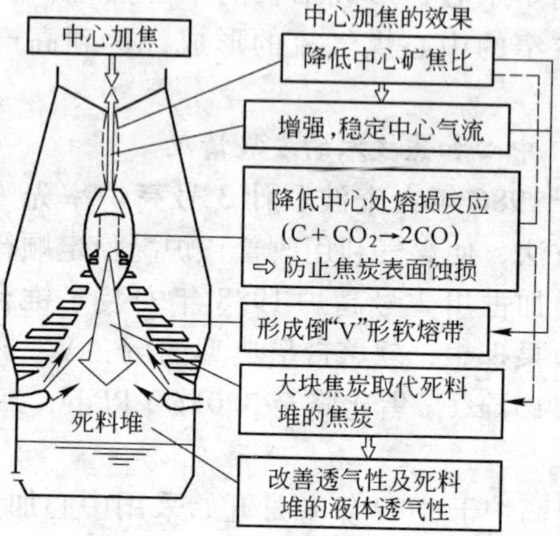

图 6-6　中心加焦法示意图

6.4.2.2　*中心加焦方法*

要实现中心加焦，目前大致有以下四种方法：

(1) 大钟开孔式中心加焦技术。乌克兰于 1986 年前后在查波罗什钢铁厂的 2 号与 3 号高炉开发成功大钟开孔式中心加焦技术。将传统的大钟顶部开孔（见图 6-7）使正常炉料中部分焦炭

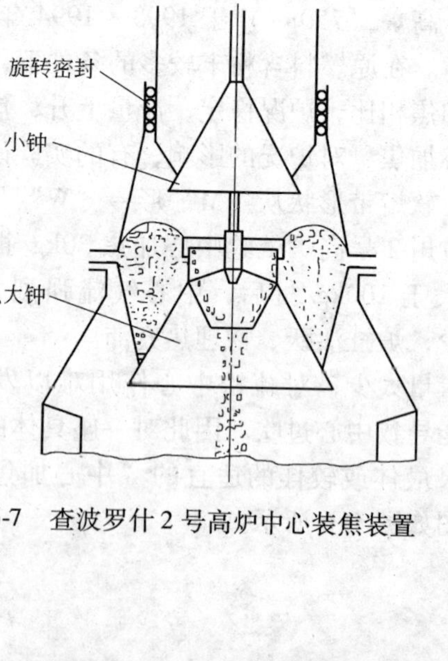

图 6-7　查波罗什 2 号高炉中心装焦装置

经过该孔布于炉喉中心，以达到疏松中心料柱的目的。当高炉使用该技术后，煤气利用得到改善，炉喉煤气中的 CO_2 含量由 18.36%提高到 19.11%。H_2 含量由 10.24%降至 9.64%，增产 2%～3%，节焦 20kg/t 左右。

（2）锥台溜管式中心加焦技术。日本于 1988 年 8 月在加古川 2 号高炉开发研制出独特的通过安装在炉顶封板上的溜管来完成的中心加焦技术。该高炉容积为 3850m³，属于可调式炉喉，最大能力是每批料加 500kg，当超过 500kg 时要分两次加入。实践证明采用这种中心加焦技术后，高炉煤气稳定性好，透气性好，软熔带能保持倒“V”形，炉墙热损失减少，焦比降低，产量增加。我国武钢 1 号、2 号高炉也试验过类似于加古川 2 号高炉中心加焦的设备，如图 6-8 所示。

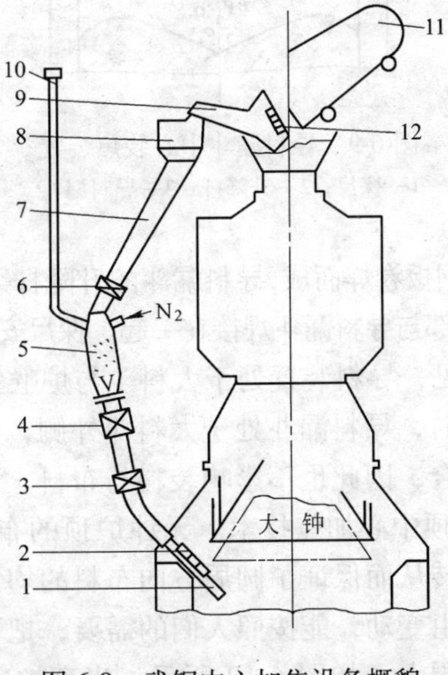

图 6-8 武钢中心加焦设备概貌

1—溜管；2—溜管保护铠甲；3—切断阀；4—下料阀，5—料罐；
6—上料阀；7—上料管；8—中心焦受料斗；9—迎料槽；
10—均压放散管；11—料车；12—调节盖板

（3）导料漏斗中心加焦技术。导料漏斗中心装焦装置见图6-9，该装置由导料漏斗和升降杆组成，这种装置是在钟式炉顶装料设备完全不变的情况下，在大料斗外侧通过改装探尺，增装一个导料漏斗并在卷扬机室增装一台小型卷扬机来实现的。

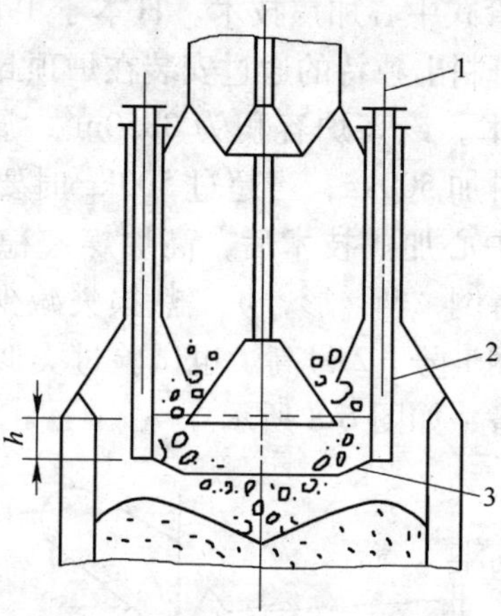

图 6-9　导料漏斗中心装焦装置
1—探尺；2—升降杆；3—导料漏斗

导致漏斗用钢板卷焊而成,导料漏斗的升降杆采用无缝钢管,安装在探尺孔内,下部与导料漏斗焊接在一起。探尺安装在升降杆内。

由图 6-9 可见，导料装置处于大料斗与炉喉钢砖之间。高炉不进行中心装焦时，导料漏斗处于大料斗外侧，导料漏斗底部与大料斗底部相重合，因此也不影响装料与布料。

（4）无钟炉顶中心加焦技术。无钟炉顶的布料溜槽布料时，以一定速度的旋转从而保证了圆周方向布料的均匀性，同时溜槽的夹角又可以自由变动，能按照人们的需要，把不同的炉料送到径向上的任何圆周上，如图 6-10 所示，当高炉冶炼需要中心加焦时，可以将 α 角调到最小，例如 15°，13°，9°，可将所需焦炭准确无误地送到中心部位，疏松的中心焦炭料柱便可以形成，稳定而狭窄的中心煤气流就能实现。

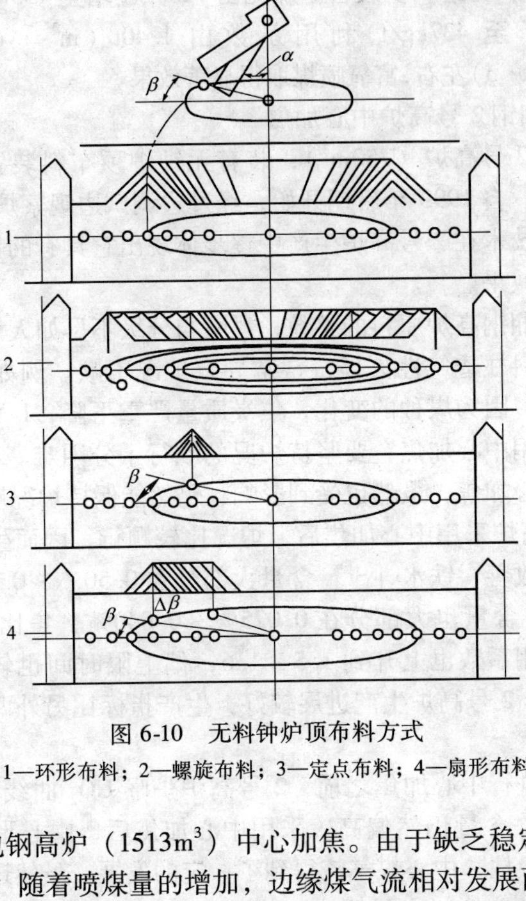

图 6-10　无料钟炉顶布料方式

1—环形布料；2—螺旋布料；3—定点布料；4—扇形布料

1）包钢高炉（1513m^3）中心加焦。由于缺乏稳定发达的中心煤气流，随着喷煤量的增加，边缘煤气流相对发展而导致风压的波动，煤气分布不稳，当时煤比只有120kg/t。高炉操作困难、事故较多，生产技术经济指标很不理想。为了打开中心气流，于1991年2月变动焦角，采用中心加焦技术，具体操作是：一批料中焦角控制在33°，布料5圈，料空信号来后余下的焦炭约1000kg（焦批重的10%左右）减小焦角后再布，曾按20°，16°，12°几种焦角进行中心加焦。实践发现在焦角20°～16°之间，中心焦炭分布环带较宽，中心气流开放不够；而按焦角12°时中心气流比较充沛，CO_2 含量由8%降至2.10%～4.10%，炉缸状况均匀活跃，风量明显增加,炉况进一步改善。煤比由120kg/t增至153kg/t,焦比由569kg/t降至437kg/t,利用系数由1.40t/(m^3·d)提高到1.70t/(m^3·d)左右,富氧喷煤取得显著效果。

2）湘钢2号高炉中心加焦

湘钢2号高炉（750m^3），装有无钟炉顶布料装置，但长时期未使用。自1993年后期开始，经过边调试边观察炉况的变化，中心加焦技术在2号高炉生产中逐步体现出它具有的优越性，取得初步的效果。

由于湘钢高炉原料的整粒，过筛与分级不尽如人意，因而粉料不少，料柱透气性欠佳，常常导致炉况不顺。例如1994年2月份前后，因为煤种的变化，焦炭质量严重下降，1号与3号高炉没有采用中心加焦，要坚持炉况的顺行十分困难。2号高炉由于进行中心加焦，虽然也受到影响，仍然能保持炉况顺行。

2号高炉采用中心加焦后，炉况比较顺行，因而生产技术指标也有所改善，铁水［Si］含量大部分在0.50%~0.70%之间，铁水［S］含量也大部分在0.025%~0.040%，焦比在580kg/t左右，利用系数也上升到1.5~1.6，偏上限时间也较多，在湘钢条件下，2号高炉生产进展较好，生产指标比另外两座高炉要好。

在未进行中心加焦之前，2号高炉炉喉CO_2曲线呈双峰式，但中心CO_2含量仍然偏高。采用中心加焦后，中心形成了较为疏松的焦炭柱，中心煤气流得到了一定的发展。虽然还是双峰式曲线，但中心CO_2含量明显下降，出现了所谓“展翅”型的炉喉煤气曲线，与首钢、宝钢强化后的高炉比较接近，与包钢富氧喷煤、中心加焦后的CO_2曲线有些相似。

1994年4月30日，由于设备等故障，已停止了中心加焦的作业，中午后才又开始恢复中心加焦，这一天有三组典型煤气取样，具体分析如下：

曲线a：时间为8:45，未进行中心加焦，煤气分布特点是边缘轻，中心重，如图6-11，中心CO_2含量高达16%~18%。

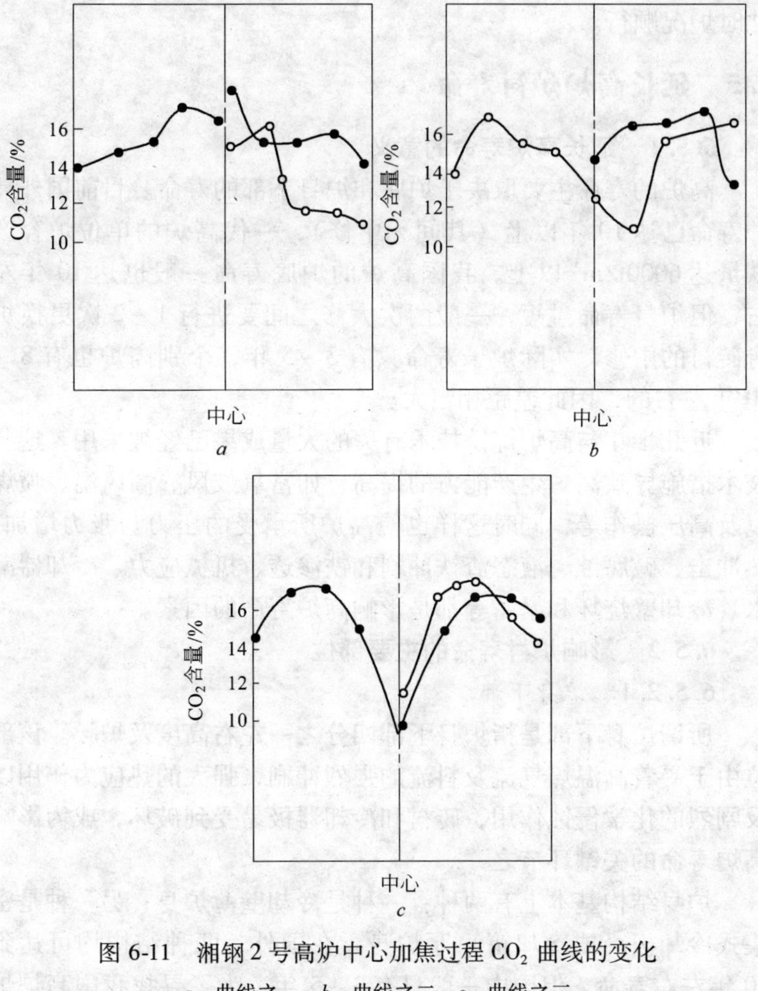

图 6-11　湘钢 2 号高炉中心加焦过程 CO_2 曲线的变化

a—曲线之一；*b*—曲线之二；*c*—曲线之三

曲线 b：时间为 12:40，中午恢复中心加焦后，由于中心料柱逐渐疏松，中心煤气流开始发展，中心 CO_2 逐渐下降到 12.4%～15.0%；说明中心加焦开始起作用，但不很明显。

曲线 c：时间为 16:50，中心加焦后已经 5h，中心 CO_2 已降到9.8%～11.0%，强而稳定的中心气流渠道十分明显地形成，此时炉况顺行。

6.5 延长高炉炉衬寿命

6.5.1 延长高炉寿命的意义

高炉的寿命主要取决于炉底和炉身下部的寿命。目前国外高炉寿命已达10年以上（其间无中修），一代高炉的单位炉容产铁量达6000t/m³以上。我国高炉的炉底寿命一般也达10年左右，但炉身寿命过短，一般两次大修之间要进行1～2次更换炉身砖衬的中修，实际炉子寿命只有3～5年，个别高炉也有8～10年左右的，因此差距相当大。

近几十年与高炉炼铁技术有关的大量成果已经被采用。这些技术措施导致高炉生产能力的提高，如富氧鼓风、高风温、喷煤以及高压操作等，同时这样也使高炉所承受的压力与张力增加，热冲击、碱腐蚀、液态渣铁冲刷和铁渗透、机械应力、冷却器漏水、冷却壁烧坏和暴露等都是影响高炉寿命的因素。

6.5.2 影响炉衬寿命的主要部位

6.5.2.1 *炉身下部*

所谓炉身下部是指炉身下部四分之一左右高度及炉腰。该部位由于受着高温煤气流及料流的强烈冲刷，强大的热应力作用以及剧烈的化学侵蚀作用，砖衬和冷却器极易受到破坏，成为影响高炉寿命的关键环节之一。

炉身结构基本上有两种：一种是冷却壁薄炉身；另一种是密集式冷却板（或冷却箱）厚炉身。在国外，两种结构均可达到10年左右寿命，但国内一般只有3～5年。为了寻找我国高炉炉身寿命短的原因，现仅以冷却壁炉身结构为例，就有关影响因素与国外高炉进行比较。

（1）耐火材料。国外高炉炉身下部过去多用刚玉砖，近些年逐渐改用氮化硅结合的碳化硅砖或石墨—碳化硅砖，我国一般用高铝砖。

（2）冷却壁。国外过去曾用过低铬铸铁冷却壁，近几年改用球墨铸铁；冷却壁内水管的布置经过改进使边角部分的冷却得到加强，并且由单层水管发展为双层水管；为防止铸造过程中水管渗碳变脆，水管表面施以涂层；为稳固砌砖体，冷却壁的上顶或中顶带有凸台，凸台容易烧坏，为防止波及整个冷却壁，故单独通水冷却。我国高炉冷却壁多采用普通铸铁，单层水管，边角部分冷却薄弱，有的甚至不带凸台。

（3）冷却水。国外多采用软水或纯水密闭循环,既能始终保持设计时的冷却效率,又节约用水。我国多采用一般工业水,开路循环,管内容易结垢,随着时间延长,冷却效率大幅度降低。

（4）高炉操作。国外近几年来煤气流控制都是发展中心，抑制边缘，既有利于炉况稳定顺行，降低焦比，又有利于保护炉墙。我国高炉仍多采用双峰式煤气分布，边缘气流比较发展，既不利于降低焦比，又不利于保护炉墙。

6.5.2.2　炉缸、炉底

炉缸和炉底的破损规律国内外大体一致，其特点是：

（1）侵蚀线底部呈平底形，侵蚀深度一般为 1.5 ~ 2.0m 左右，和炉底厚度比，一般侵蚀不深。

（2）炉底周边侵蚀严重。随着炉底往下侵蚀,自铁口以下炉缸壁和炉底周边的炭砖越往下侵蚀越严重,形成“蒜头状”。拆炉时观察到有的残存炭砖仅剩 100 ~ 200mm 厚,有的炭砖已经蚀光,仅剩捣料层,个别严重地方铁水已接触到冷却壁。炉底烧穿往往由此发生,这个部位是炉底的最薄弱环节,如图 6-12 所示。

（3）炉缸及炉底周边残存的炭砖中往往有一条以炉子中心线为中心的环形裂缝（或称脆化层），有的残砖中出现孔洞，如图 6-12 中环裂部位。

此外，在个别高炉上曾发现，由于过去综合炉底周边的炭砖与中心的高铝砖是咬砌的，而高铝砖的膨胀率比炭砖高，以致炭砖被高铝砖顶起，从而使炭砖上下层之间的缝隙张开，铁水随之渗入，传统炭砖砌成的炉缸结构见图 6-13。

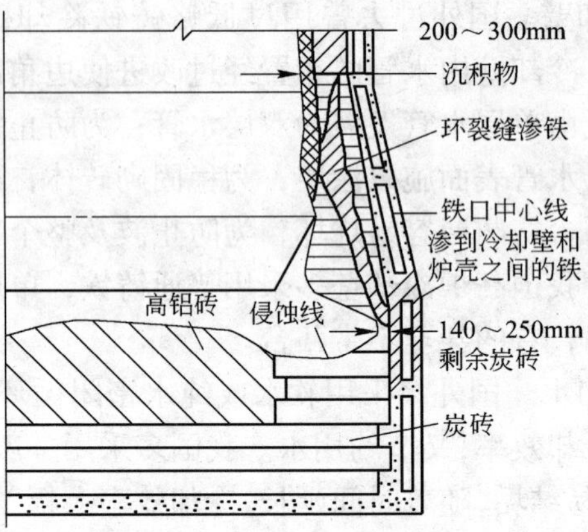

图 6-12　炉缸破损状况

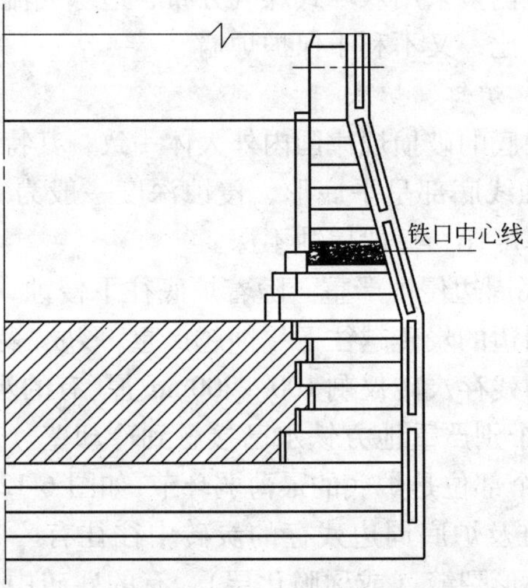

图 6-13　传统炉缸结构

对炉缸和炉底炭砖破损的原因有各种不同的看法，归纳起来有：

（1）渣、铁和煤气的机械冲刷作用。

（2）热应力破坏作用。

（3）煤气中的 CO_2、O_2、H_2O 和漏入水的氧化作用。

（4）铁和碱金属的侵蚀。

（5）铁和碱金属的渗透引起炭砖变质，并在渗透层与好炭砖之间由于应力作用而产生环形裂缝（脆化层）。

（6）炭砖质量欠佳。

（7）冷却制度不合理或失常。

上述各个因素中究竟哪个是主要的，按炉缸的不同部位，可以有不同答案。对铁口以下炉缸壁和炉底周边炭砖（即一般最危险部分）的破损原因，一般认为出铁时铁水沿周边的环流作用是主要的。此外，武钢钢研所在作炭砖抗铁水渗透实验时，发现铁水对炭砖的损坏与其承受的压力有关。实验中发现的炭砖侵蚀情况与生产高炉有相似之处，侵蚀线也呈现锥形剖面，上小下大。

由此可知，炭砖的气孔率越高或孔径越大，炉顶压力越高，炉子越大，冶炼强度越高，铁水流动性越好，则炉底及炉缸壁炭砖将破损得越快，或反过来说，炉子越大或强化程度越高，对炭砖质量的要求越高。

除铁以外，碱金属的渗透和侵蚀也是不容忽视的。碱金属侵入炭砖后，炭砖产生体积膨胀，强度下降。许多高炉的炉缸砖衬中都曾发现有碱金属。一些炉料中含碱金属高的高炉，炉缸用的黏土砖或高铝砖常因衬砖受碱金属侵害膨胀而导致炉缸外壳严重破裂。

6.5.3 延长我国高炉寿命的途径

6.5.3.1 改进炭砖质量

根据部位不同目前一般采用三种炭砖。铁口以下炉缸壁和炉底周边侵蚀严重部位，采用高导热和抗渗透的微孔炭砖；在炉底最底层用 C-SiC 砖；其余部分用微孔炭砖或普通炭砖。其中，研制和采用微孔炭砖以抵抗铁水和碱金属的渗透，是近几年国外改进高炉炭砖质量的主要动向。

（1）新日铁的高炉以前主要采用普通炭砖，牌号为 G-11，仅在炉底的底层用一层 C-SiC 砖，宝钢 1 号高炉也是这种结构。但日本近几年大修的高炉，G-11 砖已经不用了，代替它的是两种微孔炭砖，牌号为 CBD-2-2 和 BM-300N（见表 6-5）。

表 6-5　日本新日铁高炉近年所用炭砖

生产厂	日本电极		东京窑业
牌号	G-11（普通砖）	CBD-2-2（挤压成型的微孔炭砖）	BM-300N（模压成型的微孔炭砖）
使用部位	以前用于炉缸、炉底，现在逐渐不用	用于铁口以上炉缸壁和满铺炉底(但炉底最底层是 C-SiC 砖)	用于铁口下炉缸壁和炉底周边（共 3m 高）
总气孔率/%	18.1	18.6	21.0
显气孔率/%	15.1	18.2	15.0
平均孔径/μm	5.0	0.2	0.25
孔径为 1μm 以上气孔率/%	73.0	11.0	31.0
导热率/$kJ\cdot(m\cdot h\cdot ℃)^{-1}$	41.8	41.8	58.5
体积密度/$g\cdot cm^{-3}$	1.58	1.61	1.67
弯曲强度/MPa	11.8	13.8	13.7
抗压强度/MPa	39.2	42.1	65.6
耐铁水侵蚀指数	148	100	161
耐铁水浸透性	浸透大	浸透小	无浸透

（2）美国热压成型炭砖技术。美国高炉工作者认为，热应力是促使炭块出现环状裂缝的主要因素。这种裂缝的形成既阻碍了热量向冷却系统传递，也使炭块热面温度升高，无法形成稳定的保护性渣皮，使炭块的热面温度高于化学侵蚀的临界反应温度，加速了铁水向炭块孔隙渗透以及碱金属等化合物的侵蚀，进而加剧了炭块的破坏。基于上述观点，美国 UCAR 公司提出了选用高导热率、低渗透度和优良抗碱侵蚀性能的炭质材料。采用

小块砖砌筑，以减小单块砖的温度梯度，并使用特殊泥浆吸收温差造成的热应力，热量能顺利传递到冷却系统，降低炭砖热面温度，一定程度地减轻了炭砖炉衬受到的侵蚀破坏。

使用小块石墨化炭砖的，如美国联碳的 NMA 炭砖块为 500mm×450mm×100mm。制砖时在高压下用 2000℃高温煅烧，3min 即可全部石墨化，导热性比 D 级炭砖还高一倍，世界上已有 300 座高炉使用。本钢 5 号高炉炉缸炉底呈“蒜头”型侵蚀，其原因是多方面的，其中原大块炭砖自身质量上的缺陷无疑是最主要的原因。为了解决这个问题，1990 年 5 月大修时在 5 号高炉炉缸侧壁采用了美国热压小炭砖（NMA）和半石墨制品（NMD 用于铁口周围）。在高度方向以 30 层小块炭砖代替原 8 层大炭块，径向以 4～5 环代替原来的单环，如图 6-14 所示。

（3）法国陶瓷杯技术。与美国导热炉衬技术不同，法国采用的是“隔热、保温”炉衬技术。选用低导热、高荷软、抗渣

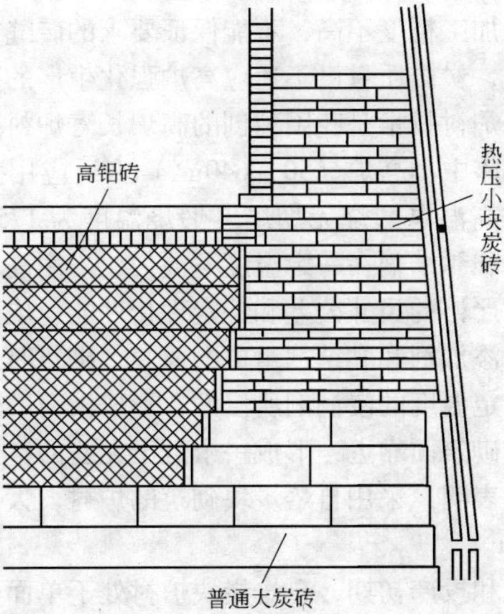

图 6-14　5 号高炉炉底炉缸结构

铁侵蚀的陶瓷耐火材料砌筑于高导热的炭块内侧，使等温线被高度集中在低导热的陶瓷层内，炭块能免受高温渣、铁的侵蚀，达到高炉长寿的目的。这种陶瓷“保温”炉衬减少了通过炉底和炉缸的热损失，使出炉的铁水温度提高 18 ~ 25℃。而且在休风期间，由于热损失减少，炉子冷却速度变慢，复风时容易恢复操作。为防止砖块漂浮，陶瓷杯的底由一系列同心的圆形圈构成，形成一个平坦的弧形，每一块砖都被砖内侧和外侧的销子固定，而每一圆又被其相邻的圆锁定。陶瓷杯壁与炭块壁之间采用斜接头方式宽缝联结，缝内填以炭质捣打料或与陶瓷杯材质相同的填充料。

（4）自焙炭砖。我国高炉炭砖迄今沿用 20 世纪 50 年代从前苏联引进的工艺进行生产，原料主要是无烟煤和冶金焦。目前存在的问题：一是无烟煤煅烧温度太低（仅 1200℃左右），炭砖在使用过程中产生体积收缩。另外，在这样低的煅烧温度下，碳不可能石墨化，因而炭砖导热性不高。二是冶金焦气孔率高，灰分高。三是挤压机能力不足，又无抽真空脱气装置，致使炭砖气孔率高。四是加工精度不高，不能保证要求的砖缝宽度。由于这些问题的存在，炭砖质量已不适应高炉强化生产的要求。

自焙炭块炉衬技术是我国独创的高炉长寿炉衬技术，目前已在全国 160 多座中小高炉（50 ~ 640m^3）广泛应用。自焙炭块系以优质低灰分高温电煅烧无烟煤（煅烧温度为 1750 ~ 2200℃），并掺加添加剂和黏结剂在一定温度下混匀，采用高频模压振动成形制成，具有严格的尺寸公差和特定理化性能。成形时，炭块表面形成一层由添加剂和黏结剂组成的薄膜。砌筑时炭块处于砌筑面的薄层被一定温度的浸润剂所浸润，形成极薄的软化层。用千斤顶挤紧时使砌筑面靠近，形成一个近于无缝的整体炉衬。多座高炉测量结果表明，采用自焙炭块砌筑的炉衬，大部分砌缝宽度均小于 0.5mm。

高炉烘炉和投产初期，自焙炭块炉衬处于单面受热的条件下缓慢升温，焙烧时炭块组织结构的转变有效地缓解了由于温差应力对砌体的破坏，并使自焙炭块炉衬逐步成坚实、致密的整体。

自焙炭块在高炉内的“焙烧”与碳素制品的焙烧不同，砌筑于高炉中的炭块在“焙烧”过程中，炭块的组织发生了有利于提高炭块工艺特性的明显变化。

（5）铝炭砖。结合我国钒土与石墨资源丰富的特点，研制出高炉铝炭砖，其性能与 Si_3N_4 结合的 SiC 砖相近，但价格比较便宜。其常温抗压强度达 45.3MPa，碱浸后抗压强度达 25MPa，显气孔率为 9.59%，体积密度为 2.64g/cm^3，抗铁水熔蚀指数为 4.09%，抗渣性能优良，导热系数 900℃时为 9.97W/（m·K）。高炉铝炭砖中 Al_2O_3 含量一般为 55% 左右，TiC 不少于 5%，固定碳含量不小于 14%。其产品已广泛应用。

6.5.3.2　改善耐火砖材质

炉身下部，包括冷却壁的镶砖在内，采用氮化硅结合的碳化硅砖。它的抗碱性、导热性、热震稳定性、耐磨性等都远远优于高铝砖，甚至优于刚玉砖。鞍钢 6 号等几座高炉的试用证明，寿命可延长 2 年左右。目前我国碳化硅砖已有一定生产能力，可以满足需要，应大力推广：

（1）提高原料质量，改进配料。停用冶金焦，改用电煅烧无烟煤配以适量人造石墨或天然石墨，并根据需要加入金属 Si、SiC 等添加剂，提高炭砖的热稳定性、导热性和致密性。目前我国炭素厂已开始采用电煅烧无烟煤做炭砖的主要原料，迈出了可喜的一步。

（2）改进成型方法，提高成型压力。

（3）提高加工精度，使砖缝能达到 0.5mm。

（4）开发新品种，研制微孔炭砖和 C-SiC 砖。

此外，砌砖用的炭糊质量（包括细缝糊和粗缝糊）也需改进。

6.5.3.3　改进结构

改进炉底设计，取消周边炭砖与中心高铝砖咬砌的结构。铁口以下周边炭砖的长度应逐渐增加，以抵抗铁和碱金属的强烈渗透和侵蚀。砖与砖之间均应采用细缝砌筑。随着炭砖品种的开发，不同部位采用不同性能的炭砖，即从铁口往下 2～3m 范围内炉底周边采用微孔炭砖，炉底最底层用 C-SiC 砖，其余部分采用普通炭砖。

6.5.3.4 加强冷却

从铁口往下,炉缸壁和炉底周边的冷却壁,应采用软水冷却,并提高水压,提高冷却强度。例如采用可锻铸铁,镶入 SiN_4-SiC 砖,改善四个角等部位的冷却,用双层水管,在“Γ”形与鼻形冷却壁的凸缘部位另设水管等,使用寿命可延长至 15 年。

这里必须明确一个指导思想：高炉炉身寿命的长短，关键在冷却，前面已谈过，炉身下部砖衬保留的时间不过 2～3 年，要达到 10 年寿命的目标，有 7～8 年时间要靠冷却壁来维持。因此，设计时，首先要考虑如何延长冷却壁寿命，使之在暴露于炉内的条件下不被烧坏。具体办法是：改进冷却壁材质，改普通铸铁为球墨铸铁；改进水管的布置，使边角部分得到足够的冷却，水管要施以涂层防止铸造过程中渗碳；改进水质，改普通工业水为软水（或纯水）密闭循环；保持足够的水流量和水速，以达到足够的冷却强度；为使砌砖体稳固，冷却壁应带凸台，凸台和本体应分别供水冷却。

6.5.3.5 改用铜冷却壁

从传统的使用球墨铸铁冷却壁改用铜冷却壁。因为冷却壁工作在高炉内环境最恶劣的部位如炉身下部、炉腹与炉缸，受到化学侵蚀和热震损坏、热应力破坏、相变破坏。铸铁冷却壁还存在固有的难以克服的缺陷，例如冷却水管与铸件本体之间不可避免地存在气隙，引起强烈的热流使冷却壁发生局部过热，炉内局部高温区使冷却壁产生巨大热应力、应力腐蚀或形成龟裂等，而铜冷壁能满足高炉强化等的需要，避免以上缺陷。有的高炉还使用插入式的铜冷却棒，也取得很好的效果。

6.5.3.6 砌筑方面的改进

随着炭砖加工精度的提高，砌体的砖缝应争取达到 0.5mm。炭砖与冷却壁之间及其他使用碳素填料的地方，应严格按规程施工，务必捣实。

6.5.3.7 操作维护上的改进

(1) 炉料中配入含 TiO_2 物料进行护炉或补炉。平时护炉每吨铁的炉料中加入 $TiO_2$5～8kg,遇到不正常情况则增加用量。此外,铁口维护也有很大改进。除采用优质无水炮泥外,广泛采用"插棒法"开铁口,即每次堵完铁口拔出泥炮后,随即往铁口里插入一根铁棒,下次出铁时将铁棒拔出,铁水随即流出。这个方法的优点是铁口孔道比较规则,铁流平稳,对铁口区砖衬保护有利。

(2) 高炉操作上要彻底改变发展边缘气流的习惯,代之以抑制边缘,发展中心的煤气分布。前者既不利于保护炉墙,又不利于降低焦比,而后者对两方面都有利。当然,要实现这个转变,需要在原料的整粒上下功夫。近几年,几座已采用软水密闭循环、球墨铸铁冷却壁、碳化硅砖的高炉,由于操作不当,已出现冷却壁过早烧坏的问题,梅山高炉没有采用上述措施,但操作上注意抑制边缘气流保持顺行,炉身寿命可望达到8年以上。正反两方面的经验说明,操作上注意护炉十分重要。

(3) 重视高炉内衬的维护。日本使用炉料分布控制技术。当冷却壁壁体温度高于400℃时,即用细粒炉料压边缘,发展中心煤气流,调节布料与煤气流分布,防止冷却壁损坏,因而起到延长炉衬寿命的作用。

(4) 喷补技术,如喷浆与灌浆技术的应用,高炉寿命可延长几个月至2年。但近年来日本高炉炉喉与炉身上部采用光面冷却壁,可保持炉壁免除喷补。

6.6 冶炼低硅生铁

6.6.1 低硅铁冶炼的意义

随着科学技术和社会经济的发展,要求冶金行业提供的是更多的优质钢材,相应地对钢中的S、P等有害元素的限制也就更加严格,而传统的LD炼钢工艺是以保证产量为宗旨的。而在一座转炉内又要同时进行去除N、Si、Mn、P、S等一系列反应,难以达到理想的精确效果,因此要求开发研究新的炼钢工艺。

日本从提高精炼效果和节能两方面考虑，提出了无渣或少渣的炼钢法。这种炼钢方法减少渣量的着眼点是将铁水中 Si 含量降低到一定值。由于铁水中 Si 含量的减少，炼钢过程中 Si 的氧化产物 SiO_2 也就相应降低。炼钢渣中的 CaO 的活度得到提高，导致脱 P 效果改善。因此，脱 P 用的 CaO 与渣量大大降低。根据统计，铁水中 Si 含量每降低 1%，将使吨钢产量减少 8～13kg，而且这种炼钢过程平稳、周期短、铁损与热量损失减少。随着渣量的减少、对高炉耐火材料的侵蚀减弱、延长了炉龄。我国多年来在武钢与南钢实验与推广的“顶底复合吹炼”的炼钢工艺就是属于周期短、高效率的炼钢方法，要求低渣量操作，要求入炉铁水 Si 含量尽可能低。

从高炉—转炉联合工序的能量利用角度来看，将高 Si 含量铁水加入转炉导致了严重的浪费。研究与统计表明，铁水中 Si 含量每增加 0.1%，高炉吨铁将多耗能 20.902MJ/t，相当于增加焦比 4～6kg/t；而在转炉中 1kg 硅氧化后放出的热量为 60276MJ，能量有效利用率仅为 3%。可见，高炉冶炼低硅铁水从能源利用角度看也是比较合理的。

6.6.2 国内外低硅铁冶炼水平

6.6.2.1 国外情况

日本是研究低硅铁冶炼技术最早的国家。日本在低硅铁冶炼机理研究以及操作技术均处于领先地位。日本高炉铁水 Si 含量已由 20 世纪 70 年代的 0.5%～0.6% 水平降至 0.3%～0.4% 左右，并且部分高炉降至 0.15%～0.25% 左右。例如 1984 年 4 月福山 3 号高炉（$3223m^3$）月平均 Si 含量为 0.15%，1985 年 11 月名古屋 3 号高炉创月平均 Si 含量为 0.12%，而且生铁含 S 仅为 0.019%。

欧洲一些国家生铁 Si 含量也在降低。德国汉堡厂 4 号高炉生铁 Si 含量由 1979 年的 0.39% 降低到 1980 年 1～12 月的 0.29%。法国索尔梅，瑞典 SSAB，芬兰柯威赫，俄国卡拉巴达等厂高炉追求低硅冶炼，铁水 Si 含量 0.28%～0.4%。

北美国家的高炉铁水 Si 含量稍高一些，但近年来也有所降低。例如，美国铁水含 Si 水平在 20 世纪 80 年代前后大体在 0.8% 左右，近年来也在不断降低，但是与日本相比，仍有较大差距。

6.6.2.2　国内情况

我国从 1979 年开始推广冶炼低硅低硫生铁的先进经验，重点企业高炉生铁 Si 含量逐年降低。例如，1978 年 8 月我国重点冶金企业铁水平均 Si 含量为 0.76%，1982 年 6 月为 0.62%，1984 年 9 月为 0.54%。其中，马钢、杭钢、唐钢等厂高炉一般 Si 含量维持在 0.30% ~ 0.50% 左右。目前，我国大型钢铁厂如宝钢在 1999 年已降至 0.30% ~ 0.33% 左右。首钢、武钢、鞍钢等厂大高炉分别在 0.4%，0.5% 与 0.6% 左右。其他一些厂大体也在此水平左右，与国外先进高炉相比尚有 0.2% 左右的差距。

地方企业如杭钢 $300m^3$ 级高炉自 1979 年以来长期冶炼低硅铁水，努力降低焦比和提高产量，创造了中小型高炉冶炼低硅生铁的先进经验。生铁 Si 含量长期稳定在 0.20% ~ 0.40%，1983 年 9 月 3 号高炉月平均 Si 含量为 0.22%，年均为 0.39%，进入世界先进水平。1987 年 6 月冶金部组织现北京科技大学、东北大学等 4 所高等院校与国家研究院共 7 个单位在杭钢共同开展冶炼研究、取样等综合科研冶炼试验，杭钢试验炉月平均铁水 Si 含量达 0.27%。

从低硅冶炼机理，操作技术，数据统计分析，现场数据计算，风口渣铁取样与测试等诸多方面取得较大进展。

6.6.2.3　最佳硅含量的选择

A　铁水降硅势在必行

冶炼低硅铁，一方面可以为新的炼钢工艺提供合适的优质铁水，使得炼钢过程少加熔剂，并使吹炼时间大为缩短，改善转炉终点控制和提高炉衬寿命，对炼钢十分有利。另一方面，采用低硅冶炼对提高高炉生产和效益也是非常有益的。根据一些统计与分析，生铁中硅含量降低0.1%，高炉焦比可降低4~6kg/t，产量也相应增加。因此冶炼低硅铁水经济效益显著，而且也势在必行。

但是传统的观点与传统的操作技术阻碍着冶炼低硅生铁的发展。例如在操作上怕影响炉温，影响一级品率，影响炼钢加废钢数量。其实，这个观点不够全面，而且也不符合实际。加拿大Mcmaster大学卢维高教授曾对比日本与北美生产的炼钢生铁，例如当时日本铁水硅含量为0.4%，北美为0.8%。而日本生产的铁水温度平均比北美高50~100℃，铁水脱Si为氧化过程，属于放热反应，每降低0.1%Si的热量可以提高铁水温度12.3℃，因此不会导致炉凉。此外，冶炼低硅高温铁水每降低0.1%的Si，炼钢过程中吨钢可少加白灰7~10kg，并可多加废钢。

B　铁水硅含量并非越低越好

铁水硅含量不一定越低越好，因为要综合考虑冶炼效果。日本人在实践中考虑脱Si后的脱P与脱S，认为兑入转炉铁水成分中［Si］<0.25%，［P］<0.10%，［S］<0.04%比较适宜。但是有的高炉已将硅含量降得很低，例如，新日铁名古屋3号高炉，于1985年11月实现了［Si］≤0.12%，［S］=0.019%的最佳纪录。但是后来的实践表明日本高炉也难以长期坚持这一水平，特别是在炉况不正常，原料条件大幅度波动或在炉役后期，很难做到维持铁水［Si］含量不波动。同时考虑到原料准备等诸方面付出的代价和操作人员精神紧张程度，例如采取低硅冶炼与炉外处理相结合的工艺可能更为合理。正因为如此，日本的大高炉厂家均增设包括预脱硅在内的铁水预处理系统。

就我国目前情况而言，铁水［Si］含量普遍较高，还没有到担心铁水中［Si］含量是否太低的时候，就现阶段来看，铁水含［Si］可能在0.35%~0.45%左右为宜。

6.6.3　低硅铁冶炼的理论与实践

6.6.3.1　高炉内铁水含［Si］变化规律与研究

根据国内外研究，控制高炉铁水含［Si］量主要考虑三个方面的情况：

一是控制硅源，因为硅主要来自矿石中脉石与焦炭灰分中的 SiO_2，只有减少 SiO_2 挥发生成的（SiO）量才能降低生铁的［Si］含量。

二是控制滴落带的高度，因为铁水中吸收的硅量是通过随煤气上升的 SiO 气体与滴落铁水中［C］发生反应而还原出来的，降低滴落带高度可以减少铁水中［C］与 SiO 相接触的机会，故有利于冶炼低硅铁水；

三是增加炉缸渣中的氧化性，以促进铁水脱硅反应的进行，因而有利于降低铁水［Si］含量。

根据作者等人在杭钢 300m³ 级高炉 1987 年 6 月主持研究和试验，冶炼低硅铁月平均铁水［Si］含量为 0.27% 时，在风口、渣口及铁口三个水平面的渣铁取样结果，高炉内铁水［Si］含量变化趋势如图 6-15 所示。

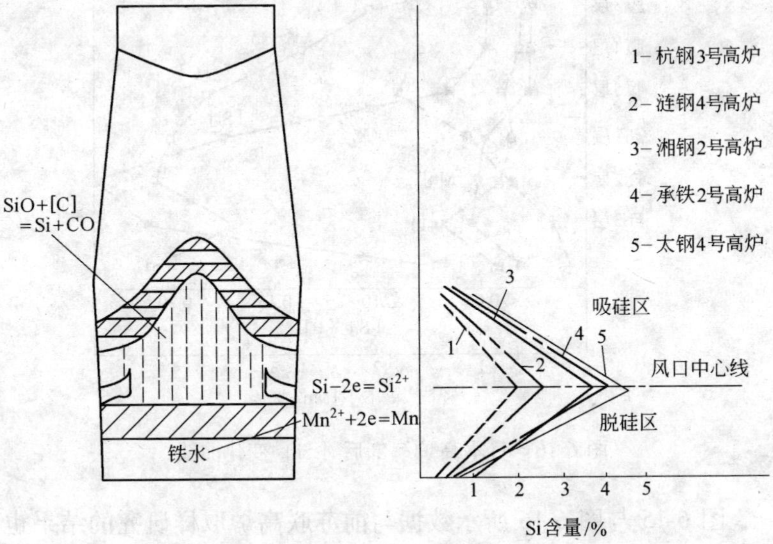

图 6-15　我国高炉铁水含［Si］变化示意图

从图 6-15 可以看出，铁水中［Si］含量在风口水平面处达到最高，故可以这样来划分：在风口水平面以上，主要是硅的还原，铁水［Si］含量不断升高的过程（增硅），因此称为硅的还原区；铁水吸硅区又叫做增硅区，在风口水平面以下，由于各种氧化作用的结果，铁水［Si］含量不断减少（降硅），形成一个脱硅过程，因此可以叫做硅的氧化区，铁水脱硅区又叫做降硅区。20 世纪 90 年代，作者等先后在承铁 2 号高炉（$80m^3$），涟钢 4 号高炉（$320m^3$），湘钢 2 号高炉（$750m^3$），太钢 4 号高炉（$1650m^3$）风口、渣口、铁口三个水平面上取试样，表明［Si］含量变化规律类似，列于图 6-15。炉内硅含量的变化规律与日本各类高炉解剖后［Si］含量变化的分布规律相似，见图 6-16。

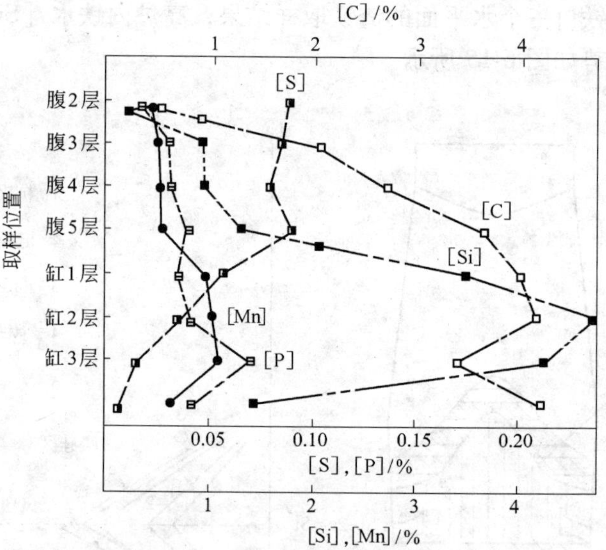

图 6-16　日本高炉解剖后［Si］变化曲线

图 6-15 与图 6-16 所示数据与前苏联高炉取样研究的结果也是一致的，取样结果符合实际情况，因此是可信的。

6.6.3.2 硅还原机理与硅迁移理论的进展

早期的研究认为，[Si] 向铁水中迁移是通过高炉炉缸的渣铁反应来实现的，即渣中（SiO_2）与铁液中的 [C] 或焦炭中的 C 进行反应：

$$(SiO_2) + 2[C] = [Si] + 2CO_{(g)} \tag{6-4}$$

传统的观念都认为这是高炉内硅迁移的主要途径，根据研究，如果 [Si] 的迁移机理按上式进行属于一级反应，速度较慢，又受时间限制，迁移量不大，热力学计算表明 [Si] 的迁移量小于高炉铁水实际的 [Si] 含量。

自上世纪 60 年代末至 80 年代初，日本解剖的 12 座大小高炉，从软熔带液相以下，[Si] 含量一直是增加的，在风口处达到最大，这与上述反应式（6-4）传统的炼铁理论截然不同，这种新的发展，使冶金工作者产生了浓厚的兴趣，特别是近年来，低硅冶炼技术飞速的发展，更进一步推动了该项工作的研究。

最近二三十年的研究，包括本书作者等在 5 座高炉风口取样研究结果均表明，日本人最先提出的高炉内 Si 迁移方式的新理论，确认在炉腹和炉缸，SiO 气相的生成对 Si 的迁移起着重要的作用。

Si 的还原过程反应为：

$$SiO_{2(\text{焦炭灰分中或炉渣中})} + C_{(s)} = SiO_{(g)} + CO_{(g)} \tag{6-5}$$

SiO 是一种气体，随炉内煤气或炉渣中二氧化硅的活度（α_{SiO_2}）与温度（主要是风口前煤气理论燃烧温度 $t_{理}$）的增加，都将使 SiO 量增加，Si 的迁移量增加。使硅的还原量增加，导致铁水吸硅量增加，使高炉冶炼低硅铁难度增加。后来研究工作与生产实践都充分表明这一论点是现在科学研究的进步，推动了炼铁研究与生产的发展。

6.6.3.3 硅在炉内的主要反应

根据上述研究结果，硅 [Si] 在高炉内的还原与氧化主要存在以下反应式：

焦炭灰分中与炉渣中的二氧化硅（SiO_2）在高温下与 C 作用气化分解为 SiO，由于在焦炭灰分中 SiO_2 条件优于炉渣，故先气化，即：

$$SiO_{2(焦炭灰分中、炉渣中)} + C = SiO_{(g)} + CO \quad (6\text{-}6)$$

$$SiO_{(g)} + [C] = [Si] + CO \quad (6\text{-}7)$$

$$(SiO_2) + 2C = [Si] + 2CO \quad (6\text{-}8)$$

从以上反应可以看出，提高渣中 CaO/SiO_2 的比例（二元碱度），也就是降低 SiO_2 的活度；降低反应区主要是炉缸的理论燃烧温度（$t_{理}$）；以及减少 SiO 与［C］接触机会，主要是降低软熔带中滴落带的高度等均可以降低铁水［Si］含量。

根据研究，鼓风中的氧（O_2），渣中的（MnO）、（FeO）、（TiO_2）等氧化物成分，通过耦合反应等方式，也可以消耗铁水中的［Si］，因而降低了铁水中［Si］含量。即

$$[Si] + (O_2)_{(风)} = (SiO_2) \quad (6\text{-}9)$$

$$[Si] + 2(MnO) = 2[Mn] + (SiO_2) \quad (6\text{-}10)$$

$$[Si] + 2(FeO) = 2[Fe] + (SiO_2) \quad (6\text{-}11)$$

$$[Si] + (TiO_2) = [Ti] + (SiO_2) \quad (6\text{-}12)$$

另外还可能有下列反应：

$$[Si] + 2[S] + 2(CaO) = 2(CaS) + (SiO_2) \quad (6\text{-}13)$$

以上是高炉内硅的还原与氧化等的主要反应式，如果以风口中心线平面为界，从以上反应可知，风口中心线平面以上为硅的还原区（吸硅，增硅）；风口中心线平面以下为硅的氧化区（脱硅，减硅）。以离子式可以表达如下：

$$Si^{4+} - 2e \rightarrow Si \quad (风口中心线以上) \quad (6\text{-}14)$$

$$Si + 2e \rightarrow Si^{4+} \quad (风口中心线以下) \quad (6\text{-}15)$$

6.6.4 降低铁水硅含量的理论

6.6.4.1 炉温的准确概念

我国高炉工作者衡量铁水温度的高低，即炉温的标志，有两种表示方法。

A 化学热

一般铁水中含有 Fe 以外的五大元素为 C、Si、Mn、P、S。人们常以 Si 含量的高低来衡量铁水温度的高低,并确定其为炉缸热制度的主要参数。由于是以某一个化学元素来衡量铁水温度高低,故称其为化学热(法)。在我国用这种传统的衡量炉温高低的参数,也是有理论根据的。这是由于硅在高炉中属于难还原的元素,它要下降到炉身下部,风口区及炉缸等高温区才能被还原,这属于直接还原范畴,因此需要吸收大量的热。如果炉缸温度充沛,能供给的热量充足,硅的还原量增多,铁水中[Si]含量将升高,表示炉温向热。反之,由于炉缸温度低,能提供还原的热量不足,则硅的还原量减少,因此铁水[Si]含量降低,表示炉温向凉。在一定的生产条件下,在一定的硅含量范围内,采用一般矿石冶炼时,以上变化规律十分明显,而且易于控制,检测化验都十分方便,因此长期以来成为我国炼铁工作者衡量铁水温度的唯一标准。但是上述衡量炉温高低的标志也不尽合理。它不能全部说明生产中出现的炉温问题,例如高炉新开炉时,铁水[Si]含量可以高达 4% ~5%,高出平时的 10 倍以上,但是铁水温度并不成倍的上升,最高也不过 1400 ~1500℃左右,与一般高炉铁水[Si]含量为 0.4% ~0.5% 时相当,此时铁水[Si]含量很高,实际的炉温也不一定很高。而且有的高炉铁水[Si]含量很低时,实际炉温也不一定很低,例如攀钢高炉铁水含[Si]一般不超过 0.06%,对一般高炉而言,可能意味着炉缸已经冻结了,但攀钢高炉铁水温度均在 1300 ~1400℃左右,并且铁水流动性好,完全没有冻结的现象。又例如日本大高炉铁水[Si]含量一般在 0.2% 左右,但实际温度均在 1500℃以上。因此采用化学热来衡量炉温,具有一定的局限性,而且在国外的高炉并不采用它来衡量铁水温度的高低。

B　物理热

常以铁水实际温度来衡量炉温，习惯上称为铁水物理热。有的高炉采用连续测温仪测试，有的高炉采用快速测温头或红外测温仪测试，国外高炉大都采用物理热的概念。

根据 Fe-C 相图，铁水的熔化与凝固只与物理温度有关，而与铁水 [Si] 含量高低丝毫无关。因此采用物理热概念能准确地表征铁水温度变化状态，所以是比较科学的。

由于炼钢等实际需要，要求高炉铁水化学热低物理热高，即高温低硅低硫铁水。只有搞清楚了铁水硅含量低而炉温不一定低，并且可能更高一些的原理后，采用相应的冶炼措施相配合，才可能大胆地冶炼低硅高温铁水。

硅的还原过程需要吸收热量，相反硅的氧化过程将会放出热量。如果能创造和控制氧化条件，使铁水中 [Si] 在炉缸部位再氧化，其结果是导致铁水中 [Si] 含量降低，但物理温度则升高，便可以得到高温低硅铁水。据计算在炉缸中铁水中 [Si] 氧化每增加 1.0%，铁水温度大约可以升高 100℃，根据这一原理，铁水硅含量低便不再是低温铁水了。[Si] 含量虽然低，但炉温升高，也不会有炉缸冻结的危险了，而且正好符合现代炼钢生产的需要。

6.6.4.2　铁水降 [Si] 的理论分析

要控制铁水 [Si] 含量，可从以下三个方面分析：

(1) 控制硅源。硅经过迁移反应而进入铁水是从滴落带的 SiO 为媒介而进行的，SiO 来源于矿石的脉石，焦炭灰分与炉渣中的 SiO_2，除了要尽量减少炉料带入的 SiO_2 之外，当炉料品种一定时，只有控制 SiO 的挥发量才能控制铁水硅含量。高炉冶炼过程属于高温冶金过程，从化学反应平衡的观点分析，当温度提高时，SiO 挥发增多，因此理论燃烧温度 ($t_{理}$) 不能过高，对压力控制则相反。当 CO 分压与 $t_{理}$ 一定时，SiO 的挥发量受二氧化硅活度 (a_{SiO_2}) 的影响，降低二氧化硅活度 (a_{SiO_2}) 当然主要依靠调整炉渣的碱度 (CaO/SiO_2) 来控制。

（2）控制铁水吸硅量。为了冶炼低硅铁，当冶炼与原料条件一定时，要尽量减少铁水吸硅量，由于铁水吸硅是在滴落带下滴铁液中的［C］与随煤气上升的 SiO 之间进行，因此软熔带到渣面之间的距离（滴落带高度）的控制也是必要的。而软熔带的位置，在一定条件下由炉料结构与热流比等来确定，所以铁水吸硅量与炉料结构，软熔带高度和煤气流（CO_2）分布有关。

（3）增加炉缸的脱硅反应。在冶炼低硅铁时，实际上风口中心线以上区域铁水的吸硅量远远超过低硅铁水的硅含量，铁水中大部分［Si］都要被有关脱［Si］反应脱除掉，因此，要冶炼低硅铁时，铁水吸硅越多，脱硅任务越重，导致降［Si］操作越难，需要考虑采取一系列的脱［Si］措施。

6.6.5 降低铁水硅含量的措施

从以上分析可知，降低铁水含［Si］，千万不能理解为是采用简单的加负荷降炉温的办法达到，二者是有着根本的差异。根据理论分析与冶炼实践，要冶炼低硅铁水，需要采取以下各项具体措施。

6.6.5.1 要选择合适的炉渣成分

当冶炼与原料条件一定时，要确定合适的 CaO 的含量或者是二元碱度（CaO/SiO_2）。渣中 CaO 的作用主要是为了脱硫（S），来促进炉渣熔化，提高炉渣的熔化温度，保持炉缸充沛的物理热，降低二氧化硅的活度（a_{SiO_2}）以控制 SiO 的挥发。从杭钢、南钢、首钢、宝钢、武钢等高炉与国外高炉冶炼低硅铁水的实践可知，炉渣的二元碱度不可太低，一般均在 1.20～1.25，日本高炉冶炼［Si］=0.20%铁水时，二元碱度高达 1.27。我国宝钢高炉冶炼［Si］=0.30%～0.40%铁水时，二元碱度也在 1.22～1.25。不过硫负荷不太高的高炉，二元碱度可以低一些，应该根据实际炉况进行适当的调剂。

6.6.5.2 降低软熔带位置

降低软熔带位置非常重要，但往往被忽略，主要依靠具有良好的高温冶金性能的炉料（包括球团、烧结、焦炭）；有利于高温区下移的操作制度以及合理的炉料结构来达到。这部分涉及内容十分丰富，例如炉料的高温冶金性能中有还原性、低温粉化、软熔温度要高些，软熔区间要窄些，对熔滴特性、粒度筛分分级、焦炭的强度与反应性等都有较高的要求。总的矿焦比，特别是在高炉断面上矿焦比的分布决定了煤气流与热流的合理分布（CO_2 曲线或温度曲线）。

根据前面分析可知，SiO + [C] = [Si] + CO 的反应主要是在滴落带完成吸硅过程。滴落带越高，表示反应经历的过程越长，因此吸硅的可能性越多，降低了软熔带的位置以及具有合理的热流分布，相当于降低了软熔带的高度，这都是冶炼低硅铁必不可少的条件。

软熔带的形状一般具有三种，即V型、倒V型及W型，其中以倒V型较为适宜。根据宝钢、攀钢等厂冶炼实践，倒V型软熔带靠炉墙边缘（第一点）温度应该高于第二点，当大约高30～50℃时可以避免炉墙结厚。

6.6.5.3 保持适当的MgO含量

MgO的性能与作用，和CaO类似，也属于碱性氧化物，仅次于CaO，而且特别有利于改善炉渣的流动性与稳定性，根据国内冶炼操作经验，MgO含量应该保持在8%～12%为宜。三元碱度控制在1.45～1.60之间，当MgO含量高时，CaO含量则低一点，不要二者同时都高，以免导致影响流动性的改善。国内外冶炼低硅铁的高炉，炉渣成分列于表6-6。

表6-6 冶炼低硅铁高炉的炉渣成分

成分 / 厂名	[Si]/%	CaO/SiO_2	MgO/%	$(CaO+MgO)/SiO_2$	备注
杭钢	0.21	1.15～1.25	10.4～14.85	1.45～1.60	2号高炉
首钢	0.29	1.06	11.10	1.37	2号高炉
宝钢	0.40	1.22	7.00	1.46	1号高炉
涟钢	0.21	1.10	13.0	1.52	4号高炉
马钢	0.40	1.09	10.76	1.42	

续表 6-6

厂名 \ 成分	[Si] /%	CaO/SiO_2	MgO/%	$(CaO+MgO)/SiO_2$	备注
唐钢	0.29	1.04	15~16	1.51	$100m^3$ 高炉
日本水岛	0.17~0.31	1.23	7.60	1.45	2 号高炉
瑞典 SSAB	0.27~0.31	0.97	16.30	1.54	
日本福山	0.27	1.28	7.30	1.52	3 号高炉
宝钢	0.28	1.21	8.10	1.43	2003 年 6 月份

6.6.5.4 合理的布料分布与煤气流分布

前面已经指出，铁水降硅操作，不能简单地理解主要靠加焦炭负荷来达到，但是焦炭负荷一定要重而适当，不要指望轻负荷操作的高炉能冶炼低硅铁。同时布料要合理，也就是矿焦比分布一定要合理，因为矿焦比分布实质上控制了煤气流的分布。中心料柱必须有较大的煤气流通过，即所谓“疏松中心”，以保证炉缸中心有利于铁水脱 [S] 脱 [Si] 与炉况的顺行。为了防止炉墙结厚而确保炉况顺行，炉墙边缘第一点的煤气流温度应该稍微高于第二点的温度，总之，通过合理的炉料分布在保证高炉顺行的基础上，来达到煤气流的热能与化学能充分高效合理的利用。

6.6.5.5 焦炭强度要好，灰分要低

焦炭强度不好，灰分高，粉末多，料柱透气性不好，炉况不稳定，炉况波动大，难以维持低硅水平。焦炭灰分高，灰分中 SiO_2 在 50% 以上，焦炭灰分中 SiO_2 活度高，与 C 接触又紧密，最容易气化成 SiO，因而不利于硅还原的控制，高 SiO_2、Al_2O_3 的炉渣不利于铁水脱硅。对一些冶炼低硅铁的高炉炉渣成分与 [Si] 含量的回归方程如下：

（1）杭钢高炉（$300m^3$ 级）冶炼含 [Si] = 0.20% ~ 0.30% 时（3 号高炉）：

$$[Si]\% = 0.343 - 0.393(CaO/SiO_2) - 0.062(MnO)\% - 0.067(FeO)\% - 0.022(MgO)\% + 0.054(Al_2O_3)\% \qquad (6\text{-}16)$$

（2）首钢高炉（1200m³ 级）冶炼含［Si］=0.29%时（2号高炉）：

$$[Si]\% = 1.463 - 1.0((CaO + MgO)/SiO_2) - 0.149(FeO)\% + 0.004(Al_2O_3)\% + 0.408[Mn]\% \tag{6-17}$$

（3）南钢高炉（300m³ 级）冶炼含［Si］=0.40%时（2号高炉）：

$$[Si]\% = 1.444 - 0.296(CaO/SiO_2) - 1.829 \times 10^{-3}(MgO)\% + 0.116(Al_2O_3)\% - 0.095(FeO)\% \tag{6-18}$$

（4）宝钢高炉（4063m³ 级）冶炼含［Si］=0.40%时（1号高炉）：

$$[Si]\% = 1.57195 - 1.80798(CaO/SiO_2) + 0.1684(Al_2O_3)\% - 0.1733(MgO)\% \tag{6-19}$$

（5）马钢高炉（300m³ 级）冶炼含［Si］=0.40%时（二铁厂，3号高炉）：

$$[Si]\% = 0.69 - 4.88(CaO/SiO_2) - 0.036(MgO)\% + 6.145 \times 10^{-3}(Al_2O_3)\% - 0.04(MnO)\% \tag{6-20}$$

（6）唐钢高炉（100m³ 级）冶炼含［Si］=0.29%时（2号高炉）：

$$[Si]\% = 0.832 + 0.142(CaO/SiO_2) - 0.034(MgO)\% - 0.034(FeO)\% \tag{6-21}$$

（7）日本水岛高炉（2500m³ 级）冶炼含［Si］=0.18%时（2号高炉）：

$$[Si]\% = 1.913 - 1.309((CaO + MgO)/(SiO_2 + Al_2O_3)) - 0.50(FeO)\% - 0.529[Mn]\% \quad (6\text{-}22)$$

从上面众多容量不同(从 $100m^3$ ~ $4063m^3$ 级)的高炉冶炼低硅铁时的炉渣成分统计分析,可以明显的看出有一个共同的特点,渣中(SiO_2)、(Al_2O_3)含量增加时不利于铁水降[Si],而渣中 CaO、MgO、FeO、MnO 等碱性氧化物增加时都有利于脱硅。同时根据炉渣某一成分的变化量,也可以计算出影响[Si]含量的大小。

6.6.5.6 最佳的炉料结构

炉料结构是指入炉料的品位、品种及高温冶金性能的合理配比,以满足高炉实现高产低耗与优质的基本要求。综观国内外情况,总的发展趋势是高碱度烧结矿配高品位的酸性矿为主,对冶炼低硅生铁的高炉来说,炉料结构可谓是精益求精。

烧结矿的碱度一般在 1.8 ~2.0 之间,也有 2.5 ~2.8 的,碱度首先要满足高炉生产的要求,同时要有足够的强度。软熔性能要高一点,还要求有合适的筛分组成,低温粉化率要低,含 Fe 品位要高,除此之外,还要配入 10% ~15% 高铁低硅球团,外加 5% 的高铁块矿;也有的高炉球团矿占 50% 左右的,或用 30% 左右的酸性烧结矿的。总之通过冶炼实践,只要生产效果好的都可以采用。

6.6.5.7 要有足够大的鼓风动能

随着高炉生产日益强化,炉缸直径与深度都在不断的加大。风口数目增加,风口前燃烧面积扩大,炉缸中心温度提高,中心死料柱要有足够的煤气流通过,以达到炉缸周围分布均匀,炉缸中心活跃,温度升高,下料速度加快而且平稳。为此都配备大功率鼓风机,风量与炉容比达到 2.0 ~3.0,有的 300 ~$400m^3$ 的高炉,配置了 1600 ~$2000m^3$/min 的风机,风量是炉容的 4 ~5 倍,形成了足够大的鼓风动能。

6.6.5.8 使用高风温与风口综合喷吹

众所周知,使用高风温不仅可以降低焦比,增加产量,提高炉缸的物理热,而且使炉内高温区下移,间接还原区扩大;另一个重要效果就是高炉软熔带根部下移，实际就是软熔带下移，因而有利于冶炼低硅生铁。

使用高风温必须与喷吹燃料相结合，可以补偿喷吹燃料所需热量以及有利于炉况顺行，二者相辅相成。同时还可以避免风口区 $t_{理}$ 过高而导致 SiO 过多的形成，并且可以缓解炉缸水平与垂直方向的温度梯度，炉况顺行稳定，有利于冶炼低硅生铁。

6.6.5.9 增加炉缸氧化性物质与氧化性气体

从硅的还原机理可知，风口中心线以上主要是硅的还原区（增硅），风口中心线以下主要是硅的氧化区（降硅）。根据理论与实践，增加炉缸中的脱硅反应，例如以上所述的提高渣中（CaO）、（MnO）、（FeO）、（TiO_2）等成分，或者是扩大燃烧带，富氧喷煤，喷吹矿粉、矿浆与石灰及其他氧化性气体均有利于脱硅反应。

6.6.5.10 改善管理，精心操作，统一三班操作思想

冶炼低硅铁是一项具有连续生产工艺的系统工程，高炉生产过程被控制的环节很多，在低硅（[Si] 在 0.2% ~0.3% 左右）时，各个炉次（或每小时），允许铁水含 Si 波动量（偏差）很小。因此要求工长要十分精心的操作，由于炉料、风、煤气流与设备等的微小变化，或其他任何疏忽都可能导致铁水含 [Si] 的大波动，而达不到冶炼低硅冶炼铁水的要求。因此加强管理，具备过硬的操作技术，不断的随时统一三班的操作方针，加强责任心，做到精心操作是完全必要的。

6.7 含钛物料护炉技术

我国高炉自从 20 世纪 80 年代初开始应用含钛物料护炉技术，至今该项技术已经得到了广泛的应用，并且无论在理论上还是在实践上都有很大的发展。目前使用含钛物料护炉技术已经成为维护高炉炉底，解决高炉炉缸危机的主要技术措施，这对于延长高炉炉缸寿命起到了重要作用。

当前，我们仍然应该十分重视新的耐火材料的研究开发，不断

探索适合于高冶炼强度下的炉缸、炉底与炉身下部冷却壁的结构，合理的煤气流与炉料分布技术手段来延长高炉寿命，这已是我们的主攻方向。同时也应该把含钛物料护炉技术作为一项重大的护炉措施，进行大力推广并积极开展护炉效果及其理论探索研究。

6.7.1 钛化物（TiC，TiN）护炉机理

6.7.1.1 TiC，TiN 的形成及其溶解

将含有 TiO_2 的炉料加入高炉后，在软熔带中形成含 TiO_2 的初渣，并且遵循从高价到低价的规律逐级进行还原，即

$$TiO_2 \rightarrow Ti_3O_5 \rightarrow Ti_2O_3 \rightarrow TiO \rightarrow Ti \rightarrow TiC(\text{或}\ TiN)$$

根据热力学条件计算，当温度越高时形成的 TiC（TiN）越多。从高炉解剖结果已经知道了 TiC（TiN）在炉内的形成与分布变化的趋势，如图 6-17 所示。

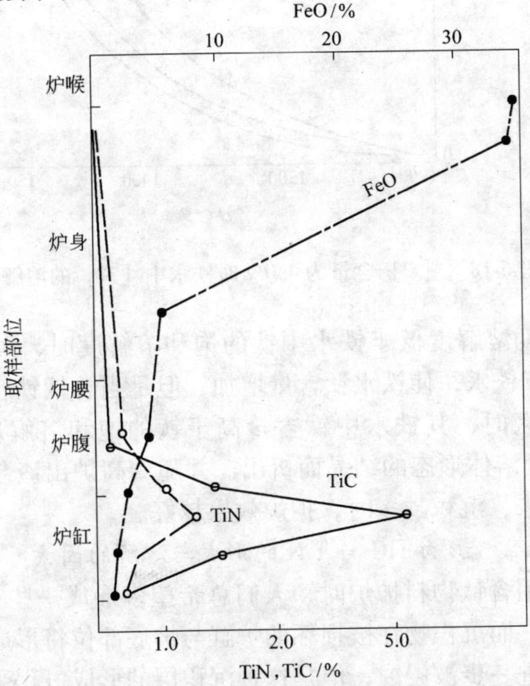

图 6-17 TiC，TiN 含量沿高炉高度上的变化

它与硅溶解于铁水时的状况不同，钛在铁水中在一定的温度下只能有一定的溶解度，如图 6-18 所示。

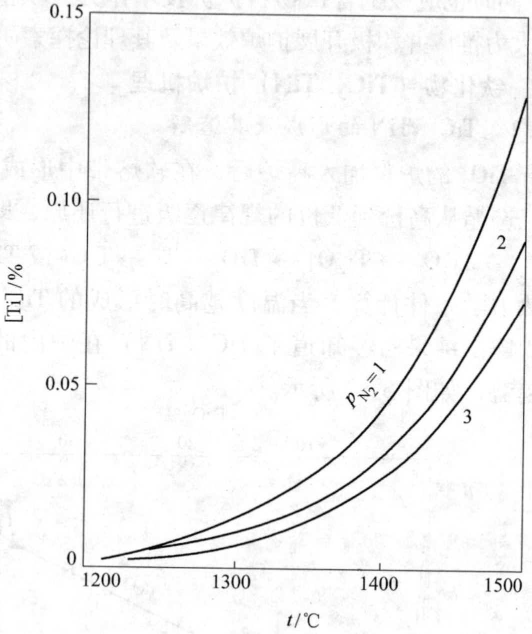

图 6-18 ［C］含量为 4.0% 时铁水中［Ti］的溶解度

当钛的溶解度低于铁水中钛的饱和溶解度时，大部分 TiC，TiN 将溶于铁水，使铁水钛含量增加，但是当含钛铁水在炉缸下部的低温区时，其铁水中钛含量高于钛的饱和溶解度，TiC 与 TiN 将以固溶体形态的结晶而析出。并随着高炉出渣与出铁过程而沉积下来，沉积越多时，护炉效果越好。

6.7.1.2 影响 TiC 与 TiN 的形成与溶解的因素

当采用含钛物料护炉时，人们总希望多形成一些 TiC 与 TiN 的沉积物，而沉积物在被损坏的炉缸与炉底部位将形成一层保护层以防止进一步被侵蚀，但是这种沉积层的形成过程受很多因素的影响，主要因素如下：

（1）温度的影响。从热力学计算与生产实践结果看，温度的影响最为明显，由于温度愈高钛的还原愈多，因而形成 TiC、TiN 的可能性愈大。有的试验结果得出，当温度为1470℃时还原后［Ti］含量为6.90%，温度增至1550℃后，铁水［Ti］含量可增至13.20%。由于在风口区的温度最高，因此风口区的 TiC、TiN 含量也最多，如图 6-17 所示，但是在温度相同时 TiC、TiN 的含量也各不相同，而 TiC 含量高于 TiN 含量。

（2）气氛的影响。气氛中的氧化位对 TiC（TiN）的形成有非常敏感的影响，例如体系中氧位越高则［Ti］含量越少，试验与生产实践表明，已经从还原得到的［Ti］也可以被再氧化，由此可见体系中氧位越高时越不利于 TiC，TiN 的存在。另一方面体系中 N_2 分压的影响也是明显的，当煤气中 N_2 分压越高时将越有利于 TiN 的形成，热力学计算与实践都证明了这一点。

（3）渣中 TiO_2 含量的影响。在目前虽然对于 TiO_2 在炉渣中的活度变化规律的研究还很不够，但是仍可初步推测，随着炉渣中 TiO_2 浓度的提高，TiO_2 的活度（a_{TiO_2}）大体也是增加的，因此这将有利于钛还原量的增加，有利于 TiC 与 TiN 的形成，这当然有利于护炉。

（4）炉渣碱度的影响。铁水中［Ti］含量与铁水中［Ti］+［Si］总量有关，而且又由于炉渣中碱度（CaO/SiO_2）的高低影响着铁水中［Si］含量，因此实际上也影响铁水［Ti］含量。炉渣碱度高一些有利于铁水中［Si］含量的降低，实际上有利于铁水中［Ti］含量的升高，故提高碱度有利于 TiC 与 TiN 的形成。

6.7.1.3 涟钢4号高炉炉底含钛铁板的发现与作用

A 含钛铁板的发现

涟钢4号高炉1985年投产，1989年2月发生炉底穿漏事故，从铁口下方风冷管两端流出铁水和炉渣共约30～40t。复风之后，采取钛矿护炉，不久高炉恢复了正常冶炼，并且进一步强化，铁水［Si］含量也不断下降，平均为0.40%～0.50%，个别炉次可达0.20%~0.30%。定期洗炉后炉底也未发现异常，利用系数长期在2.0t/（m^3·d）左右，焦比为580kg/t左右，后又经过4年多的生产后直至1993年12月停炉大修。在停炉后进行炉底剖析时，在炉底砖缝中发现不少紫铜色TiC（TiN）薄片，特别是在炉底还发现一块含钛的大铁板，这是一块稀有之宝。4号高炉炉底原砌有一层高铝砖，底下共砌3层炭砖，每层炭砖的垂直或水平缝都有TiC与TiN的片状钛积物。上述大铁板正在第2层炭砖之下与第3层炭砖之上,它充满了整个水平砖缝,相当于整个炉缸的底面积,宽为2500~3000mm,长为3000~4000mm,整块面积大约$10m^2$左右。铁板边缘不整齐,厚约为5~25mm,边缘薄中间厚,断口晶粒粗大,但不均匀,大部分断口呈黄色,还有深黄色、金色、浅黄色的,有的还呈现紫铜色。铁板无孔洞无裂缝是一大整块,大铁板之下还有两根异形大铁柱与冷风管相连。

B　含钛铁板的化学成分

表6-7　含［Ti］铁板的化学成分

序　号	试样颜色	TiC/%	TiN/%	（TiC+TiN）/%
1	金黄色晶粒	0.188	6.530	6.718
2	浅金黄色	0.328	1.990	2.318
3	浅黄颜色	0.218	0.138	0.354
4	黄　色	0.050	0.062	0.102
5	深金色	0.288	6.830	7.118

从表6-7可知，在同一水平上Ti（C，N）含量最高达7.0%以上，4号高炉炉底穿漏后又安全生产了四年，很明显这主要是由于钛护炉的效果，它的作用在于原来穿漏时铁水是从孔洞中流出炉底冷风管的，当时处理后由于温度的降低，铁水未能全部从孔洞中排出，形成了残留的两根异形大铁柱，护炉后含［Ti］高的铁水又沉积在第2层炭砖之下，与第3层之上的水平炭砖缝中慢慢的析出了固溶体形态的TiC与TiN，而且由于含［Ti］铁水熔点高，这一水平层的温度低，无法熔化与再穿过原

来残留的二根异形大铁柱，在水平砖缝中逐渐冷却而形成一块大的含钛铁板，断绝了继续经流孔洞的通道，起了类似切断流水的闸板作用，使铁水不再穿漏，才有可能在“铁板上炼铁”又四年。

C　X 衍射分析

对上述 5 个试样都进行了 X 衍射结构分析，检测结果说明 TiC，TiN 很突出，其峰值都十分强，确认是 TiC，TiN 无疑，其中 TiN 占 90% 以上，这一结果与上述形成的机理分析相一致，而且和国内外其他高炉中出现的 TiC，TiN 沉积比例大体相类似。

6.7.1.4　含 TiC、TiN 炉渣的性能

按炉渣中 TiO_2 的含量不同，人们习惯上按以下含量区分，$TiO_2 > 20\%$ 时称为高钛渣；TiO_2 10% ~ 20% 时称为中钛渣；TiO_2 5% ~ 10% 时称为低钛渣；$TiO_2 < 5\%$ 是护炉钛渣或称为微钛渣。

A　钛渣属于高熔点短渣

TiO_2 含量在 20% ~ 25% 的炉渣，熔化温度在 1395 ~ 1440℃ 之间，比普通矿的炉渣高 100℃ 左右，主要原因是由于含有大量熔点高、结晶性强的一些矿物。它们的结晶顺序是氮碳化钛（TiN，TiC）1310℃→钙钛矿 1300℃→尖晶石 1200℃，其中特别是碳化钛（TiC），它的熔点高达 3140℃，氮化钛（TiN）的熔点也高达至 2950℃，它们的熔点太高，远远高于高炉炉缸所能够达到的温度。另外还有一些固溶体的形成也导致炉渣熔点的升高，如果这些高熔点的矿物能够沉积在炉缸炉底的破损处，将会起到补炉或护炉的作用。

B　钛渣的渣相为非均质结构

含 TiO_2 高的炉渣不是普通的均质玻璃渣，它明显地分层，例如钙钛矿层，尖晶石层，碳、氮化钛层以及金属铁层。不能熔化的 Ti（C，N）悬浮于渣中，而且往往聚集于金属铁的周围，形成 Ti（C，N）固溶体，金属铁也呈悬浮状或弥散状，使炉渣

变黏稠。包裹在金属铁珠表面的 TiC，TiN 与金属铁相互润湿，难以解脱而形成黏稠状，这对于高炉冶炼过程十分有害，应该设法消除，人们称其为消稠，但是这对于用钛渣护炉的高炉来说，减缓了炉衬的被侵蚀过程，炉渣的变稠与 Ti（C，N）的沉积又是十分有益的。

C　含钛炉渣在高温还原条件下变稠的实验研究

含钛炉渣在高温还原条件下，随着碳、氮化钛的形成，黏度由小变大，出现黏稠现象。图 6-19 是在 1500℃的恒温条件下，有渗碳铁存在，MgO 为 9.0%，Al_2O_3 为 14.0%，碱度（CaO/SiO_2）为 1.10 时的钛渣黏度-温度曲线。随着时间的延长黏度逐渐加大，而 TiO_2 含量愈高增加的幅度愈大，同时温度的影响也很显著，如图 6-20 所示。这都说明炉渣变稠的主要原因是由于高熔点 TiC 与 TiN 而造成的，它们的微小的固态颗粒存在于渣中使黏度变大。

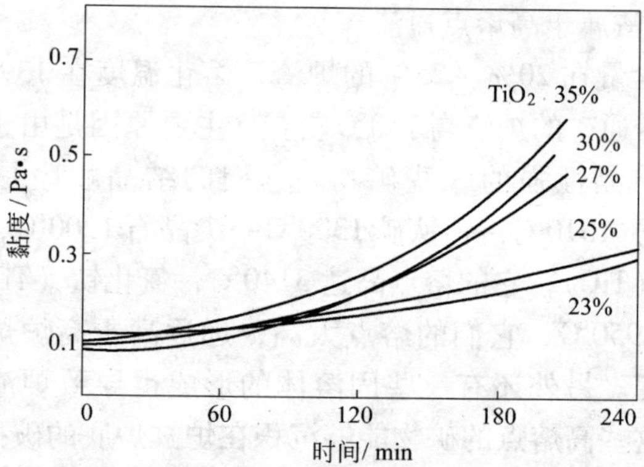

图 6-19　钛渣黏度-温度曲线

D　钛渣的脱硫能力

含 TiO_2 高的高炉炉渣的脱硫能力不强，渣中带铁多，而且由于表面张力小容易形成泡沫渣以及粘罐现象，这对于高炉冶炼是不利的。

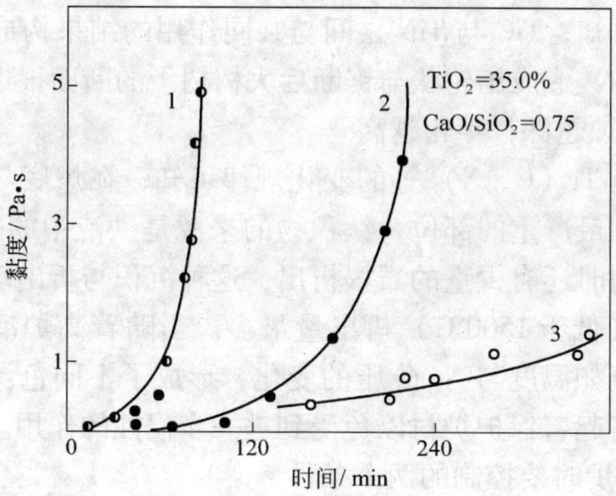

图 6-20　不同温度下的黏度-温度曲线

1—1550℃；2—1525℃；3—1500℃

6.7.1.5　TiC 与 TiN 的沉积作用

从以上分析可知，钛渣冶炼的高炉在炉缸，炉底沉积的 TiC 与 TiN，形成了 TiC（TiN）的沉积层，而且还由于本身的熔点高，将逐渐沉积于炉衬的破损处，可以保护炉衬以防进一步侵蚀，因而延长了炉衬的寿命。根据国内外对碳氮化钛生成过程的研究，如果以 1500℃的温度为界，在此温度以上沉积的 TiC 与 TiN，是以 TiC 为主的沉积层，低于 1500℃的 TiC 与 TiN 的沉积层中是以 TiN 为主。我们从涟钢 4 号高炉的炉底炉缸剖析过程得到的黄色、黄橙色、紫铜色的 Ti（C，N）的固溶体，大部分在 1400℃以下的低温区发现，这与日本高炉，首钢、包钢、湘钢等高炉护炉资料中所介绍的分布规律相类似。

A　钛沉积层部位

炉衬被侵蚀最严重部位得到的沉积物最多，如首钢 4 号高炉，本钢 5 号高炉等护炉后停炉时发现，在侵蚀最严重炉底处沉积物最厚可达到 300～400mm，而炉缸壁的部位沉积物最薄。

B　钛积层一般呈层状结构

在炉底以 Ti（C，N）为主的富集层中，根据钛积物的微观结构分析可知，TiC 与 TiN 之间与共同作用的结果构成不同色调的层状结构，形成年轮状与锯断后大树树干的断面很近似。

C　侵蚀越深，年轮越高

从以上 Ti（C，N）等的变化规律可知，在炉底与炉缸的交界处是侵蚀最严重的部位，钛积物的来源是铁液中的 TiC 与 TiN 的析出，同时还有少量的石墨析出，这种沉积与析出现象是在较低温度下（低于 1500℃）析出量最多。当随着高炉冶炼条件下的变化，例如温度与 N_2 分压的变化，形成了不同色调的层状钛积物，它将起着保护炉衬以免受到进一步侵蚀的作用。

D　护炉时要控制的两个条件

从护炉理论与护炉实践可知，要达到好的护炉效果，主要应该控制好两个因素，首先要控制在高温条件下 TiO_2 的还原条件；其次要控制在低温条件下 TiC、TiN 从铁水中析出的条件，这两个条件是我们在护炉过程中要完成的工艺任务，因此也是必须搞清楚的原理。

6.7.1.6　护炉料的合理选样

我国高炉护炉料目前大多来自四川攀枝花和河北承德，其中包括钒钛块矿；含钛铁精粉的烧结矿；含铁的钛精粉；高炉钒钛炉渣以及冷固结的钛球等，它们的主要化学成分见表 6-8。

表 6-8　常用含钛物料化学成分（%）

名　称	TFe	TiO_2	SiO_2	V_2O_5	Al_2O_3	MgO	S	P
攀枝花块矿	30.89	10.50	20.00	0.33	8.87	6.21	0.60	0.002
攀枝花铁精粉	51.56	12.73	4.64	0.56	4.69	3.91	0.53	0.045
攀枝花钛精粉	30.58	47.53	3.09	0.09	1.34	6.12	0.30	0.004
攀钢炉渣		22.62	25.29	0.32		8.09	0.39	
承钢炉渣	7.43	15.90	23.85	0.29	15.06	5.25	0.73	
承德铁精粉	61.51	6.75	2.98				0.06	
承德钛精粉	35.00	41.00	2.50	5.64			0.30	0.040
承德块矿	35.88	9.42	17.52				0.50	

续表 6-8

名　称	TFe	TiO_2	SiO_2	V_2O_5	Al_2O_3	MgO	S	P
含钛冷固球	33.03	38.25	7.58	0.18		1.76	0.23	
陆川钒钛矿	53.60	17.85	6.20	0.46			0.08	0.048
加拿大钛块矿	36.20	31.50	8.60		5.30	3.30	0.30	0.040

从资源综合利用与冶炼效果来考虑，选用钛渣护炉比较理想，但考虑到运输能力与运价时，一般选用含钛的铁精粉来作为烧结矿的混合料之一，但是容易影响烧结矿的强度；如果考虑从风口喷入，通常用含铁的钛精粉；$1000m^3$ 以下的高炉选用含钛的冷固球比较合适；远距离运输、短期护炉一般选用含钛的块矿。所以应该从运输条件、成本高低，护炉效果等各方面综合考虑护炉料。

6.7.1.7　*护炉时加入量的标志*

目前有三种加入量的标志，即铁水中［Ti］含量；渣中 TiO_2 含量以及吨铁钛负荷（TiO_2kg/t）。从分析可知，钛沉积物的形成关键是铁水中［Ti］含量的析出状况，铁水中［Ti］含量愈高，钛积物将愈容易形成，护炉效果也将愈好，因此护炉效果好坏取决于铁水中［Ti］含量。目前有的高炉护炉时也有选用吨铁 TiO_2 的加入量（即钛负荷）或以渣中 TiO_2 含量高低来控制，但是在不同炉温下，即使渣中 TiO_2 含量相同，而铁水中［Ti］含量仍然可能不同，因而护炉效果也不尽相同。大量的资料证明，只要铁水中［Ti］含量能保持在 0.06% ~0.08%，将肯定会有明显的护炉效果。

6.7.2　护炉技术的发展

目前我国有 30 多家钢铁厂的 50 多座高炉，如宝钢、首钢、鞍钢、武钢、本钢、酒钢、太钢、湘钢、涟钢、柳钢、杭钢、韶钢等一大批大中型高炉以及少量的小高炉都采用过含钛物料进行护炉，并且都取得明显的效果。

6.7.2.1　风口喷吹钛精粉

从风口喷入钛精粉，最主要的优点是可以解决炉缸局部侵蚀问题，铁水的［Ti］含量也不必太高，消耗的含钛物料少，并且可以利用原有的喷煤装置和另设小型喷吹罐。例如首钢3号高炉1990年1月曾多次从风口喷入含 TiO_2 高达45%以上的钛精粉，梅山1号高炉与鞍钢7号高炉也分别于1991年5月与11月喷吹钛精粉后取得了预期效果。

6.7.2.2　堵口泥中加入含钛物料

承德钢铁水泥总厂 $85m^3$ 高炉于1990年将含钛物料（钛精粉）加入堵铁口的炮泥中，经铁口打入炉内，对于维护铁口与维护炉缸工作也取得良好效果。

6.7.2.3　冷固结含钛球团护炉试验

承德钢铁公司与天津华锋冷固球团厂合作，先后在承德钢铁水泥总厂、莱芜钢铁总厂、首钢炼铁厂等大中小型的高炉上，进行了冷固结含钛球团护炉试验，都取得成功。莱钢的 $750m^3$ 高炉应用成功后冶金部还组织了专项鉴定会，并向全国推广。

6.7.2.4　冶炼含钛铸造生铁

含钛铸造生铁是一种新型品种的铸造生铁，由承德钢铁公司与石家庄钢铁厂的高炉冶炼试验成功。这种生铁含［Ti］为0.20%～0.30%，含［Si］为1.60%，其冶炼过程不仅可以起到护炉效果，而且还扩展了高炉冶炼的产品。

6.8　高炉数学模型及智能控制的应用

影响高炉产量的原因中除了设备事故外，炉况不顺也是减产的主要原因。因此应有效监视炉况，及时采取措施，以避免炉况不顺。过去是以风口、渣铁状态以及反应炉内状况的各仪表来判断炉况。20世纪50年代末电子计算机开始应用于高炉。鉴于影响炉况因素很多，人们不断开发数学模型，迄今，仍在继续不断努力改进和开发判断高炉炉况的新方法。

6.8.1 实用高炉数学模型的早期状况

从60年代开始就有人研究以热平衡和物料平衡为出发点计算整个高炉热状态的数学模型。以后法国钢铁研究院（ISRID）把高炉分为上、下两部分，以煤气温度和炉料温度相等的储热带为界，上部为矿石还原区，下部为直接还原区和熔融反应区而计算出能反应高炉下部热状态的炉热指数，并以此来预测铁水的含硅量。其后美国内陆钢铁公司开发一个建立在多个能反应炉况波动指数上的炉况判断模型，它计算六个指数，即炉身效率，氢气平衡指数，炉顶（绝对）温度，理论燃烧区温度，瞬时状态（瞬时炉顶煤气体积和瞬时焦炭耗量等）以及真实焦炭耗量。

以后炉况判断数模都大致按上述的两类方式发展。第一类以REICHARDT的分段热平衡计算为代表，它仅在高炉操作稳定时有效，在炉况不正常时不适用。第二类是专门为诊断异常炉况而开发的，它用理论推断炉内状况并和实践经验评价相结合，而把各参数定量化进行综合判断，这种方法在实践中获得了比较好的结果。

新日铁的炉热模型，日本钢管公司初期的水江模型，现在的FOCUS模型，住友金属的铁水温控模型都是属于第一类的针对单一炉热参数而开发的。新日铁还发展了多个模型同时判断炉热的方法。例如炉热指数计算模型，按风口前端温度推断铁水温度和硅含量模型和多炉铁水含硅量统计模型，综合判断炉热而使精度得到提高。宝钢引进的1号高炉数模就是这种方法。尽管这种推断炉热方法没有考虑动态和分布参数关系，但由于炉热是一个重要参数而仍得到应用。

第二类模型发展迅速并实用化了。这类模型有日本川崎制铁的高炉炉况判定系统（GO-STOP系统），它选择全炉透气性、局部透气性、炉子热状态、炉顶煤气状况、炉料下降状况、炉顶煤气分布、炉体温度、炉缸渣铁残留量八个参数以及风压、各层炉身压力、炉热指数、炉顶煤气CO和N_2浓度等四个变动参数来综合判断炉况。新日铁的高炉炉内冶炼状态预测模型（BRIGHT）则由六个子模型：炉料分布预测模型，煤气流分布预测模型，料流预测模型，化学反应预测模型，传热模型，软熔带形状估计模型。新日铁的高炉操作管理系统（AGOS）则以铁水温度、透气性指数、炉壁温度、炉顶煤气分布、炉顶煤气温度及碳熔解损失作为控制和综合判断炉况。日本钢管的福山厂的不稳定状态炉况预测系统（FLAG）则选择煤气利用率、热风压力、炉身压力等波动值、炉喉温度状况、炉身压力状态和梯度倍增等六个指数来综合判断炉况。其他如日本钢管的炉况诊断系统（PILOT），德国蒂森公司的 THYBAS 等都是用多参数判断的。

6.8.2 高炉炉内数据处理模型

高炉生产不仅是要稳定地供给转炉高质量的铁水，而且在钢铁连续性生产过程中也提供了大量的能源。因此，高炉生产重要的使命是维持稳定的炉况，并且达到高的作业率。

虽然希望保持稳定的炉况，但是高炉生产过程伴随有复杂的传热传质现象（热传导、对流、辐射、扩散、化学反应、相变化等），所以仍然还有许多未弄清楚的部分。

高炉炉内气、液、固三相混在一起参加反应，而且氧化、还原性两种气氛混合是非常复杂的过程。因此高炉生产过程中参数多，以很高的精度掌握它们的关系是困难的。本模型是根据基本的反应理论建立模型构造，并参考操作经验，挑选了其中可实现的部分，在一定条件范围内，试图把高炉复杂的生产过程作局部简化。

本模型采用的主要输入数据是装料数据，原燃料分析数据，炉顶气体成分数据，高炉过程数据，铁水成分、温度数据等。模型输入输出数据的概况见图 6-21。

本模型使用时，操作者必须在 CRT 画面上设定下列项目：目标铁水含硅量（%），目标铁水温度（℃）。

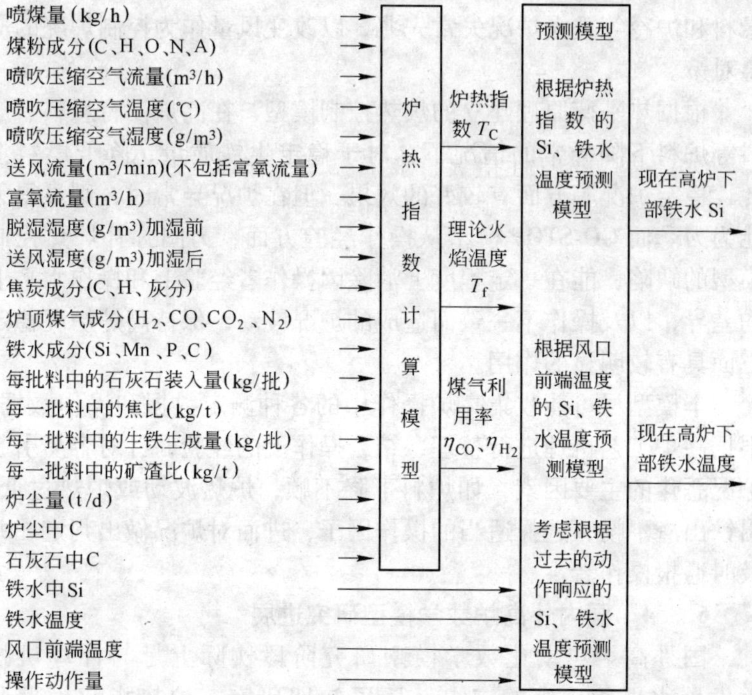

图 6-21　模型输入输出数据概况

6.8.3　高炉炉况判定 GO-STOP 模型

随着高炉大型化，早期发现炉况异常，尽快做出处理以防止炉况进一步恶化是高炉操作中一个相当重要的环节。高炉炉况判定 GO-STOP 模型是一种高炉操作管理系统，属于经验模型的范畴。该模型的显著特点是：在高炉炉况恶化之前，迅速做出判断依据，提请操作者注意并采取相应的应急措施，防止重大炉料不顺，并对炉况进行定量分析，统一各操作者的判断，容易对炉况进行比较。通过对高炉炉体的解剖分析，并在采用无料钟布料装置的高炉气流分布合理的装料模式下，该模型以炉料下降作为判定炉况的主要因素，结合大量高炉操作和炉况判定以及控制方面的丰富经验，以此做出炉况判定的基本依据，及时地预报崩料、悬料和炉冷等重大炉况失常先兆，以改变风量作为控制炉况的应急对策。

根据热平衡原理建立的炉热控制模型，在高炉没有悬料、崩料等炉料下降异常的情况下，对于稳定生铁质量，降低燃料消耗，稳定炉况等方面有较好的效果，但在炉况异常时，则显得无能为力。而 GO-STOP 模型从操作经验方面，力图弥补炉热控制模型的缺陷，能在一定程度上消除因操作者经验上和操作水平上的差异，以及操作不一致而造成的炉况波动，保持高炉炉况稳定方面具有较明显的作用。

本模型尽可能收集高炉操作中的各种测定数据和操作数据，根据高炉工艺机理进行整理，结合操作上的经验，针对容易引起炉况恶化的主要因素，如炉料下降不顺，炉热波动或炉热过低，出铁出渣不畅，选择适当的操作因子，进而对炉况做出判定，并及时通报操作者。

6.8.4 国内外高炉数学模型研究进展

国外高炉自动化数学模型研究阶段实际上是与计算机技术发展水平相适应的，它经历了初期研究、炉热指数模型研究、铁水硅含量预报模型研究、模型集成研究、开发专家系统与智能控制等发展过程。20 世纪 70 年代，随着日本钢铁工业的崛起，通过对多座高炉的解剖，获得了大量的炉内反应过程的新资料的同时，日本对高炉过程计算机的应用及其数学模型的研究开发也居于世界领先水平。一些国家引进日本技术后结合本地的高炉实际状况也进行了一定的改进与开发，例如芬兰拉赫钢铁厂的“高炉自动控制专家系统”；我国宝钢 1 号、2 号高炉的“炉况监视和管理系统”及“高炉人工智能专家系统”；还有奥钢联工程技术公司与林茨厂开发的“VAiron 高炉优化软件包——专家系统”。与此同时比利时、瑞典、澳大利亚、美国、俄罗斯等国也都开发应用了自己的“高炉专家系统”。虽然专家系统种类很多，但是只有日本的“ADVANCED GO-STOP系统”，芬兰的“高炉控制专家系统”与奥钢联的“VAiron高炉优化软件包——专家系统”等少数几个专家系统在国际上得到推广与应用。例如我国武钢4号高炉（2516m^3）引进芬兰“高炉控制系统”后，首钢、本钢、昆钢与攀钢等厂高炉也正在引进上述芬兰与奥钢联的专家系统。

我国一些大型高炉在20世纪90年代前后自行开发与研究的有：首钢2号高炉（1720m^3）的“人工智能高炉冶炼专家系统”，“鞍钢10号高炉（2580m^3）高炉专家系统”，“马钢2500m^{3}高炉炉况诊断专家系统”，“包钢2500m^{3}高炉专家系统”（离线）等等。还有浙江大学与杭钢等厂高炉成功合作，将“高炉炼铁优化专家系统”推广应用到350m^3、380m^{3}和750m^{3}高炉上。“高炉炼铁优化专家系统”是吸收国外“高炉专家系统”开发中的先进经验，根据我国炼铁“优质、低耗、高产、长寿”的技术方针和“稳定、顺行”的操作思想，建立起冶炼过程多目标优化的数值变化模型与变频数理计算法，从而能够数量化地求解特定高炉的最佳工艺状态，即高炉工艺参数的最佳范围及工艺参数的优化组合。同时在Bellman动态规划基础上，进一步建立了炉温控制的偏微分方程及其神经网络算法，进行炉温［Si］的动态控制预报，从而解决了如何实现炉温最佳控制的难题。而且也是从国内实际出发，因为一般高炉装备条件与原燃料条件相对较差，通过建立数据库，进行工艺参数系统优化，进行炉温预报与异常炉况判断，帮助工长实现优化操作与科学管理，因而取得了投资少，技术经济效益大的显著成效。

6.8.5 国内外高炉“专家系统”的简明对比

由于高炉装备条件与原燃料条件相对差等客观原因，我国大多数高炉开发应用“高炉专家系统”，有着明显的不同特征，为了对比与应用方便，现将刘祥官等人整理的“高炉专家系统”功能综合对比列于表6-9。

表 6-9 “高炉专家系统”功能综合对比表

功能项目 \ 开发/应用者		杭钢、济钢、新临钢、莱钢等应用的国产“高炉炼铁优化专家系统”	武钢引进的芬兰“高炉控制专家系统”	宝钢引进的日本 ADVANCED GO-STOP 系统
应用基础要求	高炉容积	已成功应用于多座 350 ~ 750m^3 高炉	2516m^3	4063m^3
	原燃料条件要求	正常原燃料条件，通过优化改进	入炉原燃料质量稳定性要求高	入炉原燃料高质量、高稳定性
	基础自动化要求	基础自动化与信息网络化	检测点多要求高	同左
	系统思路	通过系统优化寻求高炉最佳状态下的智能控制，避免炉况异常状态发生	在线详细采集数据，在“专家知识”基础上推理判断	建立详细的专家知识规则，进行炉况异常判断
1. 数据仓库		50 张数据表存储全炉役历史数据，包括原始数据库、专家知识库和优化参数库等	实时数据、局部历史数据库、专家知识库	同左
2. 配料优化计算		3 种配料计算与优化模型	配料计算与焦比计算	未见报道
3. 智能监控		开发多种智能化软件仪表，如炉体温度场、煤气曲线图等	冷却壁展开图等	未见报道
4. 异常炉况诊断与报警		炉墙结厚结瘤、管道、悬料、炉缸堆积等 4 种主要异常炉况诊断	滑料/结瘤/管道/崩料/悬料/异常识别和 CO/CO_2 等详细诊断	通过炉况状态雷达图，评分判断 GO-STOP-BACK
5. 系统优化决策		设计 7 类优化模块，寻求生产过程优化挖潜规律	包括热平衡/煤气流变化分析等方面	无此功能
6. 管理统计报表		15 张工长作业管理报表自动生成，取代《高炉作业日志》	无汉字管理报表	同左
7. 炉温［Si］数值预报模型		时间序列混合模型与神经网络算法	神经网络模型	炉热指数模型

续表 6-9

功能项目 \ 开发/应用者	杭钢、济钢、新临钢、莱钢等应用的国产“高炉炼铁优化专家系统”	武钢引进的芬兰“高炉控制专家系统”	宝钢引进的日本 ADVANCED GO-STOP 系统
8. 炉温智能控制	通过炉温控制方程多阶段计算炉温预测控制的成效	定量计算炉热调剂的焦比变动量	炉热控制原则指示
9. 信息网络化	建立铁区局域网，各终端联网，技一管一控三位一体应用	“专家系统”仅用于高炉主控室	同左
10. 软件费用	软件开发费用大致是引进“专家系统”的 1/3	“专家系统”需 1100 万元，配套装备需 2000 多万元	软件系统需 100 万美元
11. 预期技术经济效益	承诺一般高炉提高利用系数 $0.1t/(d \cdot m^3)$，降低焦比 10kg/t	不承担效益保证	同左

通过表 6-9 的简明对比看到：根据我国高炉的客观条件低成本地开发应用的“专家系统”，其性能与引进“专家系统”对比各有优势。国产“炼铁优化专家系统”最大的优势在于投资省而且应用效益显著。在技术性能上更适应工长的操作传统习惯，更容易为工长所接受。

6.8.6 检测技术

6.8.6.1 炉喉料面红外测温热图像仪

早在 20 世纪 70 年代，国外一些大高炉实现了采用热图像仪设备来监测炉喉料面温度的新技术，操作人员可以根据料面热图像仪反应的状况，及时采取措施来改善操作，从而达到稳定炉况，降低焦比的效果。我国目前已有近 50 多座高炉采用了热图像仪装置，将炉内边缘煤气流与中心煤气流，过分发展或者局部管道等炉况能在荧光屏的画面上比较形象的体现出来。

6.8.6.2 铁水成分的快速测试

铁水炉外脱硅或增硅过程，炉外脱硫，脱磷以及高炉炉况过程控制技术等发展均迫切要求实现铁水含［Si］，［S］等的快速、准确的就地测定，而传统的化学分析是无法满足上述要求的。北京科技大学张谦象教授等人，利用快离子体，对铁水或钢液进行快速定硅、定硫、定钛以及钢液中定氧，定氮与定碳等测试研究，取得了一系列的成果与实际应用。

由于 Si^{4+} 离子导体至今还尚未发现，铁水快速定硅测头用氧离子导电的固体电解质附加辅助电极，使测头的电动势与铁水中硅浓度建立起数学关系，采用的是电化学方法，大约 8s 能显出数据，12 ~14s 稳定，20s 测试完。用相同的原理也研制成了快速定硫测头，定钛测头，并在杭钢、承铁、首钢、湘钢与攀钢等高炉上测试，均取得预期效果，图 6-22 是该测头正式产品组装结构图。

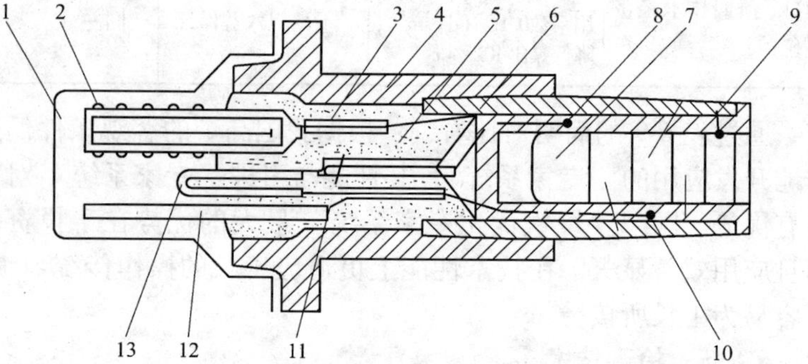

图 6-22　快速定硅测头结构图

1—金属保护帽；2—半电池（辅助电极）；3—引线保护小管；4—陶瓷头；5—高温水泥填料；6—小纸管；7—塑料连接管；8—电偶引线接点；9—半电池引线接点；10—电偶与钼陶瓷引线接点；11—钼陶瓷引线；12—钼陶瓷回路极；13—微型电偶

7 出铁口维护及高炉事故

出铁口的维护是炉前生产操作的重要环节，对保证高炉正常和安全生产尤其是减少和消除高炉故障关系重大。

7.1 出铁口的维护

7.1.1 出铁口的结构

一般出铁口的结构与出铁后的泥包状态如图 7-1 所示。

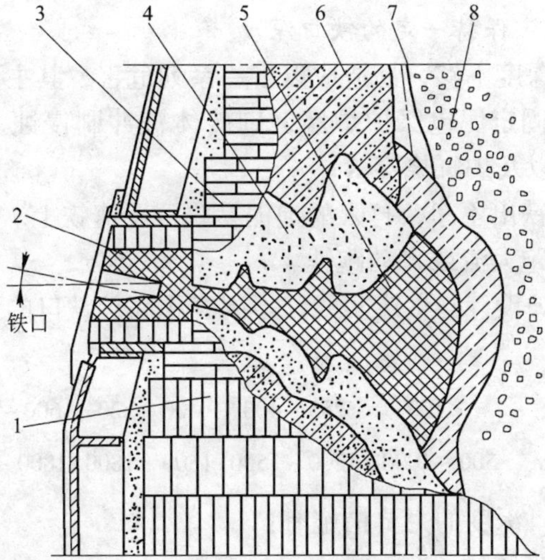

图 7-1 出铁口状态示意图

1—残存的炉底砖；2—铁口泥套；3—残存的炉缸砌砖；
4—旧炮泥形成的铁口泥包；5—新炮泥；6—炉墙渣皮；
7—铁口泥包的增长范围；8—炉缸中的焦炭

7.1.2 出铁口维护环节

7.1.2.1 保持适宜的铁口角度

随着炉龄的增加，炉底的侵蚀加重，铁水层下降，下渣量增加，铁口不易维护，故可以适当增加铁口角度。一般情况下：

时期	开炉时	一年后	中期	后期
铁口角度	0°～2°	5°～7°	10°～12°	15°～17°

同时保持一定深度的死铁层，对维护好铁口很有好处，主要优点如下：

（1）可以保护好炉底；

（2）渣铁较易出净；

（3）铁口泥包比较牢固；

（4）易于保持一定的铁水厚度；

（5）有利于铁口维护。

7.1.2.2 保持一定的铁口深度

出铁口深度不够，易造成以下一系列危害，其主要表现是：

（1）无固定泥包保护炉墙，砌砖体被冲刷侵蚀，导致烧坏冷却框架，以及炉缸烧穿。

（2）渣铁出不净，打入的炮泥易飘浮于渣铁上。

（3）易跑大流或自动跑铁。

根据高炉设计与生产实践，不同容积高炉铁口的正常深度范围是：

高炉容积/m^3	<100	255～400	400～620	600～1000	>1000
铁口深度/mm	500～1000	1200～1500	1500～1800	1800～2000	>2000

保持铁口深度的主要措施有：

（1）出净渣铁。

（2）维护铁口孔道大小。冶炼铸造铁时要大一点，炉凉或流动性差时要大一点，而高压操作时则要小一点。铁口过大易跑大流而烧坏铁道以及渣罐；铁口过小铁水出不完。比较适宜的铁口直径如下：

高炉容积/m^3	<100	255～600	1000
铁口直径/mm	30	30～45	65～76

(3）严禁潮泥出铁。

(4）改善炮泥质量。

(5）铁口特别过浅时，可堵个别风口，改炼铸造铁或慢风操作。

7.2 高炉事故

7.2.1 炉前事故

炉前事故不仅损坏设备，给生产造成损失，而且严重地增大了劳动强度，甚至会造成人身伤亡，是高炉工作者必须随时注意防止的。

风口烧穿、渣口爆炸、冲渣沟爆炸、铁口堵不上、撇渣器跑铁、铁水罐溢铁等事例在炉前事故中有一定的典型性和代表性。

虽然每次事故的发生都有其具体的原因，但综合起来看，造成炉前事故的原因有其共同点，也是可以预防的。

7.2.1.1 事故原因概述

(1）由于各种原因，高炉铁水出不净，使炉缸积铁过多，是造成炉前事故最经常的祸端。一旦炉内积铁接近渣口水平，放渣时渣中带铁，轻则渣口破损，重则造成渣口和冲渣沟爆炸。铁水出不净时强制堵出铁口也容易烧坏电炮嘴，封不住铁口，进而引起铁罐溢铁、烧坏铁道、铸死铁罐等事故。这些事故处理起来都极费事，有时需要长时间休风，操作人员的劳动强度也很大。因此应该竭力避免铁水出不净，尤其应该避免连续几次出不净铁水。在出现铁水出不净特别是连续出不净时，一方面高炉应减风以控制产铁量，另一方面炉前操作应采取必要措施，如铁水面已接近渣口时，应停放上渣；强制堵口时，应先将炮头烤热等。

(2）炉缸工作不好，常常引起风口事故。焦炭强度差，炉缸温度低，送风制度不合理（如风速过小），上部冷却设备大量漏水等，都会使炉缸中心或边缘堆积。在这种情况下，常常伴随风口连续破损，当处理不当时，会发生风口烧穿和爆炸事故。风口烧穿事故一般都会引起大喷焦炭等严重后果。因此首先应采取治本的方法，消除炉缸堆积；另外在操作上也应注意：如连续破损的风口应暂时堵泥；当风口破损严重时，为了减少向炉内漏水，可关小进水阀门，但不能过早切断冷却水，并在外部喷水冷却。一旦发生风口烧穿事故，要紧急休风，力争减少损失。如放风阀绞车被埋住，应迅速通知风机房放风，不可延误，这一套操作程序值班工长和风机工应非常熟悉。严重破损或炸坏的风渣口休风后应断水，以免向炉内大量漏水，引起炉凉。

（3）设备备件不合格或安装质量不符合要求,往往造成事故。

（4）炮泥质量不能满足高炉生产的需要，铁口深度过浅也是造成炉前事故的经常性原因，尤其是容积较大和强化程度较高的高压高炉，出铁口的维护就更加重要。

7.2.1.2　常见的炉前操作事故

（1）泥炮烧坏。由于使用时间过长，或者由于铁口过大，铁水跑大流，导致铁口堵不住，使泥炮的炮嘴烧坏，无法再堵铁口，因此暂时改用人工堵口，慢风或休风修理更换泥炮炮嘴。

（2）铁口自动跑铁。1959 年本钢 3 号高炉铁口深度连续过浅，炉缸存铁过多，出铁时出现特大铁流（大于 25t/min），铁水漫地 150t，致使高炉停产 4 天。处理过程中最困难的是铁道上凝铁与三个铁水罐。首先喷水冷却，熄灭明火，防止重罐下沉，然后清除。凝铁厚达 0.5～1.0m，最厚达 1.5m，用氧气切割成能吊动的小块，然后吊起装车，从开始到新铺好铁轨，用了 4 天时间，复风前铁口还必须加以处理。

事故的原因主要是渣铁连续未放净，造成铁口过浅，以及炉缸积存渣铁量过多。

为了防止类似事故发生，主要应保证铁口的正常深度。当渣铁连续放不净时，应适当减风或提前出铁，待渣铁出净后再恢复正常，以使确保安全生产。

（3）铁口烧穿事故：

1）1981 年 7 月武钢 1 号高炉由于偏离铁口中心开口出铁，造成烧坏三块冷却壁，被迫停产 11 天。由于出头一炉铁水时，泥套破损，拉风堵口，打泥量较少，堵口后重新做了泥套。再出铁时开口机对眼开口，钻不动，停钻后发现钻眼不在铁口中心而在右上方泥套棱缘上，多次换钻头都无效。后发现铁口眼里有渣铁，决定用氧气烧，共烧了长 12m 的氧气管 15 根，烧至约 600mm 深时冒黑烟，停烧氧气，改用压缩空气吹扫烧眼中熔融物，又钻了约 200mm 后，铁水从偏眼中流出。流到第四罐时，由于沟里有残铁，铁水难以流过，倒流回第三罐，并溢向铁道，工长拉风减压，多次堵口未成，又怕炮头烧坏，当即再拔，但电炮已被卡进烧眼里拔不出来，炮头产生爆炸声，继而响声加剧，渣铁顺着炉皮流到炉台下。复风后，Ⅰ段 39 号、40 号与Ⅰ段 1 号冷却水管无水，进水切断后，爆炸声消除，人工堵了烧眼，才停止往外淌渣铁，当时炉基渣约 90t，铁水 30t 左右，高炉处于事故休风状态。这次事故原因，主要是由于偏离铁口中心开眼出铁造成的，属于操作事故。

2）1982 年 6 月，本钢 5 号高炉铁口自动跑铁，致使 5 人轻度烧伤。该炉大修后改为两个出铁场，每日出铁 12 次。两铁口交替出铁，均使用无水炮泥。无水炮泥堵口后约需停留 50 ~ 60min，当时有 5 人在修理撇渣器，在拔炮后 3 ~ 4min 突然从铁口喷出一股黑烟及火并夹带黑色炮泥颗粒。火焰有 15 ~ 16m 长，5 个工人躲闪不及，火焰过铁水流出，由于炮内无泥，无法马上堵铁口。主要原因是无水炮泥拌有水。

包钢 2 号高炉 1981 年 9 月 3 日白班末次铁，20min 后拔泥炮，不料渣铁自动跟着出来。后被立即堵上。中班后铁口冒铁花，多次堵口无效，约 5t 多铁水流在铁道上。主要原因是无水炮泥中油量过多，装泥时又拌有水，炮泥过软。

（4）铁口堵不上造成的事故：

1）攀钢 2 号高炉 1982 年 6 月休风 3 天换小钟，复风后正常，当天中班最后一次出铁，堵口时因铁口两边有干渣，造成铁口大喷，并夹焦炭，紧急减风后来大渣流，下渣罐满，大量炉渣溢出渣罐。4 个渣罐全部焊住，铁口又淌出渣焦混合物，堆在铁口周围，这时电炮更上不去，使高炉被迫休风。

主要原因是风量恢复太快，且炉温过高，钒钛矿的特点是过热的炉缸温度容易热结，渣铁出不净，而且新泥包不太稳固，容易被渣铁熔化，造成铁口大量喷焦。焦炭又将铁口泥心拉掉，使焦渣在铁口两边堆积如山，电炮根本上不去。

2）1987 年 4 月 28 日酒钢 1 号高炉在出铁时，由于砂闸不牢而被冲垮，两个罐同时进铁，此时铁口跑大流，被迫堵铁口。炉前工在喷水时，不慎水溅配电盘，致使电炮电路发生故障，但未发现，撇渣器残铁眼捅完后，便拔电炮，给电后转炮，打泥未动作，炮退出后铁口没封住，渣铁自动从铁口跑出。电炮司机见势不妙，两次违章给电，企图再堵铁口，均未成功，由于残铁眼已打开，渣铁直涌 10 号罐，此时罐内铁水已满，15t 铁水外溢到铁道上，被迫休风，两个铁水罐被铸在铁道上。

此次事故纯属违章作业的责任事故，产量大增后违章作业，闸门未做好，未等电炮拔出放残铁等。

（5）渣口爆炸事故：

1）马钢一铁厂 13 号高炉渣口连续爆炸事故。1970 年 1 月 13 号高炉 250m^3，连续两次发生渣口爆炸事故，共休风 22h。

当时高炉连续亏料 5 次，最深达 3.8m，炉温转凉，接着坐料 4 次，炉凉加剧，大量空焦下达后炉温回升，炉况顺行。后又计划检修休风 18h，又因热风炉漏风休风 1h，复风后炉况不顺，坐料 3 次，接着放渣时，低渣口中小套发生爆破，中小套崩出，大套被推出 200mm。复风后低渣口又爆炸，事后发现中小套下部烧坏。

2）本钢 5 号高炉中修后开炉发生渣口爆炸。1970 年 7 月中修后 9 月开炉，第一次打开南渣口放渣时发生大爆炸，下部冷却壁炸坏，休风 29h。

主要原因是由于开炉炉温低，渣铁分离不好，炉缸直径大（200m^3 高炉），渣铁不易流向铁口方向，打开渣口后大量来铁，是南渣口爆炸的主要原因。

3）1982年6月,本钢3号高炉东渣口发生连续爆炸事故。渣口的4个水套全部烧坏,仪表电缆线全部烧坏,高炉停炉休风19h。

4）包钢2号高炉，使用白云鄂博矿冶炼，含氟炉渣黏度小，属短渣，炉缸容易堆积，渣口工作困难，因渣中带铁、渣口不严等原因，多次发生渣口放炮事故。

5）天津铁厂高炉渣沟放炮事故。1982年3月，高炉南渣口放上渣时放炮，将渣沟嘴下第一节冲渣沟槽炸坏，冲渣槽盖板被炸碎飞到卷扬机室房顶上，高炉值班室玻璃被震坏多块，整个卷扬机室玻璃几乎全部震坏、炸坏，炸坏的大块混凝土块最远飞出100m外。

6）首钢018高炉，1979年冶炼稀土合金时，渣口也发生类似的大爆炸，百米内玻璃窗全部炸碎，门框炸塌，爆炸声音极大。

7）1981年10月25日，通钢2号高炉（310m^3）由于铁罐紧张，出铁经常晚点，渣铁出不净，铁口不见渣被迫堵口。因铁罐配不齐，不能按时出铁，高渣口无渣，未放渣，突然放炮，共两响，造成炉前一片火海，渣口及二套全部崩出，南侧挡土墙被崩垮，跑铁10余吨，渣20余吨，喷出焦炭4~5t，渣线铁路被截断，烧坏钢轨7m多，共休风抢修18h。

（6）风口烧穿事故：

1）1981年3月，宣钢2号高炉（300m^3），由于7号风口漏水，准备提前出铁更换，停止喷煤关了进水阀采用外部喷水，但铁罐未按时调来，虽已打开渣口放渣，但铁口刚打开后风口突然烧穿，放风阀无法操作，只得风机房减压，然后休风处理事故。过早切断冷却水是事故的主要原因。

2）1972年4月，酒钢1号高炉由于低渣口不严不能放渣，准备休风，但因4号、5号风口涌渣未能休风，渣铁又未出净，以后由于没有铁罐，高炉长时间不能出铁。接着19号风口与风管之间突然跑渣，不久7号风口突然爆炸，响声巨大，大套、二套、三套及风管均被烧坏，喷出渣铁焦炭100余吨，电炮电气设备全被烧坏，休风3天多处理完事故。

（7）炉缸炉底烧穿事故：

1）1958年4月首钢1号高炉炉底二层冷却壁烧坏，发生严重烧穿爆炸事故，休风17天多抢修，损失很大。

2）1962年9月1日14:00，首钢2号高炉（$516m^3$）4号柱基处发现煤气很大，随后在2、3号之间，5、7、9号柱基等处亦有同类现象，并出现裂缝处温度高达700℃以上。即进行抢修，并发现裂缝处共有46处，次日风量只有50%～60%，出铁时只流黑渣无铁，7号处漏气加剧再修，裂缝重新裂开并加大，可见恢复不可能，决定停炉大修。

3）1963年12月太钢3号高炉炉缸北侧第二、三层冷却壁之间发生烧穿事故被迫停炉大修，事故前第三层4、5、8号冷却壁水温差先后4次超过（<3℃）规定范围，未能引起注意，紧接着在第三层8号冷却壁温差由6℃猛升至16.5℃，不到20h便发生严重烧穿事故。

4）1979年11月广钢3号高炉炉缸烧穿，21日夜班炉缸第一层的14、15号与第二层的12、13号4块冷却壁交界处烧穿成宽约500mm不规则的洞，流出铁水5～6t，炸断ϕ300mm的总排水管，烧断电炮电缆，被迫停产442h。

5）1974年马钢10号高炉炉缸烧穿事故。1月5日12:00在炉缸6号炉底6、7号冷却壁的接缝处，烧穿范围宽600mm，长700mm，烧穿前下渣严重带铁，未发生爆炸声，抢修24h。

7.2.2 结瘤事故

（1）1951～1954年鞍钢4号高炉结瘤7次，4号高炉容积$1002m^3$，原料品位低，品种增多，渣量增加，透气性明显变差，崩、悬料次数增多，炉墙东部上结了厚为1.3m的炉瘤。

（2）1965年10月太钢3号高炉6次休风炸瘤，高炉容积为$1063m^3$。

(3) 1972 年 11 月水钢 1 号高炉，第二次炸瘤，炉瘤为环形，炉喉钢砖上高 0.85m，厚约 2.8m，瘤中金属铁含量约 50%。

(4) 1976 年 6 月通钢 1 号高炉（$255m^3$）顽固悬料与结瘤事故，10 年中达 30 余次。

(5) 凌钢 $100m^3$ 高炉，1970 年以来结瘤频繁，均系炉渣与炉料的堆积物，往往出现在高炉大凉事故之后，而且多呈环形，外壁是一层光滑的外壳，从炉身下部一直到炉喉。

(6) 包钢高炉从 1959 年 ~ 1979 年的 20 年中，3 座高炉约 70% 时间带瘤作业，结瘤特点是：炉瘤生成快，大环形状，部位高。包钢采用含 F、K、Na 矿石冶炼，此种炉渣熔点低，炉渣易凝，结晶性强而且又易析出难熔物质，同时人造矿粉末多，冶金性能差，操作制度不合理，经常以高炉温高碱度操作。

7.2.3 炉缸冻结

7.2.3.1 炉缸冻结的原因

(1) 炉况失常引起冻结。其中由于煤气流分布失常、发生管道、大崩料或恶性悬料，最后形成冻结的居多。此外由于焦炭质量恶化造成冻结。

发生上述炉况失常时，由于煤气利用急剧恶化，炉料在上部未经充分预热和还原就直接下到高温区进行直接还原，大量吸热，炉温很快下降，如果未及时采取有力措施，就可能造成冻结。当原来炉温不高或炉缸堆积或炉渣碱度过高时，造成冻结的危险性更大。

(2) 漏水引起炉缸冻结。高炉到了炉役中的后期，腹腰和炉身冷却设备陆续烧坏，由于冷却器有数百块之多，检查工作困难，漏水后往往不能及时发现和处理。漏水较小时，虽然焦比受些损失，尚不致造成严重恶果。但当高炉长期休风时，由于炉内压力降低，漏水增大，而漏出的水又不能随煤气带走，炉子又停止产生热量，就极易造成冻结。

正常生产中，在冷却设备（冷却器或风口、渣口）漏水严重、处理又不及时的情况下，也能造成冻结。

在高炉发生风、渣口爆炸的恶性事故时，由于喷出的渣、铁和焦炭过多，将烧坏的风口（或渣口）进水阀门埋住，无法关闭，以致往炉内大量漏水，极易造成炉缸冻结事故。

(3) 高炉无准备的长期休风造成炉缸冻结。原料供应系统、装料系统、炉前工作、渣铁运输及处理系统、鼓风及热风炉系统、煤气系统以及动力系统等发生严重事故时，都有可能造成高炉无准备地长期休风，从而导致炉缸冻结。

(4) 有计划的长期休风、封炉或长时间检修停炉形成的冻结。送风时由于某些措施不当或出现意外事故，增加了处理的困难。其实，即使是有计划的，准备得很好地长时间休风或封炉或检修停炉，如果超过一定时间（例如10天以上），残存在炉内的渣铁也将冷凝。送风时就应按炉缸冻结对待，只不过不算冻结事故而已。对这类复风操作，因为是有计划进行的，一般对其炉缸实际上的冻结容易忽视，许多高炉因此吃过苦头。

7.2.3.2 炉缸冻结的处理

处理炉缸冻结时，宁可把困难想得多些，准备的措施周到些，灵活些，切忌盲目乐观、麻痹轻敌。如果对客观情况估计得准确，措施得当，最严重的冻结也只需7天左右就可以处理好。如果对困难估计不足，措施不当，来回反复，则轻微的冻结也可能延误很长时间，这种情况在产生的事例中是不少的。

炉缸冻结的严重程度差别很大。重的伴随着炉缸冻结，出现吹不进风，不下料，即上下都呈“僵死”状态。轻的则只是局部冻结，甚至铁口还能出铁，只是渣口放不出渣。尽管形成冻结的原因不同，冻结的程度可能有很大差异，但处理的原则基本是一样的，下面讨论较严重的炉缸冻结事故的处理方法。

(1) 首先要加足够数量的净焦，使炉子迅速热起来。净焦数量和随后的轻料可参考新开炉的高炉来确定。炉子冻结严重时，集中加焦数量应比新开炉的高炉多些，冻结轻时则少些。

(2) 从风口放渣。高炉发生冻结事故过程中，有时渣口、铁口早已不来渣、铁，但高炉仍继续送着风，虽然风量很少，甚至风量表指示为“零”，但时间长了，炉内还是积存不少渣、铁。这时应果断休风，将炉渣从风口放出。放渣的风口应选择在渣口或铁口上面，使炉渣能顺着渣沟或铁沟流入罐内。放渣前应在风口大套和二套上垫好泥料，以保护其不被烧坏。放渣后不要立刻送风。如果风口平面以上没有炉渣，这步操作可以略去。

（3）选择并准备好送风风口和临时出铁口，以恢复炉子局部工作。当渣、铁口已放不出渣、铁，炉缸冻结已成事实，应果断休风。休风后按下列两种方案之一进行工作，冻结严重时用前一个方案，较轻时用后一个方案：

风口—渣口—铁口方案：此方案把打开铁口前的工作分为三步，依次用风口、渣口、铁口作为出铁、出渣口；

渣口—铁口方案：把打开铁口前的工作分为两步，依次用渣口，铁口作为出铁，出渣口。

采用前一个方案时，作为出铁口的风口应选在靠近铁口的渣口上方，这样，一方面便于下一步用渣口出铁，另一方面放出的渣铁可利用渣沟排放。进风的风口应和临时出铁的风口相邻，一般为1~2个。其余的风口应牢牢堵住。进风口和出铁用风口应把小套拉下，互相烧通，然后进风口安上原来的风口小套。出铁口则应该上一个外形和风口小套一样，中心留有ϕ50mm左右出铁孔道的炭砖套，并在大套和二套上砌砖和铺适当的泥料，构成渣铁流槽。此外，还需将风口弯头卸下，在热风支管上焊堵盲板。

在进行上述工作的同时，应将下步准备用作临时铁口的渣口小套和三套拉出，换以外形和渣口三套一样，中心留有出渣孔道的炭砖套，并做好从渣口出铁的一切准备工作。

上述工作准备之后，即可送风，每个风口送风风量可比正常生产时的单个风口的平均风量稍多，或按风压掌握。风温视风口情况进行调节。一般1~2h经风口出一次渣铁，一直到渣口能工作为止。连续用风口出两三次渣、铁后，就可试着用渣口出铁。渣口出铁顺行后，风口可逐渐向铁口方向扩开，进风口数目可增至4~5个。用渣口出铁可每2~3h一次。一直至铁口能放出铁为止，渣口连续工作一定时间（一般出铁达 10 次左右）之后，可试着烧铁口，如烧不开，可用炸药爆破。铁口能顺行出铁之后，处理工作就取得了决定性胜利，以后就是逐渐打开风口恢复正常生产的任务了。

采用后一个方案时，选择靠铁口最近的渣口做临时出铁口，用渣口上方（可偏向铁口）的 2 ~ 4 个风口送风，其余的风口牢牢埋住。将渣口小套、三套和要送风的风口小套拉出，然后将风口和渣口互相烧通，烧出的空洞内填充新焦炭。将渣口三套换上一个炭砖套（内径 50mm 左右），将风口上好后即可送风，以后的做法与前一个方案相同。

（4）逐步打开风口。在铁口能顺利出铁、炉温充沛的基础上，风口可依次逐个打开，一般每次以打开两个为宜（一个方向一个），切不可隔着堵死的风口去开，也不宜一次打开过多的风口。开风口过快，过多，往往容易造成反复。为了减少休风时间，一次也可多烧开几个风口，然后将暂时不用的风口用泥堵住，下次再开时就不必休风了。

（5）用炸药开铁口。自从 1966 年包钢使用炸药开铁口成功之后，一些厂在处理冻结事故时也采用过。这个方法使用得好，的确能缩短处理时间，减少损失。但实际使用的效果有的好，有的不好，因此对这个问题需要进行分析。用炸药开铁口时，最关键的是要掌握恰当时机。炸药的爆破力是有限的，只有当炉缸的冻结层已经熔化到较接近铁口，铁口以上的冻结层已减薄到一定程度时，爆破才能见效。因此，一般应在由渣口放出多次渣铁以后，才能用炸药开铁口，或者炉子冻结程度较轻，铁口以上冻结层不厚，不必用渣口排渣铁，而铁口又烧不开时，才用此法。炸铁口过早，甚至在高炉已严重冻结，高炉尚未送风前就去炸，必然是徒劳的。

7.2.3.3 冻结事故的预防

加强管理，严格操作纪律，搞好综合平衡，搞好精料，保持高炉均衡稳定地生产，是消除炉缸冻结的根本措施。

保持高炉顺行，维持正常的炉温和碱度；搞好上下部调剂，避免管道、崩料、悬料和炉缸堆积；炉子失常后及时果断地采取措施纠正。这些是从操作上防止冻结事故的关键。

漏水是发生冻结事故的重要原因之一，应注意防止漏水。首先是应及时发现漏水。有下述迹象出现时，应及时查明情况：

（1）炉温向凉原因不明；

（2）炉顶煤气含 H_2 量升高；

（3）炉壳缝隙处，特别是风口区，有渗水迹象；

（4）渗漏的煤气火苗由正常时的蓝色变为红色；

（5）短期休风时，风口冒火大。长期休风炉顶点火时，炉顶火大，炉顶温度升高，有时堵泥的风口自动鼓开。

发现漏水后要及时查清，及时处理。不应该让水长期漏入炉内，否则，即使不造成冻结，焦比也会升高。如一时难以查清漏水时，可把可疑区域的总水阀门暂时关小，减少漏水，接着再细查。

搞好中修停炉及长时间封炉休风与送风操作。高炉长时间休风或封炉，不可避免地要引起不同程度的炉缸温度下降，直至形成实际上的冻结。但如果工作搞得好，不出意外，则可大大减少损失：

（1）正确选择封炉（或长期休风）焦比，封炉总焦比一般可参照新开炉的总焦比来确定。如果封炉时间短，焦比可降低；如果封炉时间长，或炉子密封不好，或者空料线炸瘤，则焦比应高于新开炉焦比。

（2）休风前需把炉缸清洗干净，其措施是保持高炉顺行；维持适当炉温（[Si] 含量为1.0% ~1.2%）；提高生铁锰含量；降低炉渣碱度；打开全部风口并维持适当冶炼强度等。

（3）正常料线封炉一般比降料线封炉损失焦比小，开炉较顺，因此如无必要，不采用降料线封炉。

（4）休风前把渣铁放净。

（5）仔细检查有无漏水迹象，严防封炉期间往炉内漏水。

（6）休风后风口、渣口、铁口必须严密封闭，并且要经常检查，防止漏风燃烧焦炭。

（7）如果是中修停炉，最好将炉缸清理到风口、渣口、铁口互通的程度，这样就等于新开炉了。

（8）10天以上长时间休风和封炉后的复风，均应按处理炉缸冻结对待。

各厂条件千差万别，每次冻结事故的具体情况又有很大差异，上面所述的只是各厂经验的粗略概括。随着生产条件的改善和技术的发展，炉缸冻结事故必将逐渐减少，处理事故的技术水平将继续提高。

7.2.3.4　炉缸冻结事故事例

（1）本钢5号高炉（2000m^3）有22个风口，因恶性管道行程，大量减风后又频繁崩料不止，风口不断生降，涌渣，上渣由褐变黑，黏稠不流，最后渣口凝死，铁水硅低硫高，约180t未能放出，渣也放不出来，维持小风量冶炼，炉缸积存物越来越多，渣面升高，逐渐超出风口，进风量越来越少，最后被迫休风。

（2）1971年1月鞍钢3号高炉由于煤气失常，炉凉大崩料造成炉缸冻结。

（3）1972年6月包钢3号高炉（1800m^3）炉凉，管道，崩料引起炉缸冻结事故。

（4）1981年1月，济钢2号高炉（100m^3）炉缸积存大量渣铁，跑大流，烧坏铁道，休风时间过长，复风后炉凉，错判风口漏水而形成炉缸冻结。

（5）水钢2号高炉（1200m^3）配50%钒钛铁矿，焦炭强度下降，采取措施不够，操作不力，造成炉缸冻结事故。

（6）1975年4月鞍钢1号高炉因冷却壁烧坏，没能及时发现，大量漏水而形成炉缸冻结。

（7）1984年鞍钢11号高炉（2025m^3）长期休风中冷却设备漏水造成炉缸冻结。

(8) 鞍钢10号高炉1958年11月开炉，由于炉顶设备事故，大小钟平衡杆及主轴先后折断，不能正常装料，低压低料线，休风频繁，焦炭又大量带入粉末，风口大量破坏造成漏水以及煤气爆炸等原因，导致炉缸冻结。

7.2.4 顽固悬料和恶性管道事故

高炉管道行程和悬料是高炉顺行情况不好时经常出现的特殊炉况。处理得好，损失可能不大；但若情况严重，或处理失当，发展成恶性管道或顽固悬料时，会给高炉生产带来严重损失。

7.2.4.1 悬料

在高炉冶炼进程中，炉料停止下降就是悬料，高炉内煤气流不能顺行通过料层。煤气浮力一旦大于炉料下降的重力时，就会产生悬料。造成悬料的原因可能是：由于原料粉末多、焦炭强度不好，或布料不合理（如边缘、中心负荷都过重、或长期低料作业等）；造成炉料透气性不好；风量过大，超过了炉料透气所允许的范围；炉温过热，煤气体积增加，浮力增大；由于下料过快，连续崩料或严重管道行程，大量未经充分还原或熔化的矿石下落到高炉下部进行反应，吸收大量的热量，使炉渣变稠，甚至凝固而造成悬料，这种悬料必然伴随严重炉凉；炉墙有黏结物等。

这里讨论处理高炉顽固悬料时应该注意的几个问题：

(1) 及时处理。处理及时，减少损失，关键是抓住悬料前高炉出现的征兆，及早处理，这可以采用常规操作手段，如临时减少风量、降低风温（或增加湿度、减少喷吹）、疏松边缘，即可使难行得到缓解，避免悬料。

(2) 坐料。一旦发生悬料，采取减风等手段无效时，应及时坐料，在这种情况下，时间拖得越久，后果会越严重。日常操作中由于坐料不及时，普通悬料恶化成顽固悬料，并造成炉凉，事故加重的例子是值得注意的。

坐料前应出净渣铁，以免灌渣。坐料时应一次拉风至最低。

回风压力要低于原来风压，并根据高炉接受能力决定恢复速度，避免回风过快，造成重复悬料，坐料后应采取疏松边缘的装料制度，适当减轻负荷，并根据炉料陷落深度和炉温情况，加入适量净焦，连续坐料时，要严防炉凉，每次坐料后都要加净焦。

（3）根据悬料情况分别处理。悬料有冷悬料和热悬料，两者的处理方法是不同的。

处理冷悬料的关键在于提高炉温，特别要防止因悬住的炉料崩落而使炉温进一步降低。因此在大量减风的同时，不应过多地降低风温（但应停止喷吹物以提高炉缸温度）。重要的是加入足够的净焦。并减轻焦炭负荷，只有当轻负荷料下到炉缸、炉温转热后，冷悬料才能根本消除。

首钢高炉 1979 年处理悬料时，过多地降低风温，结果使事故的处理走了弯路；太钢高炉在连续坐料后没有加足焦炭，致使炉况进一步凉行，悬料顽固化，扩大了事故。这些都是应该引以为戒的。

处理热悬料时，关键在于减少煤气体积，因此在减少风量的同时，应该降低风温，减少或停止喷吹物，但炉料崩落或坐料后，仍应适当减轻负荷或加净焦。

无论何种悬料，在处理期间采取发展边缘的装料制度是必要的。

（4）空喷渣、铁口。高炉多次坐料不下，形成顽固悬料时，可空喷渣口和铁口，其作用是随时排除熔化的低温渣铁喷出部分炉料，在高炉下部形成空间，促使悬住的炉料崩落或便于坐料；另一方面，空喷渣、铁口，使炉内产生的煤气有出路，才能保持连续送风，燃烧焦炭，加热炉缸，并逐渐从下面熔化悬住的炉料。

高炉严重悬料时，保持渣、铁口畅通是非常重要的，同时又是非常困难的。如果铁口不通，可以像酒钢和宣钢所作的那样。用渣口放渣、放铁和空喷（渣口可装炭砖套）；若渣、铁口全不通，可像本钢 2 号高炉那样，用风口放铁、放渣和空喷。

应该注意,在处理顽固悬料的过程中,炉顶只要能够加料,就要加入足够的净焦。因为不管悬料的初始原因是凉还是热,一旦形成顽固悬料,炉缸都会损失大量的热量,悬料崩落后,都需要补偿足够的热量。加焦炭的另一目的是疏松料柱,促使炉况转顺。

(5) 做好配合工作。在处理事故的过程中，应该做好外围工作，注意操作细节，尽量减少休风。尤其是在悬料初期，频繁的休风，往往会使事故加剧。为此要特别留意。坐料时尽量避免风口灌渣。因为这种情况的出现，往往使操作者非常被动，宣钢悬料事故的加重，不能说与反复灌渣和休风没有关系。

(6) 适当洗炉。即使顽固悬料以前炉墙是干净的，事故过程中炉墙也往往会有粘结物，因此在恢复过程中应装洗炉料洗炉，以保证恢复顺行。

7.2.4.2　恶性管道行程

管道行程是高炉内煤气分布失常的一种现象，所谓管道行程就是高炉内某一局部的料柱特别疏松，阻力小，大量煤气经过这一区域上升，类似一般管道气流。在此情况下，煤气能量不能得到充分利用，常常引起崩料或悬料。恶性管道还会导致高炉剧凉。

管道行程是高炉操作中，特别是原料条件不太好，冶炼强度又较高的高炉中经常发生的不正常炉况，引起管道行程的主要原因是料柱透气性和送风量不相适应。装料制度不合理（如边缘或中心过重或过轻），大钟偏斜、布料器失灵，风口进风不匀等设备缺陷也能引起管道行程。

高炉出现管道行程，如果发现及时、处理得当，可能不会造成大的损失。但若发现较晚或处理不当，则可能发生非常严重的炉况失常事故，尤其是大高炉，有时管道行程来得突然，往往造成炉温剧凉，甚至炉缸冻结和冷悬料。本钢5号高炉的恶性管道事故就是其中一例。

管道行程的征兆是：风压下降，风量自动增加，管道被堵时则风压突然升高，风量锐减；料尺出现滑尺，往往一个料尺突然滑得很深。加料后，料尺又升得很快；管道靠近边缘时，炉顶和炉喉温度曲线分散，在管道方向，温度可特别高，有时可以达到800～1000℃，甚至烧红上升管；炉喉煤气曲线不规则，管道方向的 CO_2 含量特别低；风口不均匀，严重时，管道方向的风口前面出现大量升降，甚至自动涌渣；炉顶压力曲线出现尖峰。

出现轻微管道行程时，可以改变布料器角度，将小料斗内的炉料堆尖布在管道方向，用较多的矿石堵塞管道；或加双装料数批，以加厚矿层，迫使煤气再行分布，这些都是堵的办法。也可以临时发展边缘，或临时加几车净焦，以后再补加部分矿石，采用疏导的办法。两种办法，根据具体情况选用。

管道严重时，必须减少风量，如果炉温充足，可以降低风温，必要时可以放风以破坏管道。此时必须注意防止炉凉，要适当减轻负荷或加适量净焦。

处理事故过程中，要千方百计防止风口灌渣。

预防管道行程，一是要防止低强度的烧结矿和焦炭入炉，尤其要防止粉状炉料的入炉量不要超出操作条件允许的范围；二是不要片面强调提高产量、吹大风。

由于设备缺陷引起的管道，则应采用治本的办法，消除设备缺陷。

7.2.5　煤气事故

（1）1959 年 11 月首钢 3 号高炉计划检修中,煤气下降管发生爆炸,原因是从煤气取样孔向炉内送入点燃的油棉丝而引起的,下降管与切断阀的三岔管口炸开 7～10m^2 的大洞,休风 101h。

（2）包钢 2 号高炉热风炉烟囱爆炸，1968 年 10 月 19 日 21:10左右，一声巨响，大量火焰从 1、2 号热风炉助燃风机吸风口喷出，接着滚滚的浓烟夹杂着砖头碎块向四处飞去，65m 高的烟囱只剩下根部 9m，其他部位全部炸掉了。

（3）太钢 3 号高炉 1980 年 8 月中修，9 月烘炉开炉，风量由 1500m^3/min 加至 1800m^3/min，温度由 450℃转入升温，顶温 100℃，炉内突然爆炸。

(4) 1974 年马钢二铁厂 2 号高炉（$255m^3$）停炉爆炸。炉顶炸坏，除尘器炸歪，冷却水管炸断，炉体上部砖衬脱落，15t 左右砖块与焦炭喷出炉外，致使死 3 人，重伤 1 人，轻伤 2 人。

(5) 1961 年 9 月，首钢 3 号高炉，在降料面休风过程中发生炉顶煤气爆炸。

(6) 1981 年 7 月本钢 5 号高炉，除尘器煤气爆炸。

(7) 1958 年本钢 4 号高炉，洗涤塔煤气爆炸。

7.2.6 其他事故

(1) 某厂 1980 年 12 月小修时，安装新大钟，大钟突然坠落炉内，6 人死亡，7 人受伤。

(2) 1982 年 2 月，梅山 2 号高炉（$1060m^3$），炉身下部西北方向第一层水箱与第二水箱之间炉皮突然崩裂。裂口纵向 7.5m，横向 7.8m 呈 L 形。炉料倾泻而出，被迫休风 226h。

(3) 1981 年 2 月底，武钢 4 号高炉（$2516m^3$）。在生产时炉身砖衬突然脱落。

8 高炉开炉与停炉操作

8.1 开炉设备试运转与烘炉

8.1.1 新开高炉特点

（1）新砌高炉炉衬含有水分，升温时产生热应力与蒸气压力，如果升温太快，将要导致砖衬崩裂。

（2）新砌高炉本体，一切都是冷的，炉料也是冷的，预热与还原过程需要大量吸热。

（3）新高炉开炉时，如操作不当易产生崩料与悬料。

（4）新启开的设备，安装位置，连接点，电气开关与线路，容易发生故障。

（5）新开高炉由于煤气中 CO、H_2 的含量高，容易中毒与爆炸。

由于以上特点，开炉准备工作一定要周到、安全，具体做法是：

（1）高炉与热风炉要烘烤；

（2）设备要检查与试运转；

（3）准备开炉料；

（4）准备开炉规程。

8.1.2 高炉部件检查与试运转

8.1.2.1 高炉部件检查

（1）大料钟与大料斗吻合情况：高压高炉 <0.2mm；常压高炉 <0.5mm。

（2）大钟、料斗的中心线与高炉中心线是否重合；

（3）各风口中心线是否在平面上，而且应与高炉中心线相交点相重合；

（4）冷却器安装与试压，以 0.6MPa 的压力，试水压 24h，是否漏水。

8.1.2.2 准备试运转与验收

(1) 试运转包括所有动力设备，机械设备与电气设备；

(2) 送风系统、供水系统、煤气系统、供油系统与喷吹系统的管道是否严密，阀门是否灵活；

(3) 供料设备的闸门，称量工作是否正常，准确无误；

(4) 炉前机械，特别是电炮工作是否正常；

(5) 其他电机与仪表是否灵活，正常；

(6) 单机试车 24h 以上，其重点主要是：

风机、主卷扬、电炮、热风闸门和冷却器(特别是风口)等。

8.1.3 新建或大修后高炉开炉烘炉

烘炉的主要作用是缓慢地除去高炉内衬中的水分，提高内衬的固结强度，避免开炉时升温过快水汽快速逸出致使砌体爆裂和炉体剧烈膨胀而损坏设备。

8.1.3.1 烘炉方法

烘炉方法列于表 8-1。

表 8-1 高炉烘炉方法

热源	适用条件	方法	特点
固体燃料	无煤气	在高炉外砌燃烧炉，利用高炉铁口、渣口作燃烧烟气入口，调节燃料量及高炉炉顶放散阀开度来控制烘炉温度	烘炉时间长，温度不易控制
气体燃料	无热风	在高炉内设煤气燃烧器，调节煤气燃烧量来控制温度	热量过于集中，并须注意煤气安全
热风	通常采用	1. 在均匀间隔的部分风口设热风导入管，管头下弯至距炉底 1～1.4m，并均匀分布在炉缸截面上。除开启炉顶放散阀外，在铁口设废气导出管，调节冷风阀和热风阀控制风温，烘炉温度及进度可用风温及风量控制 2. $350m^3$ 以下的高炉可不设热风导入管而直接从风口吹入热风，但在炉缸设一钢架，上置铁板，高度超过风口，该挡风铁板与炉墙的间隙约 0.3m。更小的高炉可只设铁口废气导出管	方便、安全

8.1.3.2　烘炉升温曲线

黏土砖在300℃左右膨胀系数较大，所以在此温度应恒温8~16h。用热风烘炉时，黏土砖或高铝砖砌筑的高炉，最高风温不超过600℃。炭砖砌筑的高炉，最高风温不超过400℃。为保护炉顶设备，烘炉期间炉顶温度不超过400℃。无料钟炉顶不超过300℃，其密封室通氮气，温度保持不超过45℃。

热风烘炉初始风温一般为100℃左右。风温提高速度，在300℃以前一般为20~40℃/h，初始风温低者提高较快，初始风温高者较慢。300℃以后升温速度为30~50℃/h。

至于风量，有的厂从正常风量的1/4开始，然后逐渐增大至3/4或甚至大于正常风量。有的厂（如首钢）则开始风量稍大，并与高炉容积有如下关系：

炉　容/m^3	55	150	576	1200	1327
烘炉开始风量/$m^3 \cdot min^{-1}$	100	200	700	1100	1150
风量/炉容	1.81	1.34	1.21	0.917	0.867

然后减小。为保护炭素砌体及炉顶设备，使用较低风温和较大风量是适宜的。

烘炉期间定期取炉顶废气样测定湿分含量，并与当地当时大气湿分对照，在炉顶废气湿分接近大气湿分后再延续烘炉不少于16h，以保证达到烘干程度，然后停止加热转入降温凉炉。

烘炉期一般为5~10d，取决于烘炉方法及烘干程度。达到烘干后，以40~50℃/h的速度降温至150℃以下，烘炉即告结束（见图8-1）。

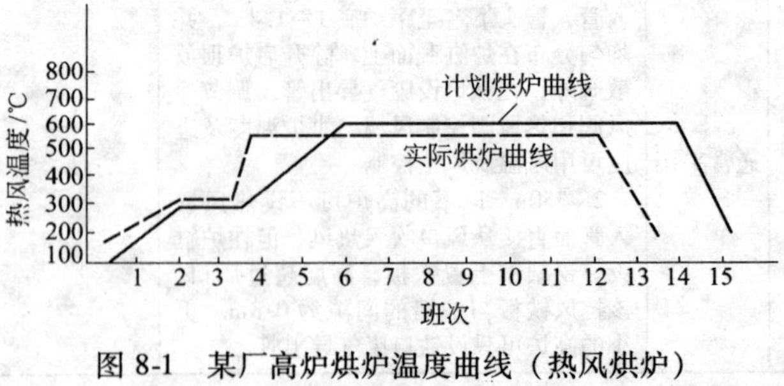

图8-1　某厂高炉烘炉温度曲线（热风烘炉）

8.1.3.3　烘炉注意事项

（1）高炉炉缸炉底用炭砖砌筑或用炭素材料捣打的，烘炉前应砌一层黏土砖保护；炉身用炭砖砌筑的部分，烘炉前应涂保护层；铁口区用炭砖砌筑的，烘炉前铁口通道应以不可燃物质（如风管捣料）堵严实，以防止烘炉时烧坏炭素材料。此外，烘炉期间应注意内衬砌体中所设测温电偶测定的数值，以控制实际达到的温度。

某厂高炉的保护层用高铝熟料粉，重量比为100；浓度85%的磷酸，重量比为16；水，重量比为16；搅拌均匀后静置24h后使用。每砌3～4层炭砖即涂抹，涂层厚5～8mm，应涂密实。

（2）为便于排出水气，烘炉期间把所有灌浆孔打开，烘炉完毕后再封闭。炉体冷却设备通少量水（略小于正常时的1/2）。关闭煤气切断阀及大、小钟，炉顶放散阀轮流开启其中之一，每个开启时间约4h，以求升温均匀。

（3）烘炉期间，托梁与支柱间、炉顶平台与支柱间的螺丝应处于松弛状态，以防胀断；并应监测炉体各部位（包括内衬及炉壳）的膨胀情况，发现问题及时处理。

（4）烘炉应彻底烘干，否则残余水分可能引起开炉困难或酿成事故。

8.2　开炉配料计算与装炉

8.2.1　开炉料准备

新建或大修后的高炉开炉前必须经过可靠的全套设备试运转，并且所需备品、水、电、风、蒸汽、燃气、氧气管及氧气等有足够的供应。

为使开炉过程顺利（炉缸热量充沛，下料顺畅，出渣出铁顺利），要求填充料、焦炭、矿石、熔剂等的含水分、粉末（粒度小于5mm）及有害杂质最少，粒度均匀（上限较小，必要时特殊加工过筛），强度及还原性较好。

开炉准备工作还包括：确定炉缸填充方式（见表8-2）；测定开炉料堆密度；取得焦炭、矿石、熔剂等的全分析，及高炉各部容积的数据；确定炉料压缩率，总焦比（开炉料焦比），正常料焦比；预定生铁成分、炉渣成分及碱度；预计铁、锰、硫等元素的分配；确定焦炭、矿石的批重；有关计算及校核。

表8-2　炉缸填充方式

填充物料及方式	适用条件	特　点
全木柴（包括炉腹）	无煤气、无热风开炉	1. 要求凉炉至较低温度，以便人工填充木柴 2. 除费木柴之外，焦比也较高 3. 需人工点火
半木柴（渣口以上为焦炭）	热风点火开炉	1. 要求凉炉至较低温度，以便人工填充木柴 2. 送风后铁口见渣及炉料下降都较全焦法为早
全焦	热风点火开炉	1. 缩短凉炉及填充时间 2. 铁口见渣时间较晚

炉料的压缩率一般为10%～16%。炉容较小、用天然矿石较多、焦炭强度较好时，压缩率取较小值。炉容较大、用人造富矿较多、焦炭强度较差而又全焦填充时，压缩率取较大值。装于高炉下部的炉料压缩率较大，装于高炉上部的炉料压缩率较小。

8.2.2　焦比的确定

总焦比（开炉料焦比）较正常料焦比高出几倍。根据某厂高炉开炉与正常生产期的热平衡比较，开炉时单位生铁的热量消耗为正常生产时的2.9倍。确定总焦比（开炉料焦比）必须根据炉容大小、原燃料条件、风温水平、渣量具体情况而定：炉容小、原燃料条件差、风温水平低时，选择总焦比应较高；使用天然矿和冷风开炉时，总焦比更高。全焦填充，使用人造富矿（或包括小部分天然矿）和热风开炉时，可参照表8-3选定总焦比。总焦比过高既不经济，还导致高温区上移的不良后果；总焦比过低则炉缸热量不足，造成出铁出渣困难甚至炉缸冻结。表 8-4 列出若干高炉开炉时选用的总焦比。

表 8-3 开炉总焦比参考值

炉 容/m^3	<55	55 ~ 100	≥350	500 ~ 1000	>1000
开炉总焦比/$t \cdot t^{-1}$	4.0 ~ 6.0	3.5 ~ 4.5	2.5 ~ 4.0	2.5 ~ 4.0	2.0 ~ 3.5

表 8-4 某些高炉开炉的总焦比

厂 名	炉号	开炉日期	炉容/m^3	总焦比	条 件	第一次铁硅含量/%
鞍 钢	4	1959.9.8	1002	3.06	全焦，天然矿，风温 695℃	3.40
鞍 钢	3	1969.9.14	831	2.15	全焦，球团矿，风温 740℃	2.10
鞍 钢	1	1970.10.29	568	2.5	全焦，球团矿，风温 630℃	4.20
鞍 钢	11	1971.10.1	2025	2.5	全焦，球团矿，风温 695℃	4.28
首 钢	3	1970.4	1036	2.2	全焦	0.43
首 钢	4	1972.10	1200	2.5	全焦	1.60
首 钢	2	1979.12	1327	3.0	半木柴	5.32
本钢一铁厂	2	1969.5	334	2.5	全焦，烧结矿	2.91
马钢二铁厂	2	1974.11.3	255	3.0	全焦，烧结矿、天然矿各半	4.28
马钢二铁厂	4	1975.5.9	294	2.9	全焦，烧结矿、天然矿各半	3.61
马钢一铁厂	12	1972.3	300	2.6	全焦，烧结矿、天然矿各半	3.51
马钢一铁厂	11	1973.5	300	2.4	全焦，烧结矿、天然矿各半	4.08
湘 钢	1	1977.10.9	741	3.2	全焦，天然矿、风温 860℃	4.09
湘 钢	2	1975.12.25	750	3.5	全焦，天然矿、风温 820℃	5.80
承 铁	3	1992.5	178	3.5	半木柴，球团矿	3.52
遵化钢铁厂	1	1994.10	125	3.5	半木柴，烧结矿	3.20
石碌钢铁厂	1	1993.4	55	6.0	半木柴，生矿	3.20

开炉炉渣成分及碱度的要求与正常生产时相同。过去曾加用干渣以稀释焦炭中的 Al_2O_3，实践证明并非必要。因为：可以配用铁分较低、SiO_2 较高的铁矿石来调整渣量；填充炉缸的焦炭

并不立即全部参与造渣，正常生产期此区间的焦炭也是保持固态，以旧去新来达到平衡。小高炉全天然矿冷风开炉时，焦比特高，可在空料（即焦炭+石灰石）段加些硅石以调整渣成分。不用干渣，既可节约焦炭，而且铁口见渣较迟，可以延长喷铁口时间，利于加热炉缸。

总焦比高，硫负荷随之增大，除选用含硫较低的开炉料外，渣碱度（CaO/SiO_2）不宜低于正常时的下限。配料计算校核时，开炉渣中含硫量可参照正常生产渣中的硫含量来对比。

根据我国中、小高炉的生产实践，在用全焦、热风、烧结矿（部分生矿）开炉时，焦比可参照表8-4选定。但是，对于55m^3以下的小高炉，使用全生矿、冷风开炉，开炉焦比则更高。

8.2.3 计算举例

（1）选定数据：

全焦填充，炉缸装净焦（C），炉腹以上装空料（x），炉腰上部1/3容积开始过渡至装正常料（N）。料线1.75m。炉料压缩率16%（炉缸净焦15%，炉腹空料16%，其余13%），开炉料成分见表8-5。

表 8-5 开炉料成分及其他数据

成分 矿种	Fe /%	SiO_2 /%	CaO /%	MgO /%	Mn /%	Al_2O_3 /%	S /%	P /%	堆密度 /$t \cdot m^{-3}$
烧结矿	52.55	11.04	11.09	1.09	0.16	0.95	0.03	0.01	1.6
锰　矿	16.90	19.21	0.55	0.32	25.24	2.01	0.17	0.42	1.9
石灰石		1.02	51.08	2.82		0.03		0.01	1.52
焦　炭	0.61	6.32	0.68	0.19		4.73	0.63	0.005	0.45

注：焦炭工业分析：灰分14.18%，挥发分0.94%，硫0.63%，水分4.4%；

焦炭强度：M_{40} 78%，M_{10} 8%；

预定生铁成分：Fe 92.67%，C 4.0%，Si 2.5%，Mn 0.5%，P 0.4%，S 0.05%；

铁的回收率99.6%，锰的回收率60%；

焦炭批重为9000kg/批，总焦比2.5t/t，正常料焦比0.9t/t（每批料出铁量为10000kg）；

炉渣碱度 $CaO/SiO_2 = 1.0$。

填充容积（已扣除料线以上空间及铁口泥包）：

部位	炉喉	炉身	炉腰	炉腹	炉缸	死铁层	合计
体积/m^3	14.2	1219.7	189.9	259.8	274.7	49.2	2007.5

（2）以铁和锰的平衡列方程解出正常料的烧结矿和锰矿的批重：

列方程

$$(x\text{Fe}_{烧} + y\text{Fe}_{锰} + 焦炭批重 \times \text{Fe}_{焦}) \times \frac{铁的回收率}{生铁含\ \text{Fe}\ 比} = 每批出铁量$$

$$(x\text{Mn}_{烧} + y\text{Mn}_{锰}) \times 锰的回收率 = 每批出铁量 \times 生铁锰含量$$

式中　x——烧结矿批重，kg；

y——锰矿批重，kg；

$\text{Fe}_{烧}, \text{Fe}_{锰}, \text{Fe}_{焦}$——分别为烧结矿、锰矿、焦炭的铁含量，%；

$\text{Mn}_{烧}$，$\text{Mn}_{锰}$——分别为烧结矿、锰矿的锰含量，%。

代入后得

$$\begin{cases}(0.5255x + 0.169y + 9000 \times 0.0061) \times \dfrac{99.6}{92.67} = 10000 \\ (0.0016x + 0.2524y) \times 0.6 = 10000 \times 0.005\end{cases}$$

解方程得　$x = 17543$

$y = 218.8$

取烧结矿批重为17500kg，锰矿批重为220kg。

（3）每批正常料的石灰石用量（kg）：

已知原燃料带入	SiO_2	CaO
烧结矿带入	17500 ×0.1104 = 1932	17500 ×0.1109 = 1940.8
锰矿带入	220 ×0.1921 = 42.3	220 ×0.0055 = 1.2
焦炭带入	9000 ×0.0632 = 568.8	9000 ×0.0068 = 61.2
合　计	2543.1kg	2003.2kg

生铁含 Si 消耗 SiO_2 量　　$10000 \times 0.025 \times \frac{60}{28} = 535.7\text{kg}$

进入渣中的 SiO_2 量　　$2543.1 - 535.7 = 2007.4\text{kg}$

渣碱度为 1.0，尚需 CaO 量　　$2007.4 - 2003.2 = 4.2\text{kg}$

石灰石有效 CaO 量　　$51.08 - 1.02 = 50.06\%$

每批正常料需石灰石量　　$4.2 \div 0.5006 = 8.4\text{kg}$

为取料方便，每 6 批正常料取石灰石 1 次，每次 50kg。

(4) 每批空焦的石灰石用量：

$$\frac{568.8 - 61.2}{0.5108 - 1.0 \times 0.0102} = 1013\text{kg}$$

取值为 1000kg/批。

(5) 每批净焦、空焦、正常料的体积：

净焦（炉缸）

$$\frac{9000}{450} \times 0.81 = 16.2\text{m}^3/\text{批}$$

空焦 Ⅰ（炉腹）

$$\left(\frac{9000}{450} + \frac{1000}{1520}\right) \times 0.84 = 17.353\text{m}^3/\text{批}$$

空焦 Ⅱ（炉腰上部以上）

$$\left(\frac{9000}{450} + \frac{1000}{1520}\right) \times 0.87 = 17.972\text{m}^3/\text{批}$$

正常料

$$\left(\frac{9000}{450} + \frac{17500}{1600} + \frac{220}{1900} + \frac{8.4}{1520}\right) \times 0.87 = 27.021\text{m}^3/\text{批}$$

(6) 炉缸（包括死铁层空间）填充用净焦批数：

$$\frac{49.2 + 274.7}{16.2} = 19.99\text{，取 20 批}$$

(7) 炉腹及炉腰下部 $\frac{2}{3}$ 容积装空焦批数：

$$\left(259.8 + 189.9 \times \frac{2}{3}\right) \div 17.353 = 22.267\text{，取 22 批}$$

（8）按照总焦比和炉腰上部$\frac{1}{3}$以上至料线的容积来计算空焦和正常料的批数：

列方程

$$\begin{cases} x_1 \times 正常料体积 + y_1 \times 空焦体积 = 炉喉 + 炉身 + \frac{1}{3}炉腰 \\ \dfrac{\begin{matrix}焦炭\\批重\end{matrix} \times \left(炉缸 + 炉腹 + \frac{2}{3}\begin{matrix}炉腰等空间\\已填充批数\end{matrix}\right) + 焦炭批重 \times (x_1 + y_1)}{x_1 \times 每批正常料出铁量} \\ = 总焦比 \end{cases}$$

式中　x_1——正常料批数；

y_1——空焦批数。

代入数据，得

$$\begin{cases} 27.021x_1 + 17.972y_1 = 14.2 + 1219.7 + 189.9 \times \frac{1}{3} \\ \dfrac{9(20 + 22) + 9(x_1 + y_1)}{10x_1} = 2.5 \end{cases}$$

解方程得　$x_1 = 34.797$，$y_1 = 19.861$

取值：正常料为 35 批，空焦为 20 批。其分配为：

1）炉腰上部$\frac{1}{3}$及炉身下部装空焦 12 批及正常料 9 批，本段计算焦比为 2.087t/t；加上其下的 22 批空焦，计算焦比达 4.21t/t。

2）炉身中部装空焦 8 批及正常料 16 批，本段料的计算焦比为 1.348t/t。

3）炉身上部及炉喉装正常料，装料制度 C O O C↓，至料线 1.75m 为止。

（9）校核：

根据以上计算列出校核表如表 8-6。总开炉焦比为 2.473t/t，正常料焦比为 0.902t/t。

表 8-6　开炉料计算校核

序号	部　位	装　料		炉料构成/t				出铁量/t	焦　比/t·t^{-1}
		体积/m^3	内　容	焦　炭	石灰石	烧结矿	锰　矿		
1	死铁层及炉缸	324.0	20C	180				1.18	
2	炉腹及$\frac{2}{3}$炉腰	386.1	$22x$	198	22			1.298	
3	$\frac{1}{3}$炉腰及炉身下部	458.9	$3(2x+N)+6(x+N)=12x+9N$	189	12.076	157.5	1.98	90.544	2.087
4	炉身中部	576.1	$8(x+2N)=8N+16N$	216	8.134	280.0	3.52	160.199	1.348
5	炉身上部及炉喉	270.2	10N	90	0.084	175.0	2.20	99.829	0.902
6	合　计	2015.3	$20C+42x+35N=97$	873	42.294	612.5	7.70	353.05	2.473
7	不计净焦		$42x+35N=77$	693	42.294	612.5	7.70	351.88	1.969

（10）开炉装料顺序及内容见图 8-2，炉内各不同装料段的炉渣成分，生铁中 S、P 含量的理论计算结果列于表 8-7。

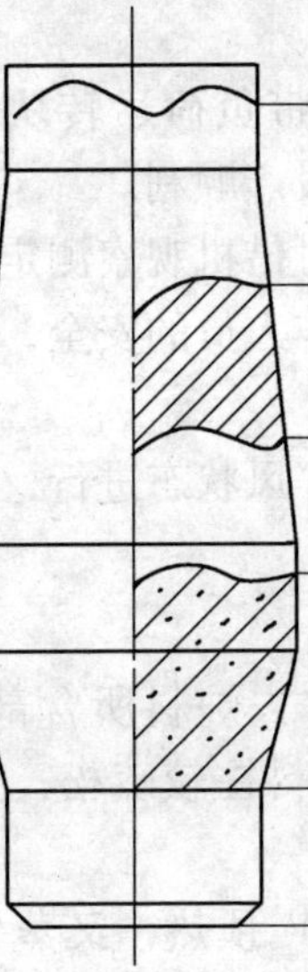

段	装料内容
7	不计净焦＝42 批空焦+35 批正常料＝77 批
6	共计＝20批净焦＋42批空焦＋35批正常料＝97批
5	10批正常料＝10N
4	8批空焦+16批正常料＝8(*x*+2N)
3	12批空焦＋9批正常料(N)＝3(2*x*+N)+6(*x*+N)
2	22批空焦（*x*）
1	20批净焦(C)

图 8-2　开炉装料顺序及内容

表 8-7　各段理论渣量及成分计算结果

序号	进入生铁量/t			进入炉渣量/t						渣碱度	渣量/t
	Si 折合成 SiO_2	S	P	SiO_2	CaO	MgO	Al_2O_3	MnO	S	CaO/SiO_2	
1											
2	0.069		0.012	12.669	12.584	0.997	9.372		1.247	0.993	36.869
3	4.851	0.045	0.035	24.985	24.931	2.423	10.479	0.388	1.221	0.998	64.427
4	8.582	0.080	0.062	36.740	36.695	3.703	12.950	0.690	1.371	0.999	92.149
5	5.348	0.050	0.031	20.083	20.074	2.088	5.964	0.431	0.573	0.999	49.213
6	18.85	0.175	0.140	94.477	94.284	9.211	38.765	1.509	4.412	0.998	242.658

8.3 开炉装料及操作

8.3.1 装料

烘炉前未做好铁口泥包或未安设铁口导出管的，以及全木柴或半木柴填充炉缸的，都需人员进入炉缸内工作，因此，除凉炉温度应较低外，采用煤气或热风烘炉的还应注意煤气安全。

装料系统设备虽经试运转，但实际带负荷运转从装料时开始，应及时处理、排除发生的故障，使投产顺利。

装料工作一般在停风状态中进行，可借机观察测定炉料在炉内的分布情况，这时要注意进入炉内工作人员的安全，做好料面的测试记录。

全焦填充开炉的装料工作也可在不停风状态进行，称为带风装料。其优点有：

（1）缩短凉炉时间；

（2）利于高炉顺行，因为鼓风可吹去炉料所含部分粉末，还由于鼓风浮力可减少炉料摔碎，所以料柱较疏松，透气性较好；

（3）因为炉料受热风（低于300℃）预热，又蒸发掉部分水分，而且炉衬也保持较高温度，利于降低开炉总焦比；

（4）可以减少炉衬被炉料撞击而产生的损坏。

例如　某厂750m^3高炉开炉装料时，为避免焦炭着火等意外事故，规定装料前及装料时风温不超过300℃，风量实际为900～950m^3/min。带风装料开炉后，高炉下料均匀顺畅，炉缸热状态良好，开炉进程大为加快。

带风装料时，风温必须能可靠控制，否则会因炉内焦炭着火而被迫休风装料。

带风装料前，炉顶及煤气系统应达到下述点火前的状态。

开炉操作，各个高炉基本原则大体相同，但因具体条件有差异，因此也不尽相同，应该结合本厂实际情况。

8.3.2 点火送风

8.3.2.1 点火前的准备工作

(1) 煤气系统全部处于准备送煤气状态，通入蒸汽。

(2) 关大钟均压阀和煤气切断阀；开小钟均压阀及炉顶放散阀。

(3) 炉前准备工作完毕。

8.3.2.2 点火及送风

无煤气、无热风开炉时，需人工点火。在直吹管前端置木刨花、废油布之类引火物，点火时自然通风，人工引燃引火物，待风口前木柴普遍燃着后送少量风，然后再逐渐加风至风量与炉容之比为1.0~1.2。

热风点火时风温应在700℃以上，可全闭冷风调节阀。送风后10~15min便见风口先后着火。至普遍明亮后，再按热风炉情况调整并稳定风温。风量与炉容之比为1.0~1.2；炉容较小且半木柴填充的，风量较大；炉容较大且全焦填充的，风量较小。

开炉初期风量较小，可均匀间隔堵塞部分风口，或采用直径较小的风口（也可在风口内置砖圈以缩小口径），以获得接近正常生产时的鼓风动能为准。待铁口、渣口工作正常，下料顺畅后，再逐渐加风，并调整焦炭负荷，转入正常生产操作。

点火送风后应注意检查风口、渣口等冷却器件有无损坏漏水，尽早发现处理。

8.3.2.3 送煤气（高炉荒煤气输出）

点火送风后经1~3h，炉顶煤气压力达一定值，且经爆发试验合格后，即可将荒煤气输往清洗系统。

8.3.2.4 出渣出铁

根据下料批数估计炉缸内渣、铁量达到炉缸安全容铁量之半时，可出第一次铁。

8.4 停炉操作

8.4.1 高炉停炉

8.4.1.1 停炉时机

当炉底炉缸侵蚀严重，有铁水穿漏危险时（一般从炉底温度可以判断，也可以从炉缸冷却壁温差了解到），或者按计划需要大修时，可以停炉大修。

8.4.1.2 停炉要求

（1）最主要的是要求安全，停炉前由于焦炭负荷轻，甚至最后不加矿石，因此煤气中 CO 增多，温度升高，采用喷水降温，因此 H_2 含量也增加，上述因素增加了煤气与空气混合后爆炸的可能性。

（2）停炉过程要缩短，既可减少经济损失也可以有利于安全，做好停炉准备，停炉后可以马上放出残铁。

（3）要迅速扒除炉料，可以减少停炉之后工作量，使高炉快速转入检修。

（4）做好组织与安全工作。

8.4.1.3 停炉操作要点

（1）停炉前几天为了停炉顺利安全要做以下工作：

1）喷煤高炉要停止喷吹燃料；

2）改善炉渣的流动性；

3）减轻焦炭负荷；

4）适当洗炉；

5）保证炉况顺行。

（2）停炉前要休风一次，进行有关准备工作：

1）安装喷水装置；

2）处理煤气系统；

3）安装特殊料尺；

4）其他所需工作。

（3）喷水工作应注意的要点：

1）喷水一定要形成雾状；

2）减少水流下注，以免遇到红焦炭而爆炸；

3）调节喷水量，控制顶温不超过400~500℃。

（4）出铁工作注意事项：

1）出最后一次铁前，应避免休风；

2）铁口角度与孔道都要大，力争多放渣铁；

3）有关准备工作做好后，放停炉时最后一次渣铁；

4）为了减少扒炉工作量，出净残铁是最重要的一环；

5）估计残铁口高度，也可以开两个残铁口。

（5）根据经验公式，计算炉底剩余厚度：

$$x = kd\lg\frac{t_0}{t}$$

式中 x——炉底剩余厚度，m；

t_0——炉底侵蚀面上温度，℃；

t——炉底中心温度，℃；

d——炉缸直径，m；

k——系数：当 $t < 1000$℃时，$k = 0.0022t + 0.2$；当 $t =$ 1000~1100℃时，$k = 2.5 \sim 4.0$。

8.4.2 停炉方法

高炉停炉进行大修或中修，前者须出残铁，后者则不出残铁。

停炉方法可分填充法和空料线法。前者使用碎焦、石灰石或砾石来代替正常料，维持原来料线或稍降低。此法比较安全，但停炉后清除炉内物料工作量大，耗费许多人力、物力、时间。

空料线法即停炉过程中不装料，炉内料面下降时从炉顶喷水以控制炉顶温度，当料面降至风口水平时休风。此法停炉后清除炉内物料工作量小，费用最省，故广为采用。但停炉过程中危险性较大，须特别注意安全。

选用何种停炉方法，取决于具体条件，如炉容大小、炉体结构、设备损坏情况、是否要出残铁等等。

8.4.2.1 *碎焦停炉法*

此法多为小于350m^{3}的无炉壳高炉采用。停炉操作开始即陆续装入湿的碎焦代替正常料，还从炉顶喷适量水以控制炉顶温度。料线降至允许位置，且出铁时仅有少量渣而无铁时休风。然后取下直吹管，继续炉顶喷水，至全炉焦炭熄灭为止。该法优点是：

（1）采用湿焦和炉顶喷水，易于控制炉顶温度；

（2）大量水汽可稀释煤气中CO的浓度；

（3）碎焦充满风口以上空间，防止炉衬坍落；

（4）出最后一次铁时尚可维持使用较高风压，利于出净渣、铁；

（5）与石灰石或砾石停炉相比，从炉内清出碎焦较易。

此法缺点是碎焦价贵。此外，休风前要从炉顶喷水，须防止水汽爆炸。

8.4.2.2 *石灰石停炉法*

此法是以石灰石代替炉料，直至石灰石料柱下底到达风口区时休风。此法优点是：

（1）石灰石分解吸热，可降低煤气温度而不需打水；

（2）石灰石分解产生的CO_2可稀释煤气中CO的浓度；

（3）石灰石充满风口以上空间，防止炉衬坍落。

缺点是停炉过程中料柱透气性不好，停炉后清除炉内物料时劳动条件恶劣。此法已很少采用。

8.4.2.3 *砾石停炉法*

1981年4月武钢4号高炉（2516m^3）因上部炉体破旧不能继续生产，但炉顶设备尚好，料钟是新的，为保护炉顶设备和防止炉身坍砖，不能采用空料线停炉而采用了砾石停炉操作。采用砾石停炉的优点有：

（1）来源容易，价格低；

（2）炉顶温度易控制（限定300～380℃），休风前可不打水；

（3）若用碎焦填充，料线只能降至4m左右，用砾石则可降至10m左右，可少用填充料，并减少清除工作；

（4）砾石滚动性好，清除工作较容易；

（5）停炉后打水时引起水汽爆炸的可能性也较小。

8.4.2.4 空料喷水法

现在常用的是这种停炉方法，最后装入的几批正常料可以不加石灰石，但可以加萤石，这些料之后加入净焦，其数量相当于炉缸容积，在净焦之上可以装1~2批焦粉，这对保持水分有利。然后停止装料，切断煤气，并打开炉顶放散阀与大小料钟，逐步减少风量，炉顶喷水成雾状，当料面到达风口平面以上1~2m，即停止送风。这一方法优点是料面可以很低，可以减少扒料工作量，由于炉内蒸汽量大虽可以减少CO浓度，但爆炸危险仍然不小。

喷水量可以通过平衡方法计算。

8.5 高炉封炉操作

超过10天以上休风高炉要按封炉处理，抓好严密措施可以防止空气入内，选定总焦比是封炉成败的主要措施。封炉10天左右总焦比约1.2~1.3t/t，封炉30天之内，焦比1.2~1.5t/t，封炉两个月以上总焦比1.6~2.0t/t以上。

（1）小高炉，或冷却设备漏水者（应更换或停水）总焦比还要高一些。

（2）封炉前要出净渣铁，封炉料下达炉腹后再休风。

（3）封炉期应不漏风，不漏水，以免炉缸冻结。

（4）封炉后要处理好煤气，控制冷却水量至正常的30%~50%以下。

（5）封炉后开炉，除正常试车外，热风炉要提前烧，开炉中心环节仍然是炉前操作。

为使开炉顺利，应做好以下工作：

（1）送风前先烧通铁口；

(2) 扒去风口前凝渣，填入好焦炭；

(3) 准备好炭砖套，以便从渣口出铁；

(4) 送风量为正常的1/2左右；

(5) 为了维持足够的鼓风功能，可堵一些风口，随出铁正常后再逐步打开。

附　录

冶炼原理与工艺操作复习思考题

一、冶炼原理部分

1. 高炉冶炼工艺过程有哪些特点？

2. 高炉解剖的目的是什么？

3. 高炉解剖有哪些成果？

4. 高炉解剖后分哪五个带，各个带在高炉什么部位，各有哪些反应？

5. 高炉内为什么存在软熔带？

6. 影响高炉软熔带形状的因素有哪些？

7. 软熔带形状对高炉冶炼过程有哪些影响？

8. 什么样的软熔带最好，为什么？

9. 最佳软熔带结构在高炉生产中如何达到？

10. 金属氧化物还原的条件是什么？

11. 高炉中为什么有易还原、难还原与不还原的氧化物？

12. 在高炉冶炼过程中铁水的含磷（P）、含铜（Cu）量能否控制，为什么？

13. 高炉中常用还原剂有哪些，选择的原则是什么？

14. 高炉中用固体碳直接与氧化铁进行还原反应有什么特点？

15. 用 CO 还原与用 H_2 还原氧化铁各有什么特点与区别？

16. 用 CO 还原氧化铁（FeO）时，为什么要有过剩系数，其值最小是多少？

17. 当矿石 Fe 含量为 50% 左右时，每炼 1t 铁大约消耗多少铁矿石，多少焦炭，多少风量？

18. 铁矿石中铁含量最高能达多少，为什么？

19. 铁矿石与焦炭堆密度一般是多少，其大小主要受什么因素影响？

20. $CO_2 + C = 2CO$ 一般叫什么反应，对高炉冶炼过程有哪些影响？

21. 高炉中为什么会产生直接还原反应？

22. 直接还原与间接还原有什么区别？

23. 为什么 FeO 最难还原？

24. 为什么 Fe_2O_3 最容易还原？

25. 为什么 100% 直接还原与 100% 间接还原都不是高炉冶炼最理想过程？

26. 什么叫理论最低焦比，如何表达？

27. 直接还原与间接还原反应，在热量消耗，碳素消耗，温度与压力等四个方面有什么不同？

28. 为什么 900～1000℃的温度是直接还原与间接还原的温度分界线？

29. 为什么 FeO 的直接还原反应不能理解为是与 C 直接反应？

30. 高炉中的 CO 能否全部变为 CO_2？

31. 什么叫直接还原度，一般值是多少，其值是高好还是低好，为什么？

32. 在高炉中降低直接还原的措施有哪些？请举出 10 种措施。

33. 赤铁矿为什么易还原？

34. 磁铁矿为什么难还原？

35. 矿石中铅含量高对高炉冶炼有何影响？

36. 铁矿石中氟（F）含量高对高炉冶炼有何影响？

37. 矿石中 K、Na 含量高对高炉冶炼有何影响？

38. 矿石中 V、Ti 含量高对高炉冶炼有何影响？

39. 矿石为褐铁矿时，对高炉冶炼有何影响？

40. 为什么高压操作的高炉有利于降低焦比与炉况顺行？

41. 高炉中为什么对脱 P、Cu 无能为力？

42. FeO 间接还原得到的 Fe 是固体还是液体，为什么？

43. FeO 直接还原得到的 Fe 是固体还是液体，为什么？

44. 什么叫海绵铁？

45. 什么叫渗碳反应，在高炉中能否控制，为什么？

46. 为什么铁水含［Si］不能过高？

47. 为什么说铁水［Si］含量是化学热不是物理热的标志？

48. 为什么铁水中以［Si］含量作为温度标志？

49. 高炉中什么部位铁水［Si］含量最高，为什么？

50. 炉缸中为什么铁水［Si］含量会降低？

51. 铁水中为什么对［Mn］含量没有固定要求？

52. 高炉煤气中 CO 含量是高还是低好？为什么？

53. 什么叫 CO 利用率？

54. 什么叫焦比，什么叫利用系数，焦比与燃料比有何区别？什么叫冶炼强度，上述各指标一般是多少？

55. 影响焦比的因素有哪些？请最少举 20 种降低焦比的措施。

56. 炉渣形成涉及哪些反应？

57. 炉渣包括哪些成分？

58. 什么叫炉渣碱度？

59. 炉渣如何形成的？

60. 造渣过程与软熔带的形成有何联系？

61. 什么叫炉渣的熔化性？

62. 什么叫炉渣的流动性？

63. 什么叫炉渣黏度，其一般值是多少？

64. 影响炉渣黏度的因素有哪些？

65. 炉渣性能对炉况顺行与热制度有哪些影响？

66. 铁水中的硫主要来自什么原料，为什么？

67. 什么叫硫负荷，一般是多少？

68. 什么叫硫的分配系数，一般为多少？

69. 影响硫的分配系数的主要因素是什么？

70. 炉内脱硫反应式是什么？

71. 影响炉内脱硫反应的因素有哪些？

72. 初成渣、中间渣和终渣有什么特点与区别？

73. 炉渣熔点高，对冶炼过程有何影响？

74. CaO 在炉内脱硫与炉外脱硫各有什么优缺点？

75. MgO 含量对炉渣熔化温度、黏度、脱硫作用和炉渣稳定性各有何影响？

76. 炉缸热制度主要受哪些因素影响？

77. 什么叫稳定渣？

78. 什么叫炉渣液泛现象，为什么会产生？

79. 为什么要进行炉外脱硫？

80. 炉外脱硫的方法有哪些，哪一种最好，为什么？

81. 炉外脱硫剂有哪些，哪一种最好，为什么？

82. 炉渣中 Al_2O_3 含量高对炉渣有何影响，如何解决？

83. 为什么提倡冶炼低硅铁，其炉渣有何特点？

84. 高碱度炉渣适合于在什么条件下的冶炼？

85. 渣量高还是低好，为什么？

86. 炉渣熔化温度高还是低好，为什么？

87. 炉墙结厚与炉渣是否有关，为什么？

88. 钒钛矿冶炼炉渣有何特点？

89. 含氟炉渣有何特点？

90. 含钡炉渣有何特点？

91. 炉渣主要有哪些作用？

92. 石灰石加到烧结矿中与直接加入高炉时对造渣过程有何区别？

93. 高炉排碱时为什么用酸性渣操作？

94. 什么样的炉渣脱硫效果好，为什么？

95. 冶炼铸造铁什么炉渣成分最好，为什么？

96. 冶炼低硅铁什么成分炉渣最好，为什么？

97. 冶炼铬铁时什么成分炉渣最好，为什么？

98. 什么冶炼条件下高炉使用酸性熔剂，为什么？
99. 洗炉时炉渣成分有什么特点？
100. 新开高炉炉渣有何特点？
101. 风口燃烧作用有哪些？
102. 风口前焦炭燃烧与煤粉燃烧各有何特点，有何区别？
103. 什么叫风口氧化带？
104. 氧化带大小主要受什么因素影响？
105. 高炉冶炼过程氧化带大还是小好，为什么？
106. 什么叫鼓风动能？
107. 影响鼓风动能主要因素有哪些？
108. 炉缸煤气成分有哪些？
109. 什么叫风口前煤气理论燃烧温度，一般是多少？
110. 煤气理论燃烧温度高还是低好，为什么？
111. 煤气在炉内停留时间一般是多少？
112. 试述煤气上升过程中，其温度在水平与垂直方向的变化规律。
113. 煤气上升过程中其成分是如何变化的，为什么？
114. 什么叫等温线，高炉内的等温线一般有哪些规律？
115. 炉内热交换规律如何变化，如何解释？
116. 影响炉顶温度的因素有哪些？
117. 影响炉缸温度的因素有哪些？
118. 为什么喷吹燃料要求与高风温相配合？
119. 什么条件下炉内高温区下移，什么条件下上升？
120. 高温区下移对炉内反应有什么影响？
121. 什么叫炉料孔隙度（ε）、当量直径（d_z）、形状系数（ϕ）、比表面积（S）及空炉速度？
122. 炉料为什么能在炉内下降？
123. 炉料下降过程中主要有哪几种阻力？
124. 煤气压力损失（ΔP）是如何形成的？
125. 矮胖高炉为什么容易顺行？

126. 为什么冶炼强度大的高炉不稳定?

127. 什么叫煤气的平均压力损失，什么叫局部压力损失?

128. 什么叫有效重力，有何规律?

129. 什么叫炉料下降作用力?

130. 如何减少煤气阻力损失（ΔP）?

131. 为什么炉料粉末多容易悬料?

132. 为什么原料要整粒入炉?

133. 为什么原料粒度不能过大，为什么严禁小于5mm粉末入炉?

134. 为什么炉墙结瘤时，高炉容易悬料?

135. 为什么炉渣黏度过大时，炉况不顺行?

二、工艺操作部分

1. 高炉冶炼的主要任务是什么?

2. 完成冶炼任务主要应做好哪些工作?

3. 判断炉况有哪些方法及手段?

4. 高炉内煤气分布经过哪几次重大变化?

5. 什么叫上部调节，主要包括哪些手段?

6. 什么叫中部调节，主要包括哪些手段?

7. 什么叫下部调节，主要包括哪些手段?

8. 工长操作技术水平高低，一般应表现在哪些方面?

9. 工长的主观判断为什么要符合炉况的客观实际变化?

10. 当好工长的关键是要考虑好哪些方面的问题，为什么?

11. 中小高炉炉况变化有哪些方面的特点?

12. 高炉操作的基本制度包括哪些具体内容?

13. 热制度选择的依据是什么?

14. 影响热制度的因素有哪些?

15. 造渣制度如何选择?

16. 对送风制度应有哪些要求?

17. 上料方式与装料设备包括哪些参数?

18. 高炉装料制度包括哪些内容?

19. 炉况为什么会波动?
20. 炉况为什么要调节?
21. 什么叫经验判断，有何优缺点?
22. 什么叫仪表判断，有何优缺点?
23. 正常炉况有哪些标志?
24. 炉况顺行失常有哪些表现?
25. 炉缸工作失常方面有哪些表现?
26. 炉型反常有哪些表现?
27. 设备失常有哪些标志?
28. 炉况失常一般有哪些方面?
29. 高炉一般事故表现在哪些方面?
30. 维护出铁口有哪些指标?
31. 风口的数量、角度、长短对高炉冶炼有哪些影响?
32. 大料批与小料批各有何优缺点?
33. 高料线和低料线操作对高炉有何影响?
34. 正装与倒装对高炉煤气有何不同影响?
35. 为什么大料批需要精料相配合?
36. 为什么原料条件不好时，采用正装的装料制度较难维持?
37. 为什么炉顶温度不应超过400℃?
38. 为什么高炉料钟有大小钟之分?
39. 为什么大料钟要铸成一个整体?
40. 高炉中心线偏斜，对冶炼有何影响?
41. 料车倒料时，容易不均，其原因是什么，如何解决?
42. 为什么坐料后与亏料时，炉喉煤气一般不取样?
43. 高炉结瘤时，炉喉料面有什么样的变化?
44. 冷却水温差的变化能否反应炉况的变化，为什么?
45. 坐料频繁对高炉冶炼有何影响?
46. 高炉炉腹与炉缸砖衬脱落时，如何维护?
47. 炉缸出现堆积现象时，应炼高硅铁还是低硅铁? 是采用小风量还是大风量，为什么？

48. 堵个别风口时，对高炉冶炼有哪些有利影响与不利影响？

49. 高炉操作中高温难以维持的原因有哪些，如何解决？

50. 高炉为什么一定要有死铁层，可否避免？

51. 渣铁长期放不净时，对冶炼有何影响？

52. 为什么铁水常常要求一定［Mn］含量？

53. 大风口、全倒装、低料线、高炉温与高碱度的操作指导思想为什么不适用？

54. 高炉炉喉煤气成分中 CO_2 含量高还是低好，一般是多少？

55. 炉前飞扬的石墨片多好还是少好，为什么？

56. 如何改善炉渣的脱硫能力？

57. 为什么炉渣碱度过高时，炉渣脱硫反而不好？

58. 高炉料中为什么有时加萤石？有哪些利与弊？

59. 铁水中出现高［Si］高［S］的原因有哪些？

60. 什么叫稳定渣？

61. 什么叫上渣与下渣，其比例一般是多少？

62. 用铁口出渣好不好，为什么？

63. 渣口损坏的原因主要有哪些？

64. 什么叫同装与分装？

65. 什么叫层装与混装？

66. 为什么提倡大料批操作？

67. 炉喉煤气曲线最佳形状是什么，如何分析？

68. 炉顶煤气温度应控制在什么范围，为什么？

69. 为什么不允许亏料线作业？

70. 为什么要严格控制每小时下料批数？

71. 为什么强调多加正装？

72. 观察风口能说明哪些问题？

73. 风口直径为什么强调要一般大小？

74. 高炉在哪些条件下必须减风?

75. 高炉在哪些条件下可以加风?

76. 出铁前为什么工长一般不坐料?

77. 炉热时有哪些征兆，如何处理?

78. 炉凉时有哪些征兆，如何处理?

79. 高炉出现管道时，为什么不能加风?

80. 出铁口如何维护，为什么出铁口需要一定深度?

81. 出铁口是否需要冷却器，为什么?

82. 渣口能否出铁，为什么?

83. 渣中带铁的主要原因是什么?

84. 什么叫倒流休风，如何操作?

85. 炉前如何看渣看铁?

86. 渣罐与铁罐在构造上有何区别，为什么?

87. 突然停水和停风时，工长如何处理炉况?

88. 高压操作时，炉顶为什么安装均压设备?

89. 炉顶压力大小如何调节?

90. 混风阀起什么作用? 安装在什么部位?

91. 为什么在午夜或下雨天，炉况要凉一些?

92. 什么叫石灰石的有效氧化钙含量?

93. 为什么高炉操作往往强调间接还原?

94. 衡量焦炭质量时，M_{40}与M_{10}的定义各为何?

95. 炉顶探尺损坏时，可以暂时采用什么方法上料?

96. 为什么风口烧坏时，有时表现在前端的上沿，有时在前端的下沿?

97. 高炉操作时，由使用土焦改用机焦生产如何操作?

98. 由炼钢铁改炼铸造铁时，工长如何操作?

99. 高炉使用100%球团矿时，高炉操作有何特点?

100. 铁水Cu或P含量过高时，工长如何处理?

101. 高炉全用生矿冶炼，操作上有何特点?

102. 使用木炭操作的高炉，操作上有何特点?

103. 什么叫高炉标准偏差操作法？包括哪些内容？

104. 含碱金属高的高炉操作上有哪些特点？

105. 高炉开炉前为什么要烘炉？

106. 为什么高炉停炉过程要打水？

107. 为什么开炉时，煤气不能马上引入除尘器？

108. 新开炉的高炉冶炼过程容易出哪些事故，为什么？

109. 停炉过程又容易出哪些事故，为什么？

110. 停炉时，残铁如何放出来？

111. 高炉强化冶炼的“五高一低”包括哪些内容？

112. 高炉精料包括哪些内容？

113. 目前一般高炉操作方针是什么？

114. 降低炼铁成本的主要环节是什么？

115. 中小高炉生产中，目前管理上主要存在什么问题？

116. 目前为什么有的高炉煤比可以超过200kg/t？

117. 炼铁焦比不断降低，是否有极限？

118. 要提高煤粉喷吹量，具体有哪些措施？

119. 目前有些 $300m^3$ 级高炉有效容积利用系数超过 $4.0t/(d\cdot m^3)$ 或 $4.5t/(d\cdot m^3)$，你是如何分析的？

120. 目前很多高炉都在冶炼低硅铁水（[Si] <0.30%），铁水 [Si] 含量是否越低越好，为什么？

121. 目前高炉炼铁的精料水平与炉料结构方面，存在什么问题，下一步开发的方向是什么？

参 考 文 献

1 北京钢铁学院炼铁教研室．炼铁学．北京：冶金工业出版社，1959
2 东北工学院炼铁教研室．现代炼铁学．北京：冶金工业出版社，1959
3 冶金炉理论基础．东北工学院冶金炉教研室．北京：冶金工业出版社，1959
4 B．E．瓦西里耶夫．高炉稳定渣操作．陶少杰，戚以新译．北京：冶金工业出版社，1959
5 C．T．罗斯托夫采夫．冶金过程理论．北京钢铁学院译．北京：冶金工业出版社，1959
6 重庆大学炼铁教研室．普通炼铁学．北京：冶金工业出版社，1961
7 东北工学院炼铁教研室．高炉炼铁．北京：冶金工业出版社，1978
8 高炉气体力学译文集．鞍山钢铁公司钢铁研究所．1980
9 王旷等．冶金过程动力学．北京钢铁学院教材科．1980
10 北京钢铁学院炼铁教研室．普通炼铁学．北京：冶金工业出版社，1981
11 国外现代钢铁工业．北京：冶金工业出版社，1981
12 日本钢铁协会．炼铁与炼钢．上海：上海科学技术出版社，1981
13 王常珍等．冶金物理化学研究方法．北京：冶金工业出版社，1982
14 蒋汉瀛．冶金电化学．北京：冶金工业出版社，1982
15 宋建成等．钾、钠、氟在高炉冶炼过程中行为．包钢高炉冶炼试验资料．1982
16 F．Oeters．炼铁学讲稿．北京钢铁学院教材科，1982
17 杨永宜，宋建成等．包钢高炉结瘤及其防治．北京钢铁学院学报，1982；(1)
18 北京钢铁学院炼铁教研室．钢铁冶金学．北京钢铁学院教材科，1983
19 首钢炼铁30年．首都钢铁公司，1983（内部资料）
20 鲁北．中小高炉冶炼技术．济南：山东科学技术出版，1983
21 北京钢铁学院炼铁教研室．钢铁冶金学，上册．北京钢铁学院教材科，1984
22 炼铁文集．冶金部钢铁生产技术司，1984
23 鞍钢钢铁研究所．高炉内现象及其解析．北京：冶金工业出版社，1985
24 王魁汉等．钢铁冶金．冶炼篇1．北京：冶金工业出版社，1985
25 宋建成等．高炉炼铁学．北京钢铁学院教材科，1986
26 章天华等．炼铁．北京：冶金工业出版社，1986
27 冶金物理化学教研室．冶金热力学．北京钢铁学院教材科，1986
28 德国钢铁工程师协会．渣图集．王俭等译．北京：冶金工业出版社，1987
29 秦民生，杨天钧．炼铁原理．北京钢铁学教材科，1987
30 A.H.拉姆.现代高炉过程的计算分析.土筱留译.北京:冶金工业出版社,1987

31 张先棹．冶金传输原理．北京：冶金工业出版社，1988
32 张家驹．铁冶金学．沈阳：东北工学院出版社，1988
33 糜克勤，宋建成，丁汝才等．高炉冶炼低硅铁论文集．冶金部科技司，杭州钢铁厂，1988
34 王筱留等．钢铁冶金学．北京：冶金工业出版社，1989
35 宋建成，曹传根等．宝钢高炉消除结厚研究．北京科技大学，1989
36 齐宝铭，王筱留译．高炉炼铁原理．北京：冶金工业出版社，1989
37 张谦象，宋建成等．铁水快速定硅测头试验研究．北京科技大学，1990
38 成兰伯．高炉炼铁工艺及计算．北京：冶金工业出版社，1990
39 宋建成，陈屏璋，曹传根等．炉缸高炉剖析研究．涟源钢铁公司技术处，1992
40 宋建成等．高炉冶炼原理与操作．北京科技大学教材科，1992
41 丁言功等．高炉控制数学模型．宝山钢铁总厂自动化部，1992
42 陶志平，张谦象等．铁水硅预处理数学模型．北京科技大学研究生论文，1993
43 宋建成，陈屏璋等．涟钢高炉风口取样研究．涟源钢铁公司技术处，1994
44 易傲冰，张谦象等．高炉热指数计算模型．北京科技大学研究生论文，1996
45 文红云，吴胜利，宋建成．高炉炉况综合判断模型．北京科技大学研究生论文，1997
46 刘茂林，吴胜利，宋建成．高炉炉况预测系统研究模型．北京科技大学研究生论文，1997
47 张寿荣等．武钢炼铁四十年．武汉：华中理工大学出版社，1998
48 宋建成等．安钢高炉富氧喷煤生产试验．安阳钢铁公司技术中心，1999
49 宋建成，陈屏璋．涟钢高炉喷煤及未燃煤粉行为．北京科技大学，2000
50 宋建成，马肇修．充分发挥海南矿的特殊作用．海南钢铁公司，2001
51 宋建成，陈文忠，陈屏璋．涟钢高炉富氧混喷生产试验．北京科技大学，2002
52 刘祥官，刘芳．高炉冶炼过程优化与智能控制系统．北京：冶金工业出版社，2003
53 马肇修，宋建成．海南矿铁精粉配炭球团直接还原试验研究．海南钢铁公司，2003
54 陈屏璋，宋建成，肖永忠等．涟钢高炉护炉效果研究报告．北京科技大学，2004

冶金工业出版社部分图书推荐

书　名	定价（元）
高炉炼铁生产技术手册	118.00
高炉炼铁设计原理	28.00
高炉设计——炼铁工艺设计理论与实践	136.00
高炉生产知识问答(第2版)	35.00
炼铁节能与工艺计算	19.00
现代高炉粉煤喷吹	19.00
高炉喷吹煤粉知识问答	25.00
高炉富氧煤粉喷吹	24.00
高炉炼铁操作	65.00
实用高炉炼铁技术	29.00
炼铁工艺	35.00
高炉操作	35.00
高炉布料规律(第3版)	30.00
高炉热风炉操作技术	25.00
高炉砌筑技术手册	66.00
高炉过程数学模型及计算机控制	28.00
钢铁冶金学(炼铁部分)(第2版)	29.00
钢铁冶金概论	30.00
钢铁工业自动化——炼铁卷	40.00
冶金炉料手册(第2版)	69.00
高炉内气-固反应动力学	13.50
钢铁企业原料准备设计手册	106.00
烧结设计手册	199.00
烧结生产技能知识问答	46.00
球团理论与工艺	24.80
高炉炼铁过程优化与智能控制系统	36.00
炼铁机械(第2版)	38.00
炼铁设备	33.00
冶金设备液压润滑实用技术	68.00